国家重大土木工程施工新技术应用丛书

百层高楼结构关键建造技术

叶浩文　孙　晖　著

中国建筑工业出版社

图书在版编目（CIP）数据

百层高楼结构关键建造技术/叶浩文，孙晖著．—北京：中国建筑工业出版社，2018.12
（国家重大土木工程施工新技术应用丛书）
ISBN 978-7-112-22992-5

Ⅰ.①百…　Ⅱ.①叶…②孙…　Ⅲ.①高层建筑-工程施工　Ⅳ.①TU974

中国版本图书馆 CIP 数据核字（2018）第 269181 号

本书基于广州周大福金融中心、广州国际金融中心、深圳京基 100 三栋百层高楼研究与建造的实际经验，针对百层高楼结构建筑的特点和难点，梳理总结了百层高楼结构建造的各项关键技术，为读者全方位展现了一套百层高楼的建造技术体系。

责任编辑：赵晓菲　朱晓瑜
责任校对：王　瑞

国家重大土木工程施工新技术应用丛书
百层高楼结构关键建造技术
叶浩文　孙　晖　著
*
中国建筑工业出版社出版、发行（北京海淀三里河路 9 号）
各地新华书店、建筑书店经销
霸州市顺浩图文科技发展有限公司制版
北京京华铭诚工贸有限公司印刷
*
开本：787×1092 毫米　1/16　印张：17¼　字数：427 千字
2018 年 12 月第一版　2018 年 12 月第一次印刷
定价：**52.00** 元
ISBN 978-7-112-22992-5
（33080）

序言

　　建筑，是城市文明的象征，而建筑的高度和建造技术的先进程度，则是这个城市经济文明和综合实力发展的完美诠释。从中国古代有记载的第一高楼永宁寺塔（木结构，136.71m）到现在过百米的超高层，国内的建造技术不断进步。伴随国家经济的腾飞，城市发展日行千里，对于建筑的高度和功能，人们有了更新、更高的要求，高度超过400m以上的百层高楼应运而生。

　　要想快速高质量地完成400m以上百层高楼的建设，不是原有建造技术的简单叠加和重复，而是需要建造技术的变革与创新，每100m的攀升，都代表着建造技术的一次历史性突破。作为一名工程师，一生能有幸参与一栋百层高楼的建设，足以让其一辈子引以为傲。而本书的作者叶浩文先生，至今已亲自主持了3栋百层高楼的建设。

　　在这3栋百层高楼的建造过程中，浩文先生曾多次邀请我进入参观，并对其中建造的多项关键技术进行鉴定。所以，我见证了这三栋建筑建造过程的不易。其中之一的广州国际金融中心（简称"广州西塔"），建设之时国内尚无成熟的百层高楼建造经验可循，从超大深基坑的设计施工、核心筒竖向结构施工、数百米高空超高强混凝土泵送、巨型钢管混凝土柱的制作安装、超高层施工电梯和巨型塔吊的应用、百层高楼高空监测等建造技术，都是摆在面前的一道道难关和课题。深圳京基100，高度虽然与广州西塔相近，但是建筑风格和结构形式完全不同，西塔建造中积累的建造技术和建造经验，在这座百层高楼中亟须进一步的突破。广州周大福金融中心（简称"广州东塔"）虽然晚于上述两栋建设，但是高度超过近百米，达到530m，而且全新的结构形式，给浩文先生和他的团队又带来了全新的难题。国内许多建设单位对于工期的严苛要求，在这3栋建筑中尤为凸显，工期的要求、建造品质的保障、建造成本的控制，是一个不容易回答的综合命题。

　　在这些难题面前，浩文先生亲任项目经理，带领他的项目团队，提出了"科技引领、精益建造"的口号，践行"绿色施工、智慧建造、数字管理"，不畏艰险，加大科研投入，立课题，破难题，一步一个脚印，自信而坚定地不断向上攀升，在顺利完成这3栋百层高楼的建造任务的同时，取得了丰硕的科技成果，填补了许多空白，为中国百层高楼的建造技术积累了非常宝贵的财富。

读完此书稿，我感触颇多。浩文先生是我很好的朋友，为了建筑这个事业，他一直奔忙于一线。他既是一位成功的管理者，更是一位具有创新思维的科学家。他能在如此繁忙的工作之余，仍然不忘系统全面地梳理总结，毫不吝惜地给大家分享自己在建造技术方面的创新和经验，着实让我为之高兴。我希望，本书总结提炼的技术，给读者带来丰富的技术知识和理论知识之外，更多的是给大家树立了一个标尺和榜样。

中国工程院院士　叶可明

前　言

　　从 1930 年的克莱斯勒大厦，到 2010 年的哈利法塔，人类建筑结构不断向高层拓展，高层建筑正逐渐成为城市的时代地标，成为一座现代化城市的重要天际线，日渐增长的高层建筑也不断拓展人类幸福空间，彰显一个国家经济、科技、综合国力。

　　随着我国经济和科学技术的不断提升，中国超高层建筑近年来发展迅速，已成为全球拥有超高层建筑最多的国家，广州周大福金融中心、广州国际金融中心、深圳京基 100 等一批批超高层建筑，打造了一张张靓丽的城市名片，彰显着中国日益强盛的综合国力。

　　本书作者亲自主导了广州周大福金融中心（530m，地上 111 层）、广州国际金融中心（441m，地上 103 层）、深圳京基 100（442m，地上 100 层）的建设。基于此三栋百层高楼的研究与建造的实际经验，针对百层高楼结构建筑的特点和难点，本书梳理总结了百层高楼结构建造的各项关键技术，为读者全方位展现了一套百层高楼的建造技术体系。

　　本书共分为八章：

　　第一章主要概述了百层高楼建设与发展现状，介绍了百层高楼结构建造的特点与难点，并针对性地提出了一套百层高楼结构建造体系。

　　第二章阐述了智能化整体顶升工作平台及模架（顶模）体系，重点介绍了智能化整体顶升平台及模架（顶模）体系的五大分系统，包括：钢平台系统、支撑系统、动力及控制系统、模板系统和吊架及维护系统。通过广州西塔和深圳京基项目实例，从标准层结构顶升原理、工作流程、顶模体系安装及顶升工作标准化流程管理控制等方面，分析了其技术优势及实施效果。

　　第三章对多功能绿色混凝土的控制及实施技术进行了详细介绍，分析了多功能绿色混凝土关键组成材料标准、关键技术、配制方法、主要性能、生产技术及施工关键技术，并展示了广州西塔、深圳京基项目中多功能混凝土的实施效果。

　　第四章从塔吊、施工电梯、混凝土输送泵三个方面分析了垂直运输高效施工关键技术与措施，并介绍了超高层垂直运输设计选型及设备管理的难点。

　　第五章介绍了复杂异型钢结构全数字化制作安装、斜交网格钢管混凝土施工工艺两种巨型复杂组合结构建造技术。

第六章分析了超大超深基坑施工技术，介绍了超高层深基础建筑常用形式、工程施工工艺、施工特点和难点。结合广州西塔和东塔（二期）基坑工程案例分析了超大超深基坑支护体系和施工组织设计、施工关键技术的应用。

第七章详细介绍了超高层结构施工安全仿真分析方法，展示了一些实际案例，从竖向变形、摆动、沉降三个方面介绍了超高层结构监测技术。

第八章阐述了BIM在超高层建筑方面的创新应用。在深入理解BIM应用基础、BIM集成技术、BIM模型的数据处理与共享上，介绍了其在施工技术、进度及成本管理三个方面的创新性应用，包括：基于3D BIM模型的施工技术体系、基于4D BIM模型的进度管理技术、基于5D BIM模型的成本管理体系。

注：本书中所引用的规范及相关内容均与项目实施时间保持一致。

截至目前，广州东塔关键建造技术中的众多创新共获得2项发明型专利和22项实用新型专利；获计算机软件著作权2项；在国家核心期刊中发表论文12篇；共出版发行专著2部；荣获3项国家级工法，1项省部级工法；鉴定5项科技成果，其中2项国际领先，3项国际先进，其中1项局部国际领先；"百层高楼关键施工技术"更是喜获国家科技进步二等奖的殊荣；"基于BIM的施工总承包管理系统"荣获中国建筑业协会举办的"首届工程建设BIM应用大赛"一等奖、2014年龙图杯BIM大赛一等奖、全国建筑业企业管理现代化创新成果一等奖，并通过了住房城乡建设部信息化科技示范工程的验收；绿色施工关键施工技术顺利通过住房城乡建设部"绿色施工科技示范工程"中期检查。广州西塔项目共获得鲁班奖、中建总公司优质工程金质奖（中建杯）、广东省建设工程优质奖及金匠奖等10余项奖项，获得专利20项，其中2项发明专利，获得科学技术奖22项，省部级工法6项，共出版发行专著3本。深圳京基100项目获得工程建设鲁班奖、中建总公司优质工程金质奖（中建杯）、广东省建设工程优质奖及金匠奖等10余项奖项，共获得14项专利，其中2项发明专利，获得1项国家级工法，6项省部级工法。

本书中诸多技术的研发和应用，凝结了大量国内建筑业界专家、学者及工程技术人员的经验与智慧。在此对研究过程中给予帮助、提供宝贵资料及建议的业界专家、学者及工程技术人员表示衷心的感谢。

超高层建筑工程技术研究，任重而道远，以此书抛砖引玉，恳请广大读者不吝指正。

目　　录

第一章 概　　述

第一节　百层高楼建设与发展状况

一、世界百层高楼的建设与发展状况

随着人口数量的增加和城市化的快速推进，城市土地逐渐成为稀缺资源，为有效利用城市资源，城市建筑逐渐开始向高层发展，各地对超高层建筑的需求不断加大。1972年国际高层建筑会议中提出，100m以上的建筑为超高层建筑。我国《民用建筑设计通则》（GB 50352—2005）也规定：建筑高度超过100m时，不论住宅还是公共建筑均为超高层建筑。按照此类定义，中国首座超高层建筑是1976年建成的广州白云宾馆，其建筑高度114m，主楼达32层。自此以后，我国超高层建筑发展进入兴盛时期，超高层建筑层出不穷。1998年，88层、420.5m高的上海金茂大厦的建成标志着我国高层建筑施工技术进入世界先进行列。建筑业的发展和建筑技术的不断提升，给超高层建筑的发展提供了可靠的技术支持。单说已建成的超高层建筑，在我国150m以上的几年前就已千栋有余，更不用说100m以上的了，加上美国、日本、阿联酋、韩国等其他国家，全球超过100m的建筑已经难以计数。在建的或者规划中的更是层出不穷，建筑业已经进入新高度的超高层时代。在现有的技术条件和时代背景下，我国原有的民用建筑设计通则所规定的超高层建筑定义已不能满足发展的要求。

在日本，有学者从防灾的角度出发，将100m或25层以上的建筑定义为"超高层建筑"，将200m或75层以上的建筑定义为"超超高层建筑"。世界高层建筑与都市人居学会（CTBUH）则将高度超过300m（984英尺）的建筑定义为"超高层建筑"，超过600m（1968英尺）的建筑定义为"巨高层建筑"。

为跟随世界建筑发展潮流，本书采用CTBUH的定义，研究高度超过300m的建筑，这里建筑高度计算时是从最低点、主要点、开放的、步行的入口水平面至建筑顶端的距离，顶端包括塔尖，但是不包括天线、标志、旗杆或其他功能或技术性设备。根据CTBUH提供的定义与数据，对目前世界上已竣工的超高层建筑（楼高≥300m），从建筑高度（主楼）、层数、竣工年份、主要结构材料和使用用途等方面进行了统计，如表1-1所示。

对全球楼高超过300m的超高层建筑数据按竣工年份进行分析，各年竣工完成的超高层建筑数据如表1-2和图1-1所示。

世界超高层建筑（楼高≥300m）列表 表 1-1

序号	建筑名称	城市（国家/地区）	高度(m)	层数	竣工年份	主要结构材料	用途
1	哈利法塔	迪拜（阿联酋）	828	163	2010	钢筋/混凝土	办公/住宅/酒店
2	上海中心大厦	上海（中国）	632	128	2015	复合材料	酒店/办公
3	麦加皇家钟塔饭店	麦加（沙特阿拉伯）	601	120	2012	钢筋/混凝土	其他/酒店
4	世界贸易中心 1 号大楼	纽约（美国）	541.3	94	2014	复合材料	办公
5	广州周大福金融中心	广州（中国）	530	111	2016	复合材料	酒店/住宅/办公
6	台北 101 大厦	台北（中国台湾）	508	101	2004	复合材料	办公
7	上海环球金融中心	上海（中国）	492	101	2008	复合材料	酒店/办公
8	环球贸易广场	香港（中国）	484	108	2010	复合材料	酒店/办公
9	吉隆坡石油双塔 1 号	吉隆坡（马来西亚）	451.9	88	1998	复合材料	办公
10	吉隆坡石油双塔 2 号	吉隆坡（马来西亚）	451.9	88	1998	复合材料	办公
11	紫峰大厦	南京（中国）	450	66	2010	复合材料	酒店/办公
12	西尔斯大厦	芝加哥（美国）	442.1	108	1974	钢筋	办公
13	京基 100	深圳（中国）	441.8	100	2011	复合材料	酒店/办公
14	广州国际金融中心	广州（中国）	438.6	103	2010	复合材料	酒店/办公
15	432 派克大道公寓	纽约（美国）	425.5	85	2015	混凝土	住宅
16	特朗普国际酒店大厦	芝加哥（美国）	423.2	98	2009	混凝土	住宅/酒店
17	金茂大厦	上海（中国）	420.5	88	1999	复合材料	酒店/办公
18	公主塔	迪拜（阿联酋）	413.4	101	2012	钢筋/混凝土	住宅
19	阿尔哈姆拉塔	科威特市（科威特）	412.6	80	2011	混凝土	办公
20	国际金融中心二期	香港（中国）	412	88	2003	复合材料	办公
21	玛丽娜 23 大厦	迪拜（阿联酋）	392.4	88	2012	混凝土	住宅
22	中信广场	广州（中国）	390.2	80	1996	混凝土	办公
23	信兴广场	深圳（中国）	384	69	1996	复合材料	办公
24	裕景大连塔 1 号	大连（中国）	383.1	80	2016	复合材料	酒店/办公
25	Burj Mohammed Bin Rashid 塔楼	阿布扎比（阿联酋）	381.2	88	2014	混凝土	住宅
26	帝国大厦	纽约（美国）	381	102	1931	钢筋	办公
27	Elite Residence	迪拜（阿联酋）	380.5	87	2012	混凝土	住宅
28	中环广场	香港（中国）	373.9	78	1992	混凝土	办公
29	联邦大楼—沃斯托克塔	莫斯科（俄罗斯）	373.7	95	2016	混凝土	住宅/办公
30	中国银行大厦	香港（中国）	367.4	72	1990	复合材料	办公
31	美国银行大厦	纽约（美国）	365.8	55	2009	复合材料	办公
32	阿勒玛斯大楼	迪拜（阿联酋）	360	68	2008	混凝土	办公
33	迪拜马奎斯 JW 万豪酒店 1 号	迪拜（阿联酋）	355.4	82	2012	混凝土	酒店
34	迪拜马奎斯 JW 万豪酒店 2 号	迪拜（阿联酋）	355.4	82	2013	混凝土	酒店

续表

序号	建筑名称	城市（国家/地区）	高度(m)	层数	竣工年份	主要结构材料	用途
35	阿联酋大厦1号	迪拜（阿联酋）	354.6	54	2000	复合材料	办公
36	OKO住宅大厦	莫斯科（俄罗斯）	353.6	90	2015	混凝土	住宅/服务式公寓/酒店
37	火炬大厦	迪拜（阿联酋）	352	86	2011	混凝土	住宅
38	市府恒隆广场1号大厦	沈阳（中国）	350.6	68	2015	复合材料	酒店/办公
39	广晟国际大厦	广州（中国）	350.3	60	2012	混凝土	办公
40	高雄85大楼	高雄（中国台湾）	347.5	85	1997	复合材料	酒店/办公/零售
41	怡安中心	芝加哥（美国）	346.3	83	1973	钢筋	办公
42	中环中心	香港（中国）	346	73	1998	钢筋	办公
43	约翰·汉考克中心	芝加哥（美国）	343.7	100	1969	钢筋	住宅/办公
44	阿联酋阿布扎比国家石油公司新总部大楼	阿布扎比（阿联酋）	342	65	2015	混凝土	办公
45	无锡国际金融广场	无锡（中国）	339	68	2014	复合材料	酒店/办公
46	重庆环球金融中心	重庆（中国）	338.9	72	2015	复合材料	酒店/办公
47	水银城市大厦	莫斯科（俄罗斯）	338.8	75	2013	混凝土	住宅/办公
48	天津现代城办公大楼	天津（中国）	338	65	2016	复合材料	办公
49	天津环球金融中心	天津（中国）	336.9	75	2011	复合材料	办公
50	世茂国际广场	上海（中国）	333.3	60	2006	混凝土	酒店/办公/零售
51	瑞汉金罗塔纳玫瑰酒店	迪拜（阿联酋）	333	71	2007	复合材料	酒店
52	民生银行大厦	武汉（中国）	331	68	2008	钢筋	办公
53	中国国际贸易中心	北京（中国）	330	74	2010	复合材料	酒店/办公
54	珠海瑞吉酒店	珠海（中国）	330	67	2017	复合材料	酒店/办公
55	京南河内地标大厦	河内（越南）	328.6	72	2012	混凝土	酒店/住宅/办公
56	龙希国际大酒店	江阴（中国）	328	72	2011	复合材料	住宅/酒店
57	迪拜 Al Yaqoub 大厦	迪拜（阿联酋）	328	69	2013	混凝土	酒店/办公
58	无锡苏宁广场1号	无锡（中国）	328	67	2014	复合材料	酒店/服务式公寓/办公
59	指数大厦	迪拜（阿联酋）	326	80	2010	混凝土	住宅/办公
60	里程碑大厦	阿布扎比（阿联酋）	324	72	2013	混凝土	住宅/办公
61	德基广场	南京（中国）	324	62	2013	复合材料	酒店/办公
62	Q1大厦	黄金海岸（澳大利亚）	322.5	78	2005	混凝土	住宅
63	温州贸易中心	温州（中国）	321.9	68	2011	混凝土	酒店/办公
64	卓美亚帆船酒店	迪拜（阿联酋）	321	56	1999	复合材料	酒店
65	如心广场	香港（中国）	320.4	80	2006	混凝土	酒店/办公
66	克莱斯勒大厦	纽约（美国）	318.9	77	1930	钢筋	办公
67	环球都市广场	广州（中国）	318.9	67	2016	复合材料	办公

续表

序号	建筑名称	城市(国家/地区)	高度(m)	层数	竣工年份	主要结构材料	用途
68	纽约时报大厦	纽约(美国)	318.8	52	2007	钢筋	办公
69	泛亚国际金融大厦北塔	昆明(中国)	317.8	67	2016	复合材料	办公
70	泛亚国际金融大厦南塔	昆明(中国)	317.8	66	2016	复合材料	办公
71	HHHR塔	迪拜(阿联酋)	317.6	72	2010	混凝土	住宅
72	重庆国际金融中心T1	重庆(中国)	316.3	63	2016	复合材料	酒店/办公
73	南京国际青年文化中心1号大厦	南京(中国)	314.5	68	2015	复合材料	酒店/办公
74	大京都大厦	曼谷(泰国)	314.2	75	2016	混凝土	住宅/酒店
75	美国银行广场	亚特兰大(美国)	311.8	55	1992	复合材料	办公
76	沈阳茂业中心A座	沈阳(中国)	311	75	2014	复合材料	酒店/办公
77	联邦银行大厦	洛杉矶(美国)	310.3	73	1990	钢筋	办公
78	电信塔	吉隆坡(马来西亚)	310	55	2001	混凝土	办公
79	海高大厦	迪拜(阿联酋)	310	83	2010	混凝土	住宅
80	烟草大厦	广州(中国)	309.4	71	2013	复合材料	办公
81	财富中心	广州(中国)	309.4	68	2015	复合材料	办公
82	阿联酋大厦2号	迪拜(阿联酋)	309	56	2000	复合材料	酒店
83	Stalnaya Vershina	莫斯科(俄罗斯)	308.9	72	2015	复合材料	住宅/酒店/办公
84	Burj Rafal	利雅得(沙特阿拉伯)	307.9	68	2014	混凝土	住宅/酒店
85	法兰克林大厦北塔	芝加哥(美国)	306.9	60	1989	复合材料	办公
86	卡延塔	迪拜(阿联酋)	306.4	73	2013	混凝土	住宅
87	One57	纽约(美国)	306.1	75	2014	钢筋/混凝土	住宅/酒店
88	东太平洋中心塔A	深圳(中国)	306	85	2013	复合材料	住宅
89	碎片大厦	伦敦(英国)	306	73	2013	复合材料	住宅/酒店/办公
90	大通大厦	休斯敦(美国)	305.4	75	1982	复合材料	办公
91	阿提哈德T2	阿布扎比(阿联酋)	305.3	80	2011	混凝土	住宅
92	东北亚贸易大厦	仁川(韩国)	305	68	2011	复合材料	住宅/酒店/办公
93	长富金茂大厦	深圳(中国)	304.3	68	2016	复合材料	办公
94	彩虹中心第二期	曼谷(泰国)	304	85	1997	混凝土	酒店
95	无锡茂业城—万豪酒店	无锡(中国)	303.8	68	2014	复合材料	酒店
96	慎行广场二号大厦	芝加哥(美国)	303.3	64	1990	混凝土	办公
97	济南绿地中心	济南(中国)	303	61	2014	复合材料	办公
98	地王国际财富中心	柳州(中国)	303	72	2015	复合材料	办公/酒店
99	南昌绿地中央广场1号	南昌(中国)	303	59	2015	复合材料	办公
100	南昌绿地中央广场2号	南昌(中国)	303	59	2015	复合材料	办公
101	利通广场	广州(中国)	302.7	64	2012	复合材料	办公

序号	建筑名称	城市(国家/地区)	高度(m)	层数	竣工年份	主要结构材料	用途
102	休斯敦富国银行广场	休斯敦(美国)	302.4	71	1983	钢筋	办公
103	王国中心	利雅得(沙特阿拉伯)	302.3	41	2002	钢筋/混凝土	住宅/酒店/办公
104	The Address	迪拜(阿联酋)	302.2	63	2008	混凝土	住宅/酒店
105	首都莫斯科塔	莫斯科(俄罗斯)	301.8	76	2010	混凝土	住宅
106	东方之门	苏州(中国)	301.8	66	2015	混凝土/钢筋	住宅/酒店/办公
107	深圳市中洲控股金融中心A座	深圳(中国)	300.0	61	2015	复合材料	酒店/办公
108	阿尔发塔	多哈(卡塔尔)	300	36	2007	复合材料	酒店/办公
109	Arraya塔	科威特市(科威特)	300	60	2009	混凝土	办公
110	斗山海云台天顶塔A	釜山(韩国)	300	80	2011	混凝土	住宅
111	科斯塔内拉塔	圣地亚哥(智利)	300	62	2014	混凝土	办公
112	阿倍野HARUKAS	大阪(日本)	300	60	2014	钢筋	酒店/办公/零售

注：数据更新截至2017年2月（数据来源：http：//www.skyscrapercenter.com/buildings）。

世界超高层建筑（楼高≥300m）竣工年份及新增情况　　　表1-2

年份	新增超高层建筑数(座)	超高层建筑总数(座)	年份	新增超高层建筑数(座)	超高层建筑总数(座)
1930	1	1	2002	1	26
1931	1	2	2003	1	27
1969	1	3	2004	1	28
1973	1	4	2005	1	29
1974	1	5	2006	2	31
1982	1	6	2007	3	34
1983	1	7	2008	4	38
1989	1	8	2009	3	41
1990	3	11	2010	9	50
1992	2	13	2011	9	59
1996	2	15	2012	8	67
1997	2	17	2013	9	76
1998	3	20	2014	11	87
1999	2	22	2015	14	101
2000	2	24	2016	10	111
2001	1	25	2017	1	112

注：数据更新截至2017年2月（数据来源：http：//www.skyscrapercenter.com/buildings）。

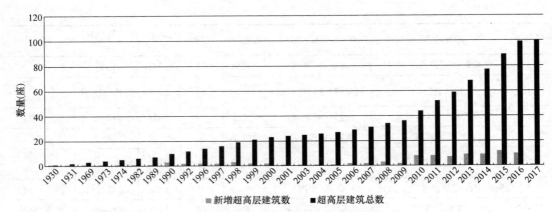

图 1-1　世界超高层建筑（楼高≥300m）新增情况（截至 2017 年 2 月）

从数据可以看出，自 1930 年建成世界首座楼高超过 300m 的超高层建筑至今，超高层建筑经历了 80 余年的发展，其过程大致可划分为以下几个阶段：

（1）20 世纪 30—60 年代的萌芽阶段：1930 年，世界首座超 300m 的超高层建筑克莱斯勒大楼在美国纽约诞生。但受限于当时落后的建设技术，超高层建筑的发展较慢，处于萌芽阶段。20 世纪 30 年代美国经济危机的爆发也间接影响到了世界建筑行业，从 20 世纪 30 年代一直到 70 年代初，竣工完成的超高层建筑数量屈指可数，中间甚至出现了长达 30 余年的空白。

（2）20 世纪 70—80 年代的探索阶段：随着世界经济的复苏和对建筑技术的探索，在此期间的近 20 年中，平均每 4 年有 1 栋超高层建筑落成。

（3）20 世纪 90 年代至 2009 年的快速发展阶段：随着建筑技术的进一步发展，从 20 世纪 90 年代开始至 2009 年超高层建筑进入快速发展阶段，在此期间的 20 年中，世界上平均每年 1.65 栋超高层建筑竣工并投入使用。其中，20 世纪 90 年代后中国的国民经济快速增长，使得原本属于美国独占的世界超高层建筑榜，逐渐出现了中国建筑的身影。

（4）2010 年至今的繁荣阶段：进入 2010 年后，建筑行业逐渐成熟，建设技术不断发展和改进，新建设材料和大型机械的涌现给超高层建筑建设提供了可靠的技术保障。世界各地每年新增超高层建筑数量接近 10 栋，世界超高层建筑发展走入繁荣阶段。

二、中国百层高楼的建设与发展状况

世界上已落成的高度前百名的超高层建筑的国家或地区分布情况如表 1-3 所示。

世界超高层建筑（楼高≥300m）国家/地区分布情况　　　　　　表 1-3

国家/地区	所属洲	数量（座）
中国大陆	亚洲	42
阿联酋	亚洲	22
美国	北美洲	17
中国香港	亚洲	6

国家/地区	所属洲	数量（座）
俄罗斯	欧洲	5
马来西亚	亚洲	3
沙特阿拉伯	亚洲	3
中国台湾	亚洲	2
泰国	欧洲	2
科威特	亚洲	2
韩国	亚洲	2
澳大利亚	澳洲	1
英国	欧洲	1
越南	亚洲	1
卡塔尔	亚洲	1
日本	亚洲	1
智利	南美洲	1
合计		112

注：数据更新截至 2017 年 2 月（数据来源：http://www.skyscrapercenter.com/buildings）。

从表 1-3 数据可以看出，我国的超高层建筑起步虽晚，但是发展速度很快。包括香港、台湾等地区，到 2017 年我国已建成 50 座超高层建筑（楼高≥300m），是全世界拥有超高层建筑最多的国家，这与我国改革开放以后，各地经济快速发展密不可分。我国超高层建筑分布范围很广，其中以经济发达的省、市、自治区居多，如香港、广东、江苏、上海、重庆、天津、湖北武汉等经济高速发展的地区。这个规律与美国超高层建筑分布规律相一致，经济发达、人口密集的城市超高层建筑数量较多。

从超高层建筑分布的国家及地区分析结果来看，超高层建筑发展不仅是由于建筑设计、施工技术、新型材料和机械等方面的发展，而且依靠城市化进程加快和人口密集等内在原因的推动，同时也反映了国家（地区）在某个时期内的经济发展情况。只有经济高速发展，具备一定的经济实力后，才能有能力为超高层建筑这样的"庞然大物"提供坚定的支持。

三、百层高楼的发展趋势

根据 CTBUH 提供的数据，对已建、在建或待建的项目进行统计，未来（2020 年前）世界前 20 栋最高建筑的情况如表 1-4 所示。

2020 年世界前 20 栋最高建筑排名列表　　表 1-4

序号	建筑名称	城市（国家/地区）	高度（m）	层数	建设情况	竣工年份	主要结构材料	用途
1	国王塔	吉达（沙特阿拉伯）	1000	167	正在施工	2020	混凝土	住宅/服务式公寓/酒店/办公

续表

序号	建筑名称	城市 (国家/地区)	高度 (m)	层数	建设 情况	竣工 年份	主要结 构材料	用途
2	哈利法塔	迪拜(阿联酋)	828	163	已建成	2010	钢筋/混凝土	办公/住宅/酒店
3	中国门	深圳(中国)	739	169	方案阶段	—	—	
4	迪拜第一塔	迪拜(阿联酋)	711	161	方案阶段	2021	—	住宅
5	周大福金融中心	武汉(中国)	648	121	方案阶段	2022	复合材料	办公
6	Signature Tower Jakarta	雅加达(印尼)	638	113	方案阶段	2021	复合材料	酒店/办公
7	武汉绿地中心	武汉(中国)	636	125	正在施工	2018	复合材料	酒店/住宅/办公
8	上海中心大厦	上海(中国)	632	128	已建成	2015	复合材料	酒店/办公
9	吉隆坡118大厦	吉隆坡(马来西亚)	630	118	正在施工	2020	—	酒店/办公
10	Rama IX Super Tower	曼谷(泰国)	615	125	方案阶段	2021	—	服务式公寓/酒店/办公/零售
11	Tradewinds Square Tower A	吉隆坡(马来西亚)	608	110	方案阶段	—	—	办公
12	Lanco Hills Signature Tower	海得拉巴(印度)	604	112	方案阶段	—	—	住宅
13	麦加皇家钟塔饭店	麦加(沙特阿拉伯)	601	120	已建成	2012	钢筋/混凝土	其他/酒店
14	平安金融中心	深圳(中国)	599	115	建筑封顶	2017	复合材料	办公
15	高银金融117	天津(中国)	596.5	128	结构封顶	2018	复合材料	酒店/办公
16	Nexus Tower	深圳(中国)	595	124	方案阶段	—	—	酒店/办公/零售
17	宝能滨湖金融中心	合肥(中国)	588	119	方案阶段	2024	—	—
18	罗斯洛克国际金融中心	天津(中国)	588	—	方案阶段	—	—	多功能
19	现代全球商业中心	首尔(韩国)	569	105	方案阶段	2022	—	酒店/办公
20	宝能环球金融中心	沈阳(中国)	568	114	正在施工	2018	混凝土	办公

注：数据更新截至2017年2月（数据来源：http://www.skyscrapercenter.com/buildings）。

统计结果表明，现今超高层建筑繁荣发展区域已不仅限于北美，2020年的前20栋最高建筑位于全球14个城市，分布在8个国家。中国以拥有其中10座建筑的成绩脱颖而出，作为拥有超过13亿人口和急速推进的城市化进程的国家，中国也许最具建设超高层建筑的理由和实力。中国所拥有的这10个项目分布地点广泛，位于7个城市：深圳（3座）、天津（2座）、武汉（2座）、上海（1座）、合肥（1座）、沈阳（1座）。从更大的地理范围来分析：亚洲（不包括中东）占据了前20座最高建筑的80%（16座），中东拥有20%（4座）。如果我们将中东列入亚洲大陆的一部分，那么未来全球前20栋世界最高建筑均在亚洲。这不仅体现了亚洲建筑技术的飞速发展，也显示了亚洲，尤其是中国的经济实力正不断崛起。

就功能而言，未来20栋最高建筑中只有4栋建筑是办公建筑，多数为复合型功能建筑，能同时提供办公、住宅、酒店等多项服务功能，体现了未来建筑的发展趋势。未来的最高建筑不仅在分布区域及功能上会发生变化，毫无疑问，建筑高度也会不断突破。

在 2020 年，世界上第一个千米高层建筑将会诞生，目前也有很多超过 600m 的建筑正在兴建或筹备。现今迪拜哈利法塔、上海中心大厦和麦加皇家钟塔饭店 3 栋建筑高度超过 600m，但是到 2020 年时，有望看到 13 座 600m 以上的建筑在世界不同角落耸立起来。届时，"超高层"（指超过 300m 的高层建筑）将不再适合描述这类建筑，世界正在步入"巨高层"建筑的时代，图 1-2 所示的世界超高层建筑天际线示意图能够非常形象地说明这个变化趋势。"巨高层"一词已被 CTBUH 作为描述高度超过 600m 的建筑（"超高层"高度的 2 倍）的专业用语。

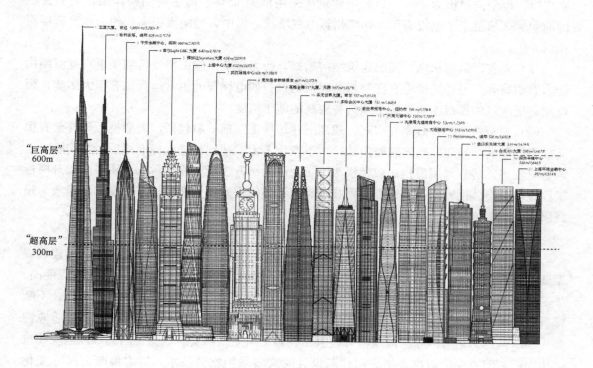

图 1-2　世界超高层建筑天际线变化趋势示意图

从上述数据中还可以看到一个事实——超高层建筑继续发展的趋势不变。"9·11 事件"之后，很多人预测高层建筑的时代将要结束，但是事实并非如此，超高层建筑在数量、高度、地域多样化上都在不断发展、进步。前所未有的城市化程度和急速增加的全球人口将促使世界城市继续向更高处发展。之前，建筑的高度主要受结构的限制。随着结构、施工和垂直运输等领域的建筑技术突飞猛进，建筑高度已不再受以往限制高度的物理束缚。从全球范围内惊人的建筑高度突破也说明了这个问题。

第二节　百层高楼结构建造的特点与难点

百层高楼，即楼高超过 300m 的超高层建筑，建造地点一般处于城市繁华区，所以建造过程中对于工期、安全、质量、环保等方面要求非常之高，远远超过一般高层建筑。相对于一般高层建筑，百层高楼在建造过程中，从模架、混凝土配制及泵送、垂直运输、钢结构、基础基坑、安全仿真及监测和 BIM 应用等方面都有着显著的特点。

一、模架技术

结构超高是超高层建筑的最主要特点，因此模板技术是整个项目施工的关键环节。超高层建筑模板工程有以下特点：

（1）以竖向模板为主体。超高层建筑多采用框架-筒体、筒中筒结构体系，竖向模板的面积远远超过水平模板面积，如广州新电视塔核心筒中，竖向模板面积约为水平模板面积的 6 倍。

（2）垂直精度要求高。高层建筑结构超高，受力复杂，施工精度特别是垂直度对结构受力影响显著。另外结构垂直度对超高层建筑设备如电梯等的正常运行也有很大影响，因此超高层建筑的模板工程系统必须具备较高的施工精度。

（3）安全性和爬升效率要求高。超高层建筑施工工期一般较紧，需要模板和外架有很高效率的周转，且超高层建筑竖向结构上下变化不大，特别是进入标准层后，结构施工工艺重复较多，适宜采用滑模法或爬模法施工。液压滑升模板工程技术、液压自动爬升模板工程技术、整体提升钢平台模板工程技术和电动整体提升脚手架模板工程技术已经成为超高层建筑结构施工主流模板工程技术。

（一）液压滑升模板

液压滑升模板工程技术在高层建筑中经常使用，是一种现浇钢筋混凝土工程的连续成型施工工艺。其能不断爬升的特性使得结构整体性较好，且施工速度快、机械化程度高，施工投入少。但同时液压滑升模板工程技术也存在明显缺陷：①施工组织要求较高。不断爬升的模板要求必须保证连续作业，因此对资源计划安排必须周密，对突发事件适应性弱。②结构体形适应性差。液压滑升模板是在施工前期提前安装好的，因此难以适应建筑结构立面造型改变的情况。超高层建筑设计时又多采用收分技术，剪力墙断面尺寸变化多，变幅大，因此限制了液压滑升模板的应用。③混凝土结构表面质量控制难度大。为了降低滑升阻力，往往在混凝土结构强度比较低的情况下继续向上爬升，这样可能拉裂混凝土表面，不仅影响观感，且损伤不易及时发现，易造成质量隐患。④垂直度控制困难。为了降低成本，液压滑升模板系统的支承杆断面都比较小，液压滑升模板系统的整体刚度不强，在滑升过程中容易偏位。而且由于模板、脚手架连为一体，一旦出现垂直偏差，纠正十分困难，因此结构的垂直度较难保证。

（二）液压自动爬升模板

液压自动爬升模板系统相较传统爬升模板系统，其工作效率和施工安全性都显著提高，具有以下显著优点：①自动化程度高。液压自动爬升模板系统不但可控制整个系统同步自动爬升，也可实现爬升导轨的自动提升。②施工安全性高。液压自动爬升模板系统始终附着在结构墙体上，提升和附墙点始终在系统重心以上，抗倾覆性较高。自动化作业减少了施工人员高层施工的安全风险。③施工组织简单。液压自动爬升模板施工工序关系清晰，衔接要求比较低，施工组织相对简单。特别是采用单元模块化设计，可任意组合以利于小流水施工，有利于资源均衡组织。④结构质量有保证。液压自动爬升模板是逐层分块安装的，垂直度和平整度易于调整和控制，可避免施工误差的积累。同时混凝土养护可达到一定强度后再拆除模板，避免了结构表面拉裂现象。⑤标准化程度高。液压自动爬升模板系统许多组成部分，如爬升机械系统、液压动力系统、自动控制系统都是标准化定型产品，甚至操作平台系统的许多构件都可以标准化，通用性强，周转利用率高，经济性良好。⑥结构立面适用性强。液压自动爬升模板系统拥有轨道导向，系统始终沿轨道爬升。只要调节轨道安装倾角，即可保证液压自动爬升模板系统按照施工需要的姿态爬升。但是液压自动爬升模板工程技术也存在一定缺陷：①整体性比较差，承载力比较低。模板系统多为模块式，模块之间采用柔性连接，整体性比较差。模板系统外附在剪力墙上，承载力比较低，材料堆放控制严格。②系统比较复杂，一次投入比较大。液压自动爬升模板系统采用了先进的液压、机械和自动控制技术，系统比较复杂，造价比较高，一次投入比较大，因此必须探索合理承包模式，降低项目成本压力，才能顺利推广。

（三）整体提升钢平台模板工程技术

整体提升钢平台模板工程技术，其基本原理是运用提升动力系统将悬挂在整体钢平台下的模板系统和操作脚手架系统反复提升：提升动力系统以固定于永久结构上的支撑系统为依托，悬吊整体钢平台系统并通过整体钢平台系统悬吊模板系统和脚手架系统。在施工中，利用提升动力系统提升钢平台，实现模板系统和脚手架系统随结构施工而逐层上升，如此逐层提升浇筑混凝土直至设计高程。

相对液压自动爬升模板，整体提升钢平台模板工程技术作业条件好。材料堆放场地开阔，为施工作业提供了良好条件，下挂脚手架通畅性和安全性好。同时施工速度与结构质量有保证。但整体提升钢平台模板工程技术也存在一定缺陷：①材料消耗量大。大量的支撑系统钢立柱被浇入混凝土中而无法回收，平台重复利用率也不高，除提升的动力系统外，其他系统标准化、模数化程度低，难以重复利用，经济效益较低。②对复杂结构的断面和立面适应性比较差，特别不适合倾斜立面。③工人劳动强度较大。模板系统不能随钢平台系统和脚手架系统一起由提升动力系统提升，只能由工人利用手拉葫芦提升，劳动强度比较大。因此，其优势在工期紧和超高层建筑施工中才比较明显。

（四）电动整体提升脚手架模板

电动整体提升脚手架模板系统中模板不随系统提升，而是在自动控制提升系统作用下，依靠塔吊提升。这种系统的工作效率显著提高，可以提升几乎所有的脚手架模板系统组成部分，通用性强，周转利用率高，经济性良好，且自动化程度高，施工速度快，技术简单。电动整体提升脚手架模板的建筑体形适应性也强，材料消耗少，采用挑架附墙，仅需预留少量洞口，无须钢材埋放，成本低。但这种系统的安全性较差，提升下吊点在架体重心以下，高重心提升倾覆风险较大，且作业面狭窄，施工条件差。

二、混凝土配制及泵送

超高层建筑由于其垂直运输路程高，混凝土浇筑总量庞大。高垂直距离泵送过程中易出现混凝土离析、分层等现象，影响材料强度，对施工设备和施工技术的要求非常高。因此在泵送过程中，泵车的选型、泵管布置、开泵时间、混凝土扩展度和坍落度控制方面都应该加强计算与管理。随着商品混凝土的发展，施工现场已较少采用现场搅拌，而商品混凝土运距较远，且超高层建筑混凝土用量大，要保证混凝土的生产与及时供应，对施工组织与管理的要求也非常高。

由于超高层建筑结构高度较高，结构中的内应力更为显著，对混凝土材料的力学性能及工学性能提出了很高要求，一方面混凝土要有很高的强度和弹性模量，以满足超高层建筑承载需要。另一方面混凝土还要有良好的高稳定性，满足高层建筑结构耐久性的要求，同时混凝土需保证优异流动性、黏聚性和保水性，以满足超高层建筑施工中高程泵送的要求，因此超高层建筑中，常使用高强度混凝土或高性能混凝土为主要材料。

混凝土材料和配比须进行严格优选与计算，以保证高强度混凝土的强度。高强混凝土建筑生产工艺和施工技术要求较普通混凝土更高，且随着混凝土强度的增加，其流动性下降明显，泵送阻力增加，相对普通混凝土而言，从配制、生产、运输、浇筑、振捣、养护，乃至检测等均存在特殊要求。高强度混凝土相对而言用水量少，胶凝物质较多，进入混凝土结构的任何外加水都会促使水化作用的大量增加，所以高强混凝土的养护保温工作也是极为重要的一个环节。与低强度混凝土相比，高强度混凝土延性较差，应力重分布的能力较小，更容易发生脆性破坏。

三、垂直运输

超高层建筑通常体量较大，所需建筑材料数量常以万吨计，参与建设的人员众多，同时施工过程中会产生大量的建筑垃圾，这些建材、施工人员、建设垃圾都需要通过垂直运输手段进行运输。而超高层建筑由于其垂直运输距离长，工期紧，施工场地狭窄，且现代超高层建筑现浇结构减少、装配构件多，对起重能力要求不断提高，吊装单元质量增加，对垂直运输体系提出了很大的挑战。常见的超高层建筑垂直运输系统包括塔式起重机、工程施工电梯、混凝土泵。

（一）塔式起重机

塔式起重机的选型、安装、爬升和拆除是超高层建筑施工的关键技术。超高层建筑施工由于其各专业交叉多、吊装高度高，且每次吊装时间长，如何选择吊装设备型号及实现有效施工区域覆盖是塔式起重机选型布置的重点。塔式起重机随建筑高度的提升不断爬升，对塔式起重机塔身的稳定垂直、水平承载能力及稳定性提出了更高的要求。塔式起重机自重大，其安装与拆除对高层结构的影响强烈，安装拆除工作难度较大。

（二）工程施工电梯

工程施工电梯在施工人员上下，以及中小型建筑材料、机电安装材料和施工机具的运输中承担了重要的角色，尤其在塔式起重机拆除以后，大量的机电安装材料、装修材料和施工人员都要依靠施工电梯进行运输。但目前超高层建筑施工电梯的选型与配置还缺乏定量的方法，一般参考工程规模和建筑高度等因素，依据工程经验进行确定。施工电梯布置时应考虑运输效率，一般在建筑内外布置。建筑外部施工电梯布置时，将影响幕墙工程和室内装饰工程施工。超高层建筑施工后期还面临永久客梯置换施工电梯的问题：置换过早，则永久客梯损耗大，影响后期运营；置换过晚，可能延误工期。

（三）混凝土泵

超高层建筑的混凝土工程施工量巨大，需要使用混凝土泵完成混凝土垂直与水平方向输送任务。超高层建筑混凝土泵送垂直距离长，泵送过程中混凝土与管道的摩擦损耗较大，使得需要泵送管承担更大的输送压力。输送排量和配置数量应当满足超高层建筑流水施工需要，若因设备故障或配置不当等问题中断泵送，则可能形成施工冷缝，影响构件刚度，或泵管被混凝土硬化堵塞，影响施工。而出管口的泵送压力和输送排量在电动功率一定的情况下成反比，满足超高层建筑混凝土泵送压力需要，则输送排量将降低，相反，为保证流水施工应提高输送排量，则相应泵送压力会减少，两者需达到协调平衡，才能保证超高层建筑的混凝土工程施工正常进行。

四、钢结构建造

进入 21 世纪后，超高层建筑已经进入新一轮发展高潮，建筑高度不断增加，建筑结构日趋复杂，结构体系巨型化趋势非常明显。钢结构以其重量轻、施工速度快、有效建筑面积占有率大、抗震性能良好等优势广泛在超高层建筑结构中使用。超高层建筑常用钢结构体系有：①框架—支撑（带边框剪力墙）结构体系，这种体系在钢结构中应用最多，框架与支撑系统共同承担水平力，地震作用下内力可重新分布，由框架承担主要水平力，但适用层数不高的 40～60 层建筑；②筒体结构，受力较好，内外筒可形成较强的抗弯刚度，共同承担水平力；③钢框架—钢筋混凝土核心筒混合结构；④巨型钢框架结构，近年来较热门，建筑立面丰富，但塔楼内部荷载很大，体系间连接性较弱，不宜在地震多发地带使用，难以将水平地震力传给水平刚度很大的巨型框架。

钢结构建筑虽然在超高层建筑中发挥着重要的作用，但其设计、施工方面存在难点：钢结构不耐火，温度达 400℃以上时，钢材的强度将降低一半，而温度超 600℃时，钢材强度基本丧失，这给高层建筑防火带来很大挑战；超高层建筑施工环节多，施工环境不断变化，日照和温度的变化所造成的温差将在钢结构中形成温度应力，且高层建筑离地较高处风荷载效应随之增大，在恒载、活载、风荷载和温度作用组合下，钢结构内力与变形值将发生变化，设计上存在难度。

因为我国超高层建筑钢结构起步较晚，设计规范方面存在许多争议。我国目前高层钢结构设计方法中结构内力计算方法与结构承载力验算方法不匹配，较少考虑钢结构内力重分布的情况，不能保证各构件承载可靠度的一致性；我国高层钢结构技术规范中对钢结构层间位移的要求比较严格，要求钢结构侧向刚度较高，与国外的规范相距较大，此间存在较大争议；相同问题也存在于层间变形限制规范中，造成目前不少高层建筑钢结构的实际计算层间变形难以满足规范要求；同样，高层建筑高宽比的限制也经常难以满足。究其原因，我国高层建筑技术规范多针对 150m 以下高层钢筋混凝土结构提出。随着高层建筑的发展，建筑高度不断突破，新的建筑结构形式不断被实践，技术规范是否适用于超高层建筑，尤其是超高层钢结构建筑，有待进一步研究。

五、深基础深基坑

超高层建筑由于建筑高、体量大，为了保证结构的稳定性以及开发利用地下空间资源的需要，超高层建筑多采用深基础，且多占地面积广，面积超 5 万 m² 的深基坑工程已经不鲜见，且基础埋置较深，基坑开挖深度常超过 20m，有的甚至达 30m。超高层建筑深基坑工程施工具有非常鲜明的特点：

（1）规模庞大。超高层建筑深基坑工程占地面广，基础埋置深度深，土方开挖工程量极大，劳动繁重，且基坑施工难度大，技术含量高，容易发生安全事故。

（2）环境复杂。深基坑工程具有施工条件复杂的特点，受地质、水文、气象等条件影响较大，不确定因素多。且超高层建筑多处于城市繁华地段，周边建筑密集，地下管线交错，甚至还紧邻城市交通系统如地铁等，施工环境复杂。

（3）环境保护要求高。超高层建筑深基坑工程施工时不但要控制自身变形范围，而且应尽量避免对周围建筑物、构筑物结构造成影响，应尽量减少对周边居民的噪声污染，施工控制标准高。

（4）工期紧张。超高层建筑的显著特点是投资大、工期长、成本高。因此，必须突出工期保证措施，采取有力措施缩短工期。由于深基坑工程施工任务比较单一，牵涉面比较小，因此在超高层建筑施工中，往往将压缩工期的任务落实在深基坑工程施工阶段，深基坑工程施工工期往往极为紧张。

六、施工安全仿真及监测

目前，国内外超高层建筑建造在施工安全仿真与监测方面主要有以下几个特点：

（1）技术难度大。由于超高层建筑结构超高，平面控制网和高程垂直传递距离长，因此较低层建筑所需的转换测站更多，累计的误差较大。超高层建筑施工高空作业多，施工工种多样，各工程交叉作业，作业面窄，施工条件差，测量通视困难，高空架设仪器和接收装置也比较困难，常需设计特殊装置以满足观测条件。尤其是异形超高层建筑物的空间位置在连续变化，使得高空测量控制较难，其稳定性较差。这些都极大地增加了超高层建筑施工测量的技术难度。

（2）精度要求高。超高层建筑设计和施工都对施工测量精度提出了更高要求。超高层建筑结构超高，结构受力受施工测量精度影响比较大，过大的施工测量误差不但会影响建筑功能正常发挥，如长距离高速电梯的正常运行，而且会恶化超高层建筑结构受力，因此必须严格控制施工测量误差。因此，国家规范对超高层建筑施工测量精度要求较一般建筑工程高，国家标准《高层建筑混凝土结构技术规程》（JGJ 3—2002）要求建筑高度（H）越大，施工测量精度要求越高，30m＜H≤60m 时，轴线竖向投测允许偏差≤±10mm；60m＜H≤90m 时，轴线竖向投测允许偏差≤±15mm；90m＜H≤120m 时，轴线竖向投测允许偏差≤±20mm；120m＜H≤150m 时，轴线竖向投测允许偏差≤±25mm；H＞

150mm 时，轴线竖向投测允许偏差≤±30mm。

（3）影响因素多。超高层建筑施工测量精度除受测量仪器精度和测量技术人员素质影响外，还受建筑设计、施工工艺和施工环境影响。当建筑物高度≥150m，垂直度控制精度与建筑物的刚度关系很大，标高控制时应考虑建筑物的压缩变形。基础刚度越小，施工过程中超高层建筑沉降越大，差异沉降也越显著；建筑侧向刚度越小，施工过程中受施工环境和施工荷载影响就越大。超高层建筑在施工过程中的空间位置受施工工艺和施工环境影响也非常显著。施工环境中风和日照作用下超高层建筑的变形众所周知。中央电视塔施工过程测试表明，日照作用下结构最大水平偏移达 132mm。结构仿真分析表明，日照作用下，环境温度每增加 10℃，联酋迪拜大厦钢筋混凝土核心筒顶部偏移达 150mm。这些都给提高施工测量精度带来很大困难。

七、BIM 应用

超高层建筑项目一般体量规模超大，具有投资规模大、技术要求高、建设工期紧、参与单位多、参与各方的组织、沟通与协调困难等特点。由于超高层建筑建设信息巨大，有必要加强工程管理，需要建立信息可交换与共享的协同工作平台，建筑信息模型 BIM（Building Information Modeling）技术应运而生。

BIM 具有以下特点：

（1）设计可视化。BIM 不仅可以实现建筑三维效果图展示，也支持动画效果、实时漫游、虚拟现实系统、环境条件模拟、管线综合设计等，使设计结果不再依赖设计师的空间想象能力，能较容易地发现设计问题并解决。

（2）协同性。BIM 提供一个统一的、直观的协同工作环境，使分布在不同地理位置、不同专业的工程师可通过网络向计算机虚拟建筑模型输入项目管理信息，包括设计、合同、运营管理等。BIM 使协同工作的范围超出简单文件共享层面，它可以集成多成员、多专业、多系统间原本各自独立的管理内容，消除误解与沟通不畅，提高管理质量和效率。

（3）模拟性。BIM 技术可以模拟设计出三维的建筑物模型（3D 模拟），也可以对加入施工进度（时间）模拟实际施工过程（4D 模拟），再加入造价信息（费用）模拟资金使用（5D 模拟），通过模型模拟不同状态下的项目绩效，为决策选择最优方案提供信息参考。当实际施工条件与模拟状态发生偏差时，通过修改模型可实现动态纠偏与变更管理。

（4）可出图性。可以输出一般的建筑设计图纸、构件加工的图纸，并且可以随时根据现场施工管理的需要输出建筑物任何部位的任何角度图纸。

（5）智能化程度高。超高层建筑功能复杂，系统繁多，确保各系统安全、高效、协调运行是智能化最基本的任务。BIM 模型可储存建筑所有信息并可保持信息即时同步更新，包括实时更新的建筑图纸与设备信息等。超高层建筑内部设备管道众多，通过 BIM 技术对设备信息进行管理可实现楼宇智能化管理，数据库可任意读取、修改、更新，实现对建筑物全生命周期的管理。

第三节　百层高楼结构建造技术体系

针对前述百层高楼结构建造的特点与难点，为能够顺利按照项目合同要求交付工程，实现项目工期、安全、质量、环保和成本等各项目标，就必须具备一套完整、高效、适用的建造技术体系，具体要求如下：

（1）确保工期的高效施工技术措施。百层高楼出于商业运作的目的，其建造工期往往非常紧张；在建造过程中，过长的工期有时反而会增加施工的安全和成本等风险。为实现工期目标，在百层高楼结构建造施工组织中，对于基坑支护设计与开挖施工组织、模架体系设计、垂直运输方案设计、混凝土超高泵送、钢结构安装、BIM建造等主要施工过程，必须有高效的施工技术体系与之匹配。

（2）确保施工质量和安全的关键施工技术措施。由于百层建筑高度较高、体形新颖、结构形式复杂且质量安全目标要求高等特点，使得在建造过程中施工质量和安全控制受到非常大的挑战。因此，在高性能混凝土的配制与超高泵送，模架体系的设计与安装，钢结构的设计、制作与安装，深基础超大超深基坑施工，垂直运输设备设计与安装，安全仿真与监测，BIM技术应用等关键建造技术方面，在确保达到设计与施工最低要求的基础上，最大限度地提高施工质量和安全。

（3）确保环保和成本可控等项目全面目标的综合技术措施。环保、成本等目标与工期、质量、安全目标并不是单一、互相排斥的，而且很多情况下是相辅相成的。例如，高性能混凝土若附带自流平、自密实、自养护、低热、低收缩等其他多功能时，不仅能够很好地保证工程质量、确保施工安全和施工进度，而且还能减少损耗用量，降低材料和施工成本，有益于现场环保要求；钢结构的数字化制作与安装，不仅能够确保施工进度，降低施工安全风险，还可以减少材料成本和施工费用，提高环保目标；在建造过程中综合运用BIM技术，可以综合发挥提高施工效率和安全，确保施工质量，易于成本控制，优化和降低资源使用等优势。

因此，为确保实现上述目标要求，本书提出了一套百层高楼结构关键建造技术体系：

（1）智能化整体顶升工作平台及模架（顶模）体系；

（2）高性能多功能混凝土（即高强高稳定高泵送、自流平自密实自养护、低热低收缩低成本，简称三高三自三低）的配制及超高泵送技术；

（3）巨型自爬升塔吊快速拆装、施工电梯特殊节点处理技术、混凝土泵连接等垂直运输施工技术；

（4）复杂异型钢结构、斜交网格钢管混凝土等巨型复杂组合结构制作与安装技术；

（5）超大超深基坑支护体系与施工、土石方开挖、基坑监测等超大超深基坑施工技术；

（6）结构施工安全仿真分析及健康监测技术；

（7）BIM集成、BIM施工技术应用、BIM进度和成本控制等BIM建造新技术。

第二章 智能化整体顶升工作平台及模架（顶模）体系

超高层混凝土结构施工中，模架是整个项目施工的关键环节，也是可以通过施工措施优化提速的关键。尽管目前的滑模、爬模和提模工艺在各方面进行了很多的创新，但伴随建筑高度的不断刷新和建筑功能多元化要求，使结构越来越复杂，再加上业主对工期的要求趋紧，传统的模架系统工艺已不能完全满足超高层施工过程中的工期、高空建筑形式变化的要求，越来越不适应现阶段超高层建筑飞速发展对施工模架的需求。

第一节 顶模体系组成

智能化整体顶升工作平台及模架（顶模）体系由五大分系统组成，包括钢平台系统、支撑系统、动力及控制系统、模板系统和吊架及围护系统，其总体示意图和剖面图如图2-1和图2-2所示。由图可见，这是一个大空间布局的立体模架体系，为充分利用此模架体系并提高施工效率，可将其竖向操作空间划分为平台上料区、钢筋绑扎与预埋件的埋设操作架区、模板支设与拆除操作架区、外框钢梁连接板焊接操作架区和混凝土浇筑操作架区等功能分区，如图2-3所示。一般可将挂架上部两步设为钢筋绑扎与预埋件的埋设操作

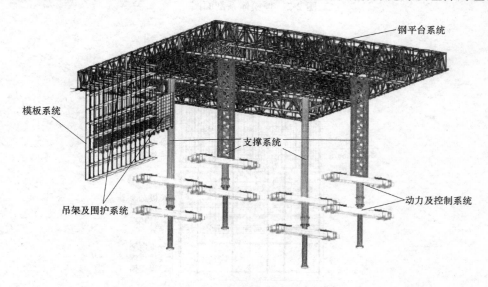

图 2-1 顶模体系总体示意图

架；挂架第三、四、五步设为模板支设与拆除、模板清理的操作架；挂架第六步设为顶模系统兜底防护，以及外框钢梁连接板焊接操作架。这种模架体系能够将材料堆放区与作业区分开，有效地解决了作业面空间狭小的问题，并且便于保证文明施工；而且，在钢平台

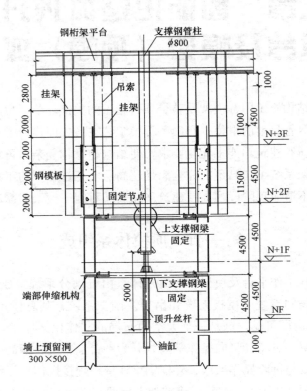

图 2-2　顶模体系剖面图

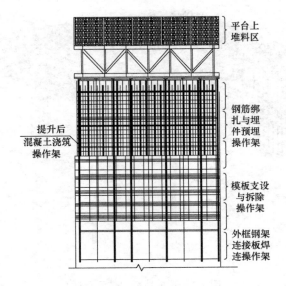

图 2-3　顶模体系竖向功能分区示意图

下始终留空一层，这样可以保证施工的持续性，混凝土浇筑完成后，上层钢筋工程即可以开始，钢筋绑扎的时间即为等下层混凝土强度和模板拆除的时间，有效地保证了整体施工进度。

一、钢平台系统

为保证模架体系整体强度、刚度、空间稳定性以及满足现场施工的要求，钢平台系统主体采用各种型钢组成的空间桁架体系支撑。桁架体系由一级、二级、三级平面桁架和吊架梁组成，如图2-4所示。一级桁架作为钢平台主要承力骨架；二级桁架作为吊架、模板荷载主承力构件。3级桁架为方便平台走道板的铺设；吊架梁挂在钢桁架下弦，作为吊架及模板的直接承力构件。3级桁架共同形成一个平面刚度较大的钢平台，满足同时能承受上部整层的施工材料堆载、施工机具堆载和下部的挂架荷载、模板荷载以及所有的施工活荷载。

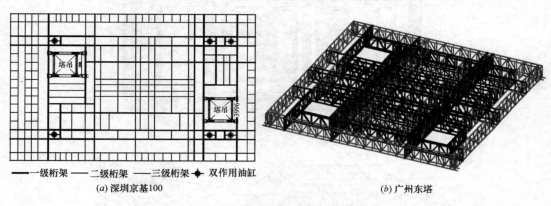

——一级桁架 **——**二级桁架 **——**三级桁架 **◆**双作用油缸
(a) 深圳京基100   (b) 广州东塔

图2-4 钢平台系统桁架布置图

在钢平台面上满铺走道板，能够作为楼层钢筋堆放平台、钢筋二次转运平台、氧气、乙炔瓶堆放平台等，并且可以根据需要在钢平台上布置临时电箱接驳、中央数据控制、垃圾集中、移动厕所、楼层用水、消防器材、电梯通道、安全疏散通道入口等功能分区，如图2-5所示。

另外，在设计钢平台桁架体系时须合理设计整个模架体系的支撑点。为保证整个模架体系更好地适应工程主体结构的变化，尽量考虑设计最少的支撑点，一般为3～4个，对于核心筒截面形状是圆形或三角形的可选择3个支撑点，对于核心筒截面形状是方形或矩形的可选择4个支撑点。图2-1所示的即为4个支撑点方式；3个支撑点方式的如图2-6和图2-7所示。

二、支撑系统

支撑系统由上下支撑梁、支撑牛腿及支撑柱组成，是整个系统的支撑点，将平台的荷载及整个模架体系的自重有效地传递到核心筒墙体。其具体构造如图2-8所示，自下至上主要包括固定油缸的下支撑大梁、与油缸活塞杆连接的调节支撑柱、与调节支撑柱连接的支撑钢柱、与支撑钢柱连接的上支撑大梁、与支撑钢柱柱顶连接的钢平台节点以及上下支

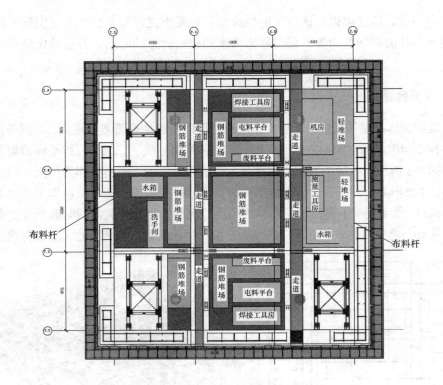

图 2-5　钢平台平面布置图（广州东塔）

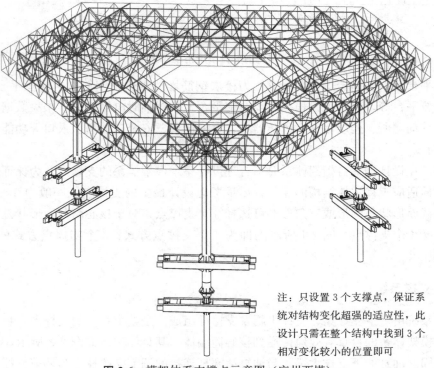

注：只设置 3 个支撑点，保证系统对结构变化超强的适应性，此设计只需在整个结构中找到 3 个相对变化较小的位置即可

图 2-6　模架体系支撑点示意图（广州西塔）

图 2-7 模架体系支撑点实例图（广州西塔）

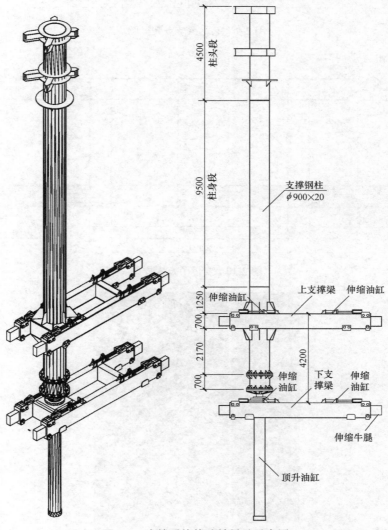

图 2-8 支撑系统构造效果及示意图

撑大梁端部的伸缩牛腿。其中，上、下支撑节点的构造详图分别如图 2-9 和图 2-10 所示。另外，图 2-11 展示了一个完整支撑系统的实例图。

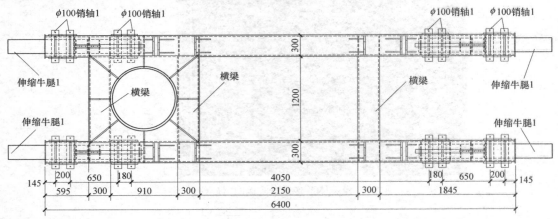

图 2-9 上支撑节点大样图

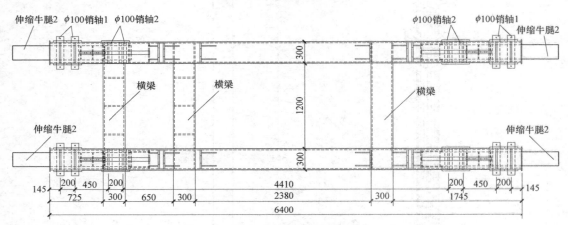

图 2-10 支撑节点大样图

图 2-11 支撑系统实例图

三、动力及控制系统

动力及控制系统主要包括液控系统和电控系统两个分系统，以实现对支撑系统主缸及附属多支小缸的联动控制。其中，液控系统主要包括泵站、各种闸阀和整套液压管路，通过控制各个闸阀的动作控制整个系统的动作和紧急状态下自锁；电控系统主要包括一个集中控制台、连接各种电磁闸阀与控制台的数据线、主缸行程传感器、小油缸行程限位等，实现对整个系统电磁闸阀动作的控制与监控，对主缸顶升压力的监控、对主缸顶升行程的同步控制与监控。整个系统运行原理如图 2-12 所示，其中液压系统布置如图 2-13 所示。图 2-14～图 2-17 展示了工程中实际采用的相关设备和系统。

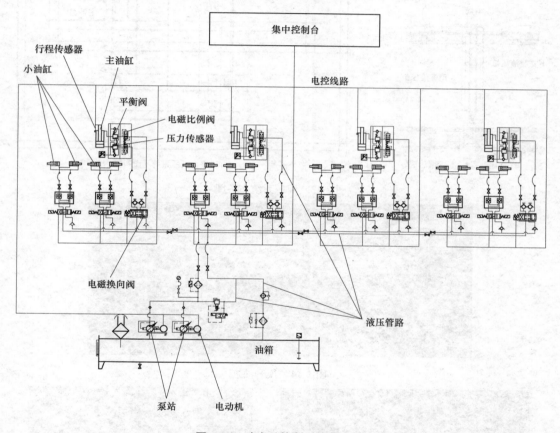

图 2-12 动力及控制系统原理图

四、模板系统

为保证墙体混凝土的质量，模板系统采用大钢模板；同时，为了适应结构形式的变化，每块大模板设计为多块小钢模板拼接组成，如图 2-18 所示。模板上部通过导轮连接在钢平台下导轨梁上，使得模板支设及拆除均为有轨作业，便于工艺操作和缩短操作时间；而且，在施工中模板系统随钢平台同步提升、重复利用，能够大幅提升施工效率。

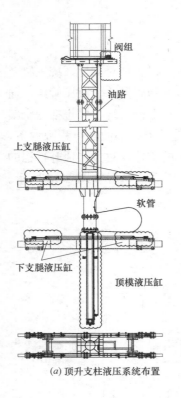

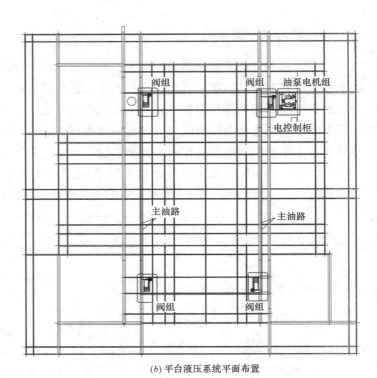

(a) 顶升支柱液压系统布置　　　　　(b) 平台液压系统平面布置

图 2-13　液压系统布置图

图 2-14　顶升油缸

图 2-15　泵站和油路系统（一）

图 2-15　泵站和油路系统（二）

图 2-16　中央控制室

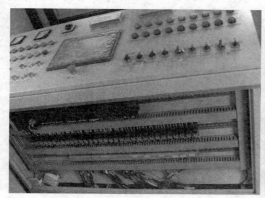

图 2-17　控制系统

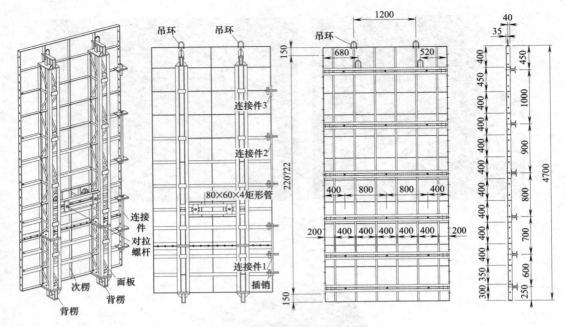

图 2-18　标准模板系统示意图

五、吊架及围护系统

吊架及围护系统利用钢平台下挂设的吊架梁作为挂架的吊点及滑动轨道，作为钢筋和模板工程的操作架；围护系统主要包括走道板及防护栏杆，保证现场的施工安全。吊架及围护系统主要形式为采用顶部固定有导轮的吊架立杆挂设在钢平台下弦焊接的导轨梁上，可实现吊架沿导轨梁滑动的目的，以满足墙体厚度变化和倾斜弧墙的需要；挂架立杆之间采用可相对水平转动的大横杆连接，可实现挂架由直线滑动成折线，满足墙体结构形式变化的施工要求；挂架靠墙体一侧设置有翻板装置，可以在模板拆除后，翻板上翻，空出模板退开墙面的距离，便于模板清理；翻板端部增设伸缩板，伸缩范围控制在墙体变化三次的尺寸范围，可以在墙体变截面或墙体倾斜时每变化三次滑动一次挂架，减少现场工作量。另外，钢平台底留空一层，即两步架体，用于钢筋作业工程，减少了现场技术间歇时间，缩短了标准层的工艺流程时间。吊架系统的示意图及工程实例图分别如图 2-19～图 2-21 所示。

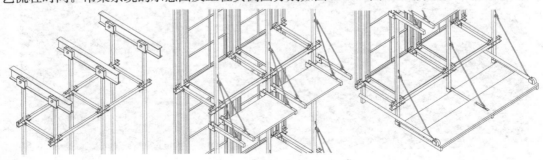

图 2-19　吊架系统示意图

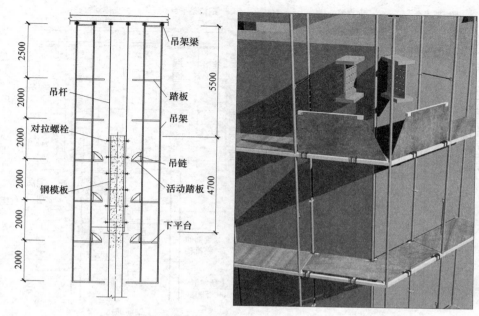

图 2-20 吊架系统剖面图及效果图

(a)挂架系统   (b)挂架立杆连接   (c)模板吊杆连接

图 2-21 吊架系统实例图

第二节　顶升原理及工作流程

　　智能化整体顶升工作平台及模架（顶模）体系的标准层结构顶升原理如图 2-22 所示。
　　①初始状态：下层混凝土浇筑完毕，上下支撑距离设定为一个标准层高度，平台下部
留空距离以确保钢筋绑扎作业面；②钢筋绑扎：开始上层钢筋绑扎，同时等候下层混凝土

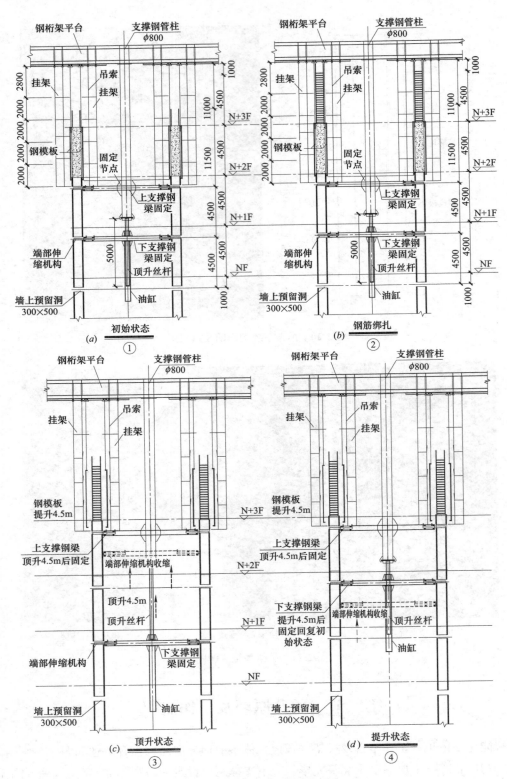

图 2-22 标准层结构顶升原理

到强度后拆除模板；③顶升状态：上支撑钢梁端部伸缩机构回收，下支撑固定不动，油缸预顶升 50mm 后收回上支撑牛腿，然后继续顶升一层高度（不超过 5m）后上支撑钢梁端部牛腿伸出，油缸回收 50mm 使上支撑固定在上层墙体预留洞处；顶升过程中模板随钢平台同步升高一层，避免材料人工周转；④提升状态：上支撑固定不动，油缸回收 50mm，下支撑钢梁端部牛腿回收，油缸继续回收一层高度后下支撑钢梁两端牛腿伸出，油缸顶出 50mm 使下支撑固定至上一层墙体预留洞部位。之后，利用设置在钢平台下的导轨滑动至墙面，进行模板支设作业；然后，在浇筑混凝土后回到初始状态，进入下一个标准流程。

　　顶升过程是整个模架体系应用的关键，施工中操作是否合理至关重要。为确保顶升工作顺利完成，可遵循图 2-23 所示的流程实施顶升工作。

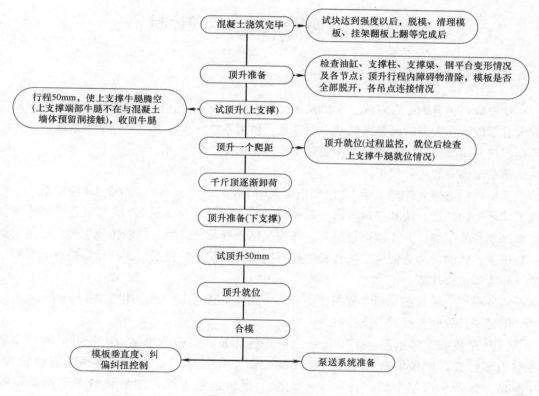

图 2-23　顶升工作流程

　　（1）主油缸顶升 50mm，使上支撑牛腿腾空（上支撑端部牛腿不再与混凝土墙体预留洞接触）；上支撑端部小油缸回收带动上支撑端部牛腿收回（上支撑牛腿不在预留洞中）。

　　（2）主油缸顶升至上支撑钢梁距预留洞口 800mm 时，由专人测量 4 个牛腿距预留洞的尺寸（是否一致、是否倾斜等），准备垫板。

　　（3）主油缸继续顶升一个层高，上支撑小油缸推出带动上支撑牛腿伸入上层墙体预留洞中的垫板上。

（4）主油缸回收 100mm（将上支撑大梁落实在上层已经施工完的混凝土墙体预留洞中，同时将下支撑大梁提空）。

（5）下支撑小油缸回收带动下支撑端部牛腿收回（下支撑牛腿不在预留洞中）。

（6）主油缸回收至下支撑钢梁距预留洞 800mm 时，由专人测量 4 个牛腿距预留洞的尺寸，准备垫板。

（7）主油缸继续回收一个层高，下支撑小油缸推出带动下支撑牛腿深入结构墙体预留洞中。

（8）主油缸回顶至主油缸内，油压显示为正常压力（保证上下支撑梁在使用过程中同时受力），即完成一次顶升流程。

上述步骤，所有支撑必须同时进行。

第三节　现场实施及管理控制

一、顶模体系安装

顶模体系包含钢平台系统、支撑系统、动力及控制系统、模板系统和吊架及围护系统五大分系统，在安装时所遵循的基本顺序是：模板系统→支撑系统→钢平台系统、动力及控制系统→吊架及围护系统，具体安装实施过程如图 2-24 所示。

第一步，安装内外模板。

模板在核心筒墙体施工至 L4 层楼面标高时开始施工，从±0.000 至 L4 层的结构，先施工墙体竖向结构，梁和楼板等水平结构滞后施工。±0.000 至 L4 层的核心筒墙体按楼层标高划分施工缝，共 4 段进行施工。在顶模体系安装前最后一段墙体施工时，采用大钢模板施工，此时，为方便施工无楼板的核心筒墙体结构，从首层楼面开始需搭设满堂脚手架，作为施工操作架。

内外模板安装时的平面布置图如图 2-25 所示，安装后的工程实例如图 2-26 所示。

第二步，安装支撑梁及支撑柱。

（1）安装下支撑钢梁。钢梁吊装之前，拆除核心筒内脚手架，支撑部分伸缩牛腿在剪力墙位置，墙预留有 500mm×800mm 深 350mm 洞口，洞口两侧预埋限位装置，在洞口上侧弹出定位中线，并在支撑大梁上弹出定位中线，在吊装状态下精确调整大梁的定位，使其中线对齐，定位后人工将伸缩牛腿推入洞口内，在埋设洞口安装限位槽钢对大梁进行限位。在洞口内使用木楔将洞口两边楔紧，以保证上部构件安装尺寸的精确。

（2）安装油缸。将油缸吊装至已经固定好的下支撑钢架上，精确调整定位（油缸中心点与箱梁中心点重合），调整垂直度和与下支撑的相对位置后用设计螺栓连接紧固。

（3）安装钢管短柱。钢管短柱就位以后，与油缸的螺栓孔对准连接好即可。

（4）安装上支撑钢梁。上支撑钢梁与连接柱，利用塔吊直接吊运安装，但须确保精确定位。

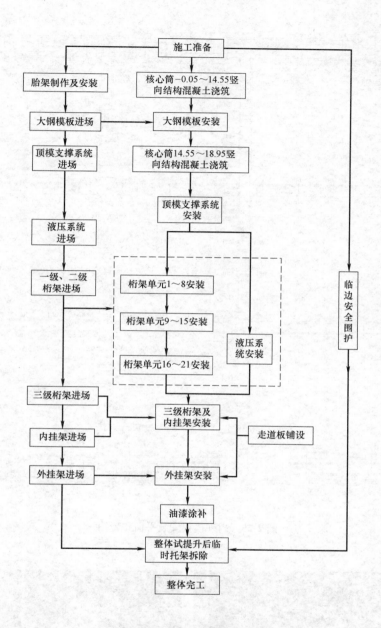

图 2-24 顶模体系安装流程

（5）安装整体钢管柱与柱头。柱头安装时必须严格按设计要求确定好方向，在柱头就位后，柱头与钢柱采用临时连接耳板固定。因为柱头部分与钢平台梁需焊接，因此须在钢管柱与柱头焊接后在柱底部引十字定位线确定柱头安装方向，并在支撑梁上表面设置定位线，以钢管柱定位引下线与支撑梁表面定位线重合作为安装定位基准。

支撑梁及支撑柱安装过程示意图如图 2-27 所示，安装后的工程实例如图 2-28 所示。

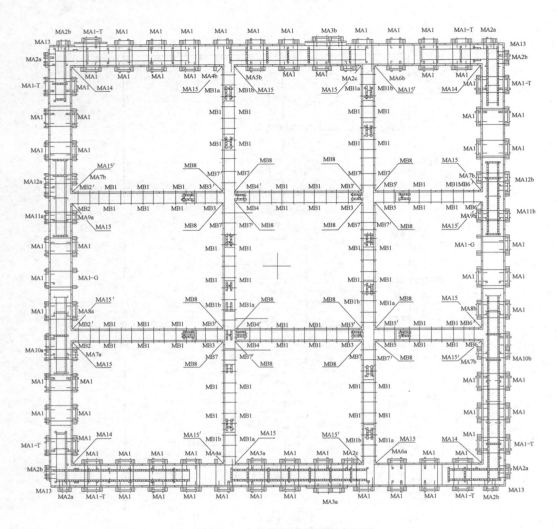

图 2-25　内外模板安装平面布置图

图 2-26　内外模板安装实例

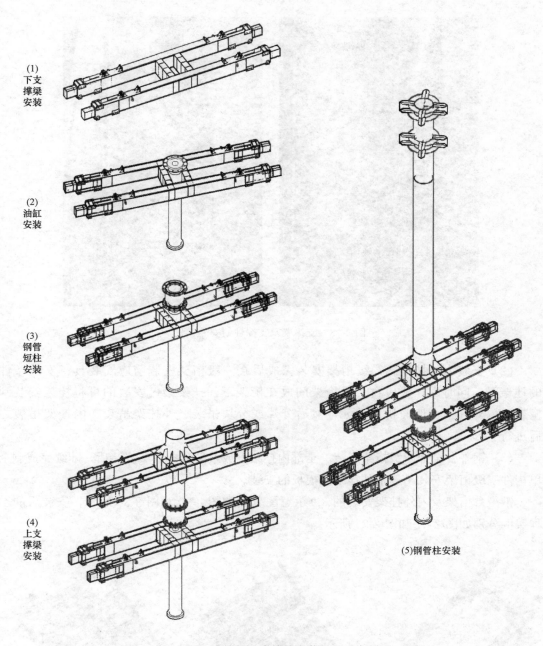

(1) 下支撑梁安装

(2) 油缸安装

(3) 钢管短柱安装

(4) 上支撑梁安装

(5)钢管柱安装

图 2-27 支撑梁及支撑柱安装过程示意图

第三步，安装钢平台桁架及内外挂架。

（1）安装一级桁架、二级桁架及部分三级桁架。为解决施工现场场地限制问题，钢平台桁架可采用"地面拼装、空中组对"的安装方法，即平台桁架分段制作、运输到现场后，在地面拼装成榀或拼装成片，然后吊装到空中组对、焊接。此时，留置部分三级桁架暂不安装，供筒内内挂架吊装单元吊入安装。

图 2-28　支撑梁及支撑柱的安装实例

（2）安装内外挂架。二级桁架安装完成后在三级桁架安装前应安装具备安装条件的挂架梁，同时内挂架应自二级桁架间放在桁架下，挂架梁已安装的可将挂架安装到桁架。内外挂架在地面拼成单元，然后分片或分块吊装。外挂架吊装在内挂架吊装之后进行。

（3）钢平台全部三级桁架安装。全部内挂架下放及部分内挂架安装后，陆续完成剩余单构件三级桁架安装，剩余外挂架及模板的安装。

钢平台桁架及内外挂架安装的 3D 示意图分别如图 2-29 和图 2-30 所示，安装后的工程实例分别如图 2-31 和图 2-32 所示。

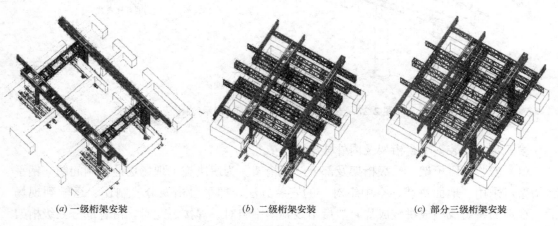

(a) 一级桁架安装　　　　　(b) 二级桁架安装　　　　　(c) 部分三级桁架安装

图 2-29　钢平台桁架安装 3D 示意图

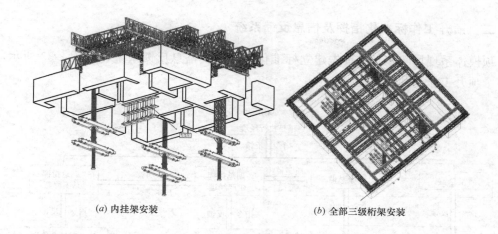

(a) 内挂架安装   (b) 全部三级桁架安装

图 2-30 内挂架及全部三级桁架安装 3D 示意图

图 2-31 钢平台桁架安装实例

图 2-32 内挂架及全部三级桁架安装实例

二、顶升工作标准化指挥及信息反馈系统

顶模体系现场实施必须首先建立标准化的指挥及信息反馈系统，如图 2-33 所示，使得整个顶升工作受到严格控制。

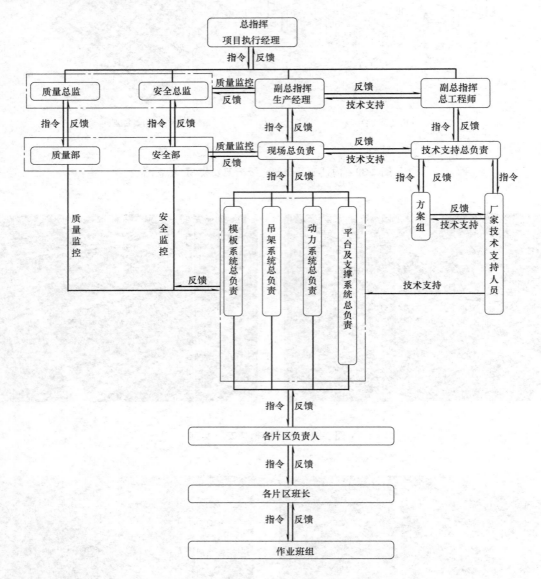

图 2-33 顶升工作指挥及信息反馈系统

（1）项目经理/项目执行经理作为总指挥，负责组织建立指挥体系，组织制定相关责任制度并落实到具体个人；定期召开专题会议，总结经验教训，不断完善工艺技术；根据各方反馈信息，对重大问题进行决策；集合调动联合体资源，保证工程顺利实施。

（2）总工程师作为副总指挥，负责组织进行整个系统的设计、论证和深化工作；组织

系统施工方案的编制和实施方案的论证,进行施工技术交底;对现场重大技术问题协助总指挥做出决策。

(3)生产经理作为副总指挥,负责组织顶模系统方案的现场实施;对每道工序的责任落实进行监督;集合现场反馈信息,与各部门协调,协助优化施工方案;组织进行现场每道工序的验收工作,并签署每层开工令;根据现场及反馈信息,记录每道工序运作情况;协助总指挥对重大问题进行决策。

(4)质量总监负责严格控制每道工序的施工质量;进行每层施工质量记录,对缺陷部位提出合理化建议。

(5)安全总监负责严格控制每道工序的安全性,对现场容易出现安全事故的部位进行重点监控,对现场安全防护体系提出合理化建议。

(6)现场总负责人负责严格按照施工方案对现场顶模的安装、运行直接指挥;协调顶模系统与钢筋、混凝土、钢结构工程,以及机械之间的关系;及时反馈顶模系统在施工现场出现的问题;督促、指导工艺流程的实施,并严格按照实际情况填写标准工艺流程卡,及时向上反映现场实际情况。

(7)技术支持总负责人负责组织有关顶模系统后期方案的编制,对顶模施工中出现的问题提供技术支持;

(8)模板与吊架系统总负责人负责模板的施工、维修与保养等工作,并填写相应的记录;负责现场模板的变更,吊架的使用、维修与保养、变更等工作;对施工中出现的问题及合理化建议及时反馈。

(9)动力系统总负责人负责千斤顶的使用、检查、维护与保养工作,并填写相应记录;千斤顶与其他构件的连接检查;对施工中出现的问题、合理的建议及时向上反馈。

(10)平台及支撑系统总负责人负责平台的使用、检查、维护与保养(包括平台的荷载检查、平台的变形情况、钢梁及之间的连接、平台维护系统、支撑柱、支撑钢梁等)工作,并填写相应记录;对施工中出现的问题、合理建议及时向上反馈。

(11)方案组负责顶模系统后期方案的编制;检查施工现场顶模系统的使用情况,并及时向上反馈;及时配合领导部门解决施工现场出现的问题以及反映的合理建议进行优化。

(12)各片区负责人负责严格按照方案向作业工人进行使用交底,监督、检查顶模系统的使用情况,积极配合上级部门的工作,及时向上反馈施工中出现的问题及合理化建议。

(13)各班长负责严格按照交底进行组织施工;监督、检查作业工人是否正确使用顶模;积极配合上级部门的工作,如使用中发现问题及时向上汇报。

(14)各作业班组负责严格按照交底施工,严禁违章作业。

三、顶升工作标准化流程管理控制

首先,按照顶升工作流程,将各工序定员,如图2-34所示;其次,在具体顶升工作中,采用标准流程卡进行施工管理控制,如表2-1所示。

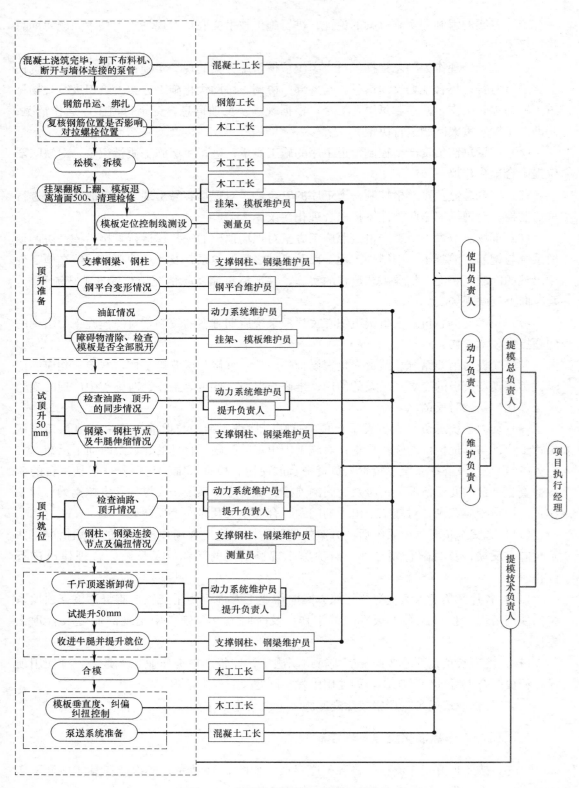

图2-34 顶模体系顶升工作各工序定员

顶模体系顶升工作标准流程卡 表 2-1

工程部位				
开始时间	年 月 日 时 分		结束时间	年 月 日 时 分
工 作 内 容				
工序	工作内容	技术要求	工作时间	责任人（签名）
一	钢筋吊运：核心筒墙体钢筋分两到三次吊运至钢平台上四个堆放点	钢平台上每个堆放点按照 1000kg/m² 控制，其中布料机安放点钢筋按 10t 限载，非布料机安放点钢筋按 16t 限载，均匀堆放；钢筋吊运必须在上层混凝土浇筑完成后进行，混凝土浇筑时做好钢筋吊运准备，避免影响钢筋绑扎作业施工；钢筋吊运需考虑现场钢筋绑扎顺序按需求分次吊运至钢平台上	日 时 分 至 日 时 分 计划完成时间：h 实际完成时间：h	
二	墙体竖向构件钢筋绑扎	竖向钢筋接长每个工作点需两人协同完成，平台上一人负责二次转运与钢筋扶直；竖筋位置需考虑避开下部模板对拉螺栓位置；水平构件直螺纹套筒预埋定位准确，连接牢固	日 时 分 至 日 时 分 计划完成时间：h 实际完成时间：h	
三	安装洞口模板	洞口模板安装与钢筋绑扎工程穿插进行；注意洞口模板的定位准确及固定牢固	日 时 分 至 日 时 分 计划完成时间：h 实际完成时间：h	
四	模板松动	混凝土浇筑完成并终凝后，松开对拉螺栓 5mm，利用脱模器将模板松开，终凝时间根据实际情况进行调整；注意：松模顺序与安装顺序反向	日 时 分 至 日 时 分 计划完成时间：h 实际完成时间：h	
五	模板拆除	检查每块模板上吊点是否连接牢固；按照支模反向顺序依次退开对拉螺栓，清理干净后分类集中堆放整齐；模板退开墙面 100mm	日 时 分 至 日 时 分 计划完成时间：h 实际完成时间：h	

续表

工序	工作内容	技术要求	工作时间	责任人（签名）
六	模板清理与检修	挂架翻板上翻，模板沿导轨退开 500mm，工人站在第二步挂架与底部挂架上利用专用工具将模板清理干净； 对所有模板进行检查，对变形、损坏部位进行修补	日 时 分 至 日 时 分 计划完成时间：h 实际完成时间：h	
七	上层模板控制线测设	以配模区域为单位，每个配模区域内在刚浇筑完的混凝土墙面上测设该区域模板定位控制线（区域两端，长度每大于 5m 中间增设一道控制线，控制线为十字，同时控制模板的水平及竖向定位）	日 时 分 至 日 时 分 计划完成时间：h 实际完成时间：h	
八	顶升准备	预留洞清理、抄平； 检查油缸油路、连接节点变形、螺栓是否紧固，缸体垂直度等； 检查支撑钢柱垂直度、变形情况及各节点连接情况； 检查钢平台各节点连接情况，重点监控主受力桁架变形情况； 检查每块模板是否全部脱开，上口吊杆连接是否紧固； 检查顶升行程内障碍物是否全部清理完毕； 其他可能影响到顶升的事项	日 时 分 至 日 时 分 计划完成时间：h 实际完成时间：h	
九	试顶升	开始顶升，首先顶升 50mm，密切监视各节点变形情况、油缸同步运行情况、油缸和支撑钢柱垂直度情况以及行程内障碍物情况； 重点监控上支撑伸缩油缸与大顶升油缸的协调工作	日 时 分 至 日 时 分 计划完成时间：h 实际完成时间：h	
十	顶升一个标准层高度	根据实地风速仪测定的风速，顶升作业需在风速小于 6 级风的条件下进行； 检查平台上钢筋等材料是否全部使用完毕，确保无大宗材料堆放； 密切监控各点行程的同步、顶升力的同步、顶升速度的平稳，通过同步控制系统及辅助监控系统确保整个顶升过程的平稳、同步； 发现异常现象及时通知现场顶升控制总指挥，停止顶升并及时发现故障并排除； 顶升完成后监控上支撑伸缩牛腿伸入墙体预留洞内； 顶升油缸慢速回收 50mm，荷载逐渐由上支撑承受，准备提升	日 时 分 至 日 时 分 计划完成时间：h 实际完成时间：h	

续表

工序	工作内容	技术要求	工作时间	责任人（签名）
十一	试提升50mm	检查油路、活塞杆工作情况后提升下支撑50mm,检查下支撑伸缩油缸协调工作情况	日 时 分 至 日 时 分 计划完成时间： h 实际完成时间： h	
十二	提升一个标准层高度	密切监控各节点的受力及变形情况,回收油缸活塞,带动整个下支撑上升一个结构层后,观察下支撑伸缩油缸运行的协调情况,在下支撑伸缩牛腿伸入墙体预留洞后缓慢释放油缸活塞,将下支撑荷载逐渐过渡到下支撑自身受力	日 时 分 至 日 时 分 计划完成时间： h 实际完成时间： h	
十三	模板支设	提升完成后,将模板利用导轨滑动小车滑动至墙面处,进行模板支设作业; 模板就位后穿设螺栓套管,利用套管上的控制标记控制墙体厚度; 首先从每个配模区域的控制线开始准确确定每块模板的位置; 锁脚螺栓临时固定后采用全站仪对模板上口的控制线进行复核,利用模板吊杆的调节装置调整模板的垂直度及上口扭转情况后紧固螺栓固定模板	日 时 分 至 日 时 分 计划完成时间： h 实际完成时间： h	
十四	泵送系统准备	泵管系统及布料系统根据布置图进行布设,布设工作须在模板支设完成之前全部完成; 平台上铺设通向各浇筑点临时通道	日 时 分 至 日 时 分 计划完成时间： h 实际完成时间： h	
十五	混凝土浇筑	严格按照方案中浇筑顺序分层浇筑,严禁一次浇筑到顶; 浇筑完毕后必须马上清理各作业面混凝土残渣,确保各作业面的清洁; 混凝土浇筑过程中需监测钢平台系统及支撑系统变形情况,掌握泵送力对整个系统的影响情况	日 时 分 至 日 时 分 计划完成时间： h 实际完成时间： h	
施工控制难点及改进建议				
顶模总指挥		完成时间		

四、质量保证措施

（一）总体原则

顶模施工技术性强,要求组织严密。为了确保施工过程有条不紊,需建立一套顶模指挥系统，各项工作落实到人，进行统一指挥。

在顶模系统安装和使用过程中，支撑系统的支撑梁、油缸及支撑柱的垂直度和水平方向的偏差，钢平台、挂架和模板的偏差与偏扭情况，均应符合国家现行相关规范和标准的要求，安装完成后，应经顶模系统设计人员验收认可方可使用。

混凝土一定要分层浇筑、分层振捣，要注意变换浇筑方向，即从中间向两端、从两端向中间交错进行。模板要及时清理，清理要划分区段，定员定岗，从上到下，做到层层清理、层层涂刷脱模剂，必要时要进行大清理。

要高度重视支撑柱的垂直度、倾斜度，确保支撑柱清洁，保证液压双作用油缸的正常工作，严格按照油缸的使用要求进行使用、维护和保养。

在顶升过程中，要保持顶模系统平稳上升。当出现偏差时，可通过限位器调整，使顶模系统结构不变形。整体范围允许偏差为30mm，油缸的同步顶升误差为3mm。

挂架应严格按照设计要求进行安装，在使用过程中，要做好维护，不得随意破坏和拆除挂架的相应构件，对严重变形和损坏的构件要及时进行修整或更换，以保证挂架系统的正常使用。

整个顶模系统在使用过程中，应做好维护和保养工作，并检查其各个组成部分的工作性能。

（二）重点检查和控制内容

顶模施工过程中，需满足该专项施工方案、施工工艺标准质量控制要求，重点从表2-2所示内容开展质量控制。

重点检查、维护内容一栏表 表2-2

序号	工序	检查内容	控制措施
一	钢筋吊运	钢平台上每个堆放点按照500kg/m² 控制,每个堆放点限载并均匀堆放	在平台堆放点设置告示牌,并在使用过程中进行巡查和监管
二	安装洞口模板	各洞口间偏差符合规范要求;牢固程度	通过测量人员给出的控制线进行洞口位置的模板定位和复核,在安装模板时,应严格按照模板安装方案对模板进行加固
三	模板松动	混凝土终凝情况	根据现场的同条件试块和混凝土的配比情况判断混凝土的终凝情况,当符合设计要求时,即可松动模板
四	模板拆除	吊点及吊杆的牢固程度	在拆除模板前,应对模板的吊杆和吊点进行检查,若发现有不牢固或损坏的地方,应及时进行加固和处理,经验收检查合格后,方可进行模板的拆除
五	模板清理与检修	模板清理效果;模板的损坏情况及修补	模板拆除后,应对模板及时清理,包括模板上的混凝土残渣和污渍;在清理过程中,如发现有损坏和变形的地方,应及时进行调整和修补
六	上层模板控制线测设	偏差是否符合测量规范要求	根据测量人员给出的控制线进行引测,模板控制线测设完毕后,需进行复核一遍,以确保模板的准确定位

序号	工序	检查内容	控制措施
七	顶升准备	预留洞清理、抄平； 检查油路是否通畅； 连接节点变形情况； 螺栓紧固程度； 缸体垂直度； 支撑钢柱垂直度； 支撑钢柱变形情况； 检查钢平台各节点连接情况； 检查每块模板是否全部脱开，上口吊杆连接是否紧固； 检查顶升行程内障碍物是否全部清理完毕	在顶模系统顶升之前，需对上述各种状况进行检查，当各项指标经检查均合格后，即可进行下一步操作
八	试顶升	各节点变形情况、油缸同步运行情况； 油缸和支撑钢柱垂直度情况； 下支撑钢梁挠度	通过设计要求和现场同步监控措施进行质量控制
九	顶升4200（3500mm）高度	风速≤6级； 平台上无大宗材料堆放； 油缸同步偏差； 顶升力同步偏差； 顶升速度的平稳	在顶模系统上安装风速仪，保证顶模系统在≤6级风的情况下，进行顶升操作。通过控制室的油压控制系统控制系统的顶升。如平台上有大宗材料堆放，应及时将材料转移后，再进行系统的顶升
十	试提升50mm	油路是否通畅； 下支撑伸缩油缸协调工作情况	通过系统控制室进行检测
十一	提升4200（3500mm）高度	上支撑钢梁挠度； 下支撑伸缩油缸运行的协调情况	根据设计要求操作即可满足质量要求
十二	模板支设	墙体厚度偏差； 模板下口定位偏差； 模板上口定位偏差	墙体厚度通过在模板内侧上口设置与墙体厚度尺寸相同的刚性撑杆，把模板两侧的对拉螺栓固定加紧来控制
十三	混凝土浇筑	是否按方案浇筑顺序； 分层厚度； 浇筑过程中需钢平台变形； 支撑系统变形	严格按照混凝土施工方案中的浇筑顺序分层浇筑，严禁一次浇筑到顶，浇筑完毕后必须马上清理各作业面混凝土残渣，确保各作业面的清洁，混凝土浇筑过程中需监测钢平台系统及支撑系统变化情况，掌握泵送力对系统的影响情况

（三）其他控制措施

1.模板定位及纠偏纠扭措施

（1）垂直度控制：

模板支设时吊线测量模板垂直度，测量控制重点为各个大角部位及较长墙体的中间位置，待模板全部支设完成后，利用激光垂准仪复核一次，确保墙体垂直度，如图2-35所示。

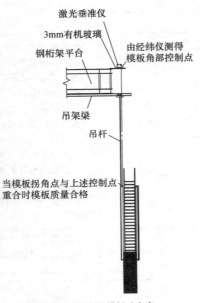

激光垂准仪
3mm有机玻璃
钢桁架平台
由经纬仪测得模板角部控制点

吊架梁
吊杆

当模板拐角点与上述控制点
重合时模板质量合格

(a)吊线定位模板初始控制线　　(b)激光垂准仪复核模板垂直度

图 2-35　定位测量模板垂直度示意图

（2）纠偏纠扭控制：

当发现模板偏扭后，如图 2-36 所示，需加测控制点，找出偏扭原因及偏扭的区域，确定调节方案，纠偏后复测。

激光投射点

(a)吊线定位检查　　(b)激光垂准仪投点检查

图 2-36　模板上口垂直度和偏差检查示意图

（3）防偏扭控制：

为防止模板上口发生偏扭，待模板安装完成后，可设置斜拉杆与钢桁架平台底部拉紧固定，以防钢模板发生偏扭，如图 2-37 所示。

2.模板防漏浆处理措施

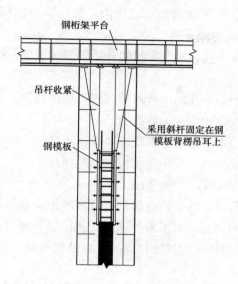

图 2-37 模板上口固定示意图

待模板安装完成后，在模板与墙体接缝底部的水平方向和直模与角模接缝的竖直方向均使用海绵胶塞紧，以防止模板漏浆，具体做法如图 2-38 所示。

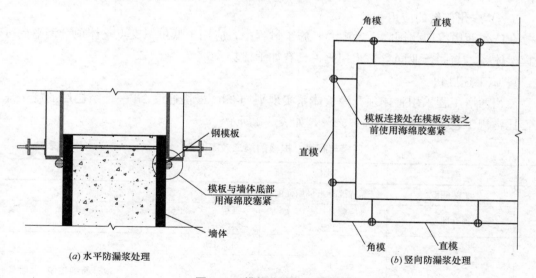

(a) 水平防漏浆处理　　　　　　　　　　　　(b) 竖向防漏浆处理

图 2-38 模板防漏浆处理措施

3. 钢模板施工组装要求

钢模板的安装应严格按照模板设计图纸要求进行安装。两块模板之间的拼接缝隙、相邻模板面的高低差；组装模板板面平面度、长宽尺寸及对角线差值，均应符合规范要求。

4. 模板安装注意事项

模板安装时，应根据设计要求，将模板吊杆通过花篮螺栓拧紧。配件必须装插牢固，模板顶的拉杆应着力于外钢楞。

预埋件与预留孔洞位置必须准确，安设牢固，预留洞口的模板应有准度，安装要牢固，既不变形，又便于拆除。

墙模板的对拉螺栓孔应平直相对，穿插螺栓不得斜拉硬顶；钻孔应采用机具，严禁采用电、气焊灼孔。

组装墙模板时，要使两侧穿孔的模板对称放置，确保孔洞对准，以使穿墙螺栓与墙模保持垂直，对拉螺栓必须按设计要求调好拧紧。

墙模板上口必须在同一水平面上，严防墙顶标高不统一。

模板在施工之前应刷脱模剂，使用钢模板专用脱模剂。

5. 关于核心筒内筒预留钢筋的控制措施

根据顶模系统的施工特点，核心筒内筒的现浇混凝土梁板须后做，在施工核心筒剪力墙时，需预留好后做梁板的钢筋，对于板的钢筋，按照设计锚固长度锚固后，预留"胡子筋"；对于梁的钢筋，按照设计锚固长度锚固后，在结构面处，预埋等强度直螺纹套筒。

第四节　技术优势与实施效果

一、技术优势

（一）广州西塔的应用

在广州西塔（广州国际金融中心）施工过程中，应用了低位三支点整体顶升钢平台可变模架体系，与同行业同类工艺相比，具有如下优势：

1. 施工速度快

广州西塔工程采用整体顶升模板体系实现平均 3d、最快连续 2d 一个结构层的施工速度，比常规工艺节约工期 30%～50%，如表 2-3 所示。

顶模与爬模、提模的施工效率对比　　　　　　　　　　　表 2-3

序号	项目	爬模	提模	顶模
1	工艺间歇	等待混凝土早期强度发展约 1d		无
2	顶升速度	每层爬升 5～10 次，加平台抄平约需 1d	每层 3 次，约 6h 完成一层提升	每层一次，2h 完成一层顶升
3	模板转运	无	约需 1d	无
4	模板支设	逐块支设拼装，单层约需 1.5d		顶升精确控制，大面整体有轨安装，每层需 7h
5	模板拆除	约需 1d	不占工期	不占工期
6	钢筋、机具吊运	需多批次吊运，约需 4 个半天，对其他工序影响大		可大批量吊运，约需半天，不占用工期，对其他工序影响小
7	高空改装	结构转换后无法适应	需进行结构性改装	无须改装
8	平均单层施工时间	6.5d	5d	3d

2. 适应性强

传统工艺在面对比较复杂的结构变化时均无法连续施工，必须进行高空改装；而顶模体系能涵盖整个变化范围的大钢平台加上灵活易调的模架措施构件和能通向各个变化区域的轨道，使得系统在应对结构变化时调节方便，另外，较少的支撑点数量，使系统面对结构变化时的敏感度降至最低，适应性也就大大增强。

3. 安全

顶模体系保证安全，且具有如下优势：

（1）最少顶升点数的整体大刚度工作平台，传力路径明确，系统安全更易保证。

（2）一次顶升一个结构层高，简化了顶升工序，顶升过程更加安全。

（3）全封闭空间作业，使得高空作业变成了平台作业。

（4）模架、施工机具等通过可靠的节点与大钢平台连接并同步上升，减少了超高层施工过程中料具二次转运带来的安全风险。

（5）全智能直观的操控系统，充分避免了顶升操作时工人的随意性带来的安全风险，同步行程、各点压力、各元件工作状态等均有直观的信息反馈和实时显示，增加系统故障报警和紧急自锁功能，全方位保证了整个系统顶升过程安全。

（6）遇到结构变化时简易的调整过程及各工作面变化前后的严密防护充分保证了系统使用的过程安全，并避免了传统工艺遇到重大结构变化需进行高空改装的安全风险。

4. 保证质量

传统滑模工艺中混凝土出模强度控制难，表面质量难以保证，垂直度及平台偏扭控制难度大；爬模工艺和提模工艺质量相对较好，但施工测量控制比较困难。

在顶模体系中，大刚度的工作平台可作为很好的测量中转平台，智能化控制系统可达到精确施工的要求，结构轴线控制精度更高，另外大面墙体模板整体支、拆更容易保证混凝土的质量。

5. 经济、节能

广州西塔工程采用顶模体系不仅实现了节约经济效益约6000万元，而且从材料损耗与周转利用、能源损耗、人工与机械投入等方面效益的节约上均非常显著，如表2-4所示。

顶模与爬模、提模的经济性对比　　　　　　　　　　　表2-4

序号	项目	爬模	提模	顶模
1	前期投入	约600万元	约650万元	约700万元
2	材料损耗	爬锥埋进墙内，不可重复利用，约45万元	措施支撑柱埋进墙内，不可重复利用，约150万元	基本无材料损耗
3	周转利用	经改装可周转3~5个工程	经改装60%可周转3~5个工程	无须改装，可周转5~7个工程
4	能源损耗	集群支点的集群动力，能耗大，平均为30个18kW动力，运行10h完成1层爬升，总耗电约50万kW		一台22kW运行2h完成1层爬升，总耗电约4100kW

序号	项目	爬模	提模	顶模
5	人工投入	模板逐块支拆拼装,定额人工费用约 280 万元	模板逐块支拆拼装,并需人工二次转运,定额人工费用约 350 万元	大面积模板整体支拆,无须人工转运,定额人工费用约 110 万元
6	机械投入	占用较多的塔吊资源(塔吊一次吊运重量受平台载荷限制,需分多次吊运,每次约3～5t),垂直运输机械投入大		平台载荷允许一次吊运钢筋30～50t,塔吊运能占用少,垂直运输机械投入少
7	工期效益	—		节约工期 336d,效益约 6000 万元

（二）深圳京基的应用

在深圳京基施工过程中,应用了 4 个圆管支撑钢柱的桁架钢平台顶模体系,体现出了如下优势:

（1）能够满足超高层施工自身的安全性。

（2）能够满足核心筒沿竖向截面不断变化的要求。

（3）能够保证在 37～39F,55～57F,73～75F 伸臂桁架和铸钢节点的正常施工。

（4）能够满足核心筒 77 层上下结构对模板的使用要求,并满足施工过程中高空改装作业的安全性和可操作性。

（5）能够实现核心筒作业尽可能少地对塔吊的依赖,从而保证了钢结构吊装的需要。

（6）核心筒施工进度能够满足钢结构施工的流水节拍。

（7）模板能够满足方便安装、拆卸以及保证混凝土浇筑质量,并能保证周转使用的次数以及周转时转运方便。

二、实施效果

广州西塔于 2007 年 1 月 14 日开始应用本系统,于 2008 年底完成全部结构施工,应用情况良好,取得了显著的效果:

（1）施工速度快,现场已经实现平均 3d 一层的施工速度。最快达到连续 5 层 2d 一层。

（2）该系统应对结构变化非常灵活,尤其针对广州西塔墙体直、弧、斜的频繁变化,效果尤为明显。

（3）对主要构件规格进行了标准化、工具化设计,利于周转使用,促进推广应用。

（4）针对工期紧或结构形式变化频繁的结构,该系统具有明显优势;进度的加快将极大地节省项目成本。系统适应广泛、快捷、经济的特点使其具有非常广阔的推广前景。

附件 与本项技术有关的主要知识产权目录

授权项目名称	知识产权类别	国(区)别	授权号
多功能可变整体提升模板系统	发明专利	中国	ZL 2008100295765
支撑系统	实用新型专利	中国	ZL 200820050899.8
挂架系统	实用新型专利	中国	ZL 200820050893.0
动力及控制系统	实用新型专利	中国	ZL 200820050898.3
挂架导向装置	实用新型专利	中国	ZL 200820205903.3
大钢模板专用脱模器	实用新型专利	中国	ZL 200820205887.8
模板吊杆装置	实用新型专利	中国	ZL 200820205902.9
一种分拆组合式大钢模板	实用新型专利	中国	ZL 200820205904.8
一种挂架翻板装置	实用新型专利	中国	ZL 200820205874.0
一种挂架伸缩板装置	实用新型专利	中国	ZL 200820205873.6
可水平转向的挂架连接头	实用新型专利	中国	ZL 200820205871.7

第三章　多功能绿色混凝土的配制及施工技术

第一节　引　言

一、技术背景

混凝土技术发展的趋势可以归纳为强度的提高、工作性能的改善、使用寿命的延长、成本的降低和绿色环保。超高强度混凝土代替普通强度等级混凝土应用于工程,可达到上述多方面的要求,例如以 C150 超高强度混凝土代替 C60～C80 混凝土,使结构体系带来很明显的变化,节约材料的同时,提高建筑使用面积,如图 3-1 所示。

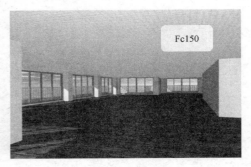

(a) C60～C80混凝土的框架结构　　　　　　　　(b) C150混凝土的筒式结构

图 3-1　超高性能混凝土带来的结构变化

强度达到 C100 以上的预应力混凝土结构可代替钢结构,两者的强度与质量比大致相同,有效地降低结构的自重;UHPC 的密实度高,大幅度提高耐久性;省资源,省能源,低碳且能降低成本。故国外总把提高混凝土的强度和耐久性放在混凝土技术发展的首项,如:挪威 20 世纪 70 年代混凝土强度只有 50MPa,到了 20 世纪 90 年代,提高到了100MPa;日本 20 世纪 70 年代混凝土强度只有 30～40MPa,2004 年,已有 130MPa 的混凝土用于高层、超高层建筑中,并研发和生产了强度为 100MPa、200MPa 的水泥,用来生产超高强度混凝土;美国强度为 250MPa 的混凝土已达到了商业化,并认为 150MPa 以上的混凝土才叫超高强混凝土;加拿大魁北克行人桥已应用了 250MPa 的超高强混凝土。

当前,我国在工程中使用的最高等级的混凝土为 C100,比国外的混凝土技术仍存在很大的差距，如何应用现有的有设备、材料、施工工艺，研发和应用更高强度等级的混凝土，成为混凝土技术的一个研究热点。

新型减水剂技术和矿物掺合料技术是研究和开发超高强度混凝土的物质和技术基础。我国混凝土外加剂技术和矿物掺合料的提炼技术还处于低端产品阶段，如何开发新型外加剂及新型矿物掺合料复配技术，使超高性能混凝土具有超高强度的同时，克服其黏性大、泵送阻力大等缺点满足超高泵送施工，以及如何克服其早期收缩大、耐火性差等国际公认的技术难题，目前国内该领域还处于研究空白。

二、多功能绿色混凝土研究和应用的必要性

超高层建筑的建造在混凝土应用方面具有以下的特点：

（1）基础结构体量大，大量使用 C40、C50 中高强混凝土。

（2）自重大，从地上结构开始，大量在主体承重结构中使用高强，甚至是具有超高强度的混凝土，部分主体结构采用了强约束墙体结构。

（3）楼层高，后期建设中面临混凝土的超高泵送要求。

此外，还具有以下的特点：

（1）修建于城市核心区域，运输距离远，易受交通因素影响。

（2）施工区域小。

（3）结构复杂，构件加工和施工难度大。

（4）施工速度快。

对应这些施工特点，要求混凝土必须是经济性的、高质量的。混凝土必须满足强度达标——为结构提供足够的承载力；易于施工——解决复杂工况施工和降低工人劳动强度；高耐久性——提高建筑物使用年限，降低建筑能耗；可超高泵送——实现超高层一泵到顶，避免二次甚至三次泵送对设备、人员、时间和材料的浪费；低收缩——避免混凝土在强约束墙体或大体积构件中因早期收缩和塑性收缩导致产生收缩开裂；低水化热——避免大体积混凝土水化温导致的核心区域温度过高和温差梯度过大导致产生温度收缩问题；在特定情况下，要能够达到自密实、自养护的能力——极大地节水、省人工、省能源，并有效地提高混凝土施工质量。

传统混凝土产品很难——满足上述要求，若对超高层建筑混凝土采取"能用且用"的思想，将产生诸如施工困难、泵送不顺、墙体开裂等问题，严重影响超高层建筑的施工速度和施工质量，为生产企业造成恶劣的影响。

三、多功能绿色混凝土的定义

多功能绿色混凝土是指具有"三高""三低""三自"特点的绿色混凝土产品，其内涵如下：

（1）高强度：混凝土强度达到 C80～C120，其高强的力学承载能力，已经能够显著优化建筑物的结构设计，使得更高、空间使用效率更多的建筑物得以出现。

（2）高泵送：混凝土可顺利进行 400m 以上超高泵送，大幅度提高混凝土工程的施工

效率，减少对能源的消耗。

（3）高保塑：混凝土在生产后，可保持在 3h 内工作性能不发生改变，且在进行超高压泵送过程中，泵前泵后的性能亦不发生改变，是一种具有可长距离运输并且能保持优秀施工能力的混凝土。

（4）低收缩：尽管混凝土的强度很高，但通过技术革新，混凝土的收缩显著降低，混凝土 3d 内早期收缩低于万分之 2，28d 内自收缩值低于万分之 4，是普通 C60 混凝土收缩值的 1/3～1/2，是超高层建筑钢-混凝土组合结构最合适浇筑的混凝土。

（5）低水化热：改变了超高强混凝土技术胶凝材料用量高，水化温升剧烈的现象，本技术混凝土所配置的多功能绿色混凝土在完成浇筑后，在大体积构件中，其核心温度也不会超过 75℃，对构件的裂缝控制极为有利。

（6）低成本：多功能绿色混凝土主要使用国内商品混凝土市场上常见的原材料，其强度配制到 C120 时，单方材料成本最高亦不超过 900 元。

（7）自养护：通过自养护剂的应用，首次在 C80 以上 HPC 和 UHPC 中实现了自养护功能，混凝土在完成浇筑后，不再需要浇水、草席覆盖等常规养护措施，就能保证混凝土的强度在 28d 龄期时达到设计要求，特别有利于超高层结构层的施工质量控制。

（8）自密实：混凝土具有优良的流动性、抗离析性和钢筋间隙通过性，可在自重下密实地填充于超高层建筑复杂、密集的钢筋混凝土和组合结构，不再需要进行机械或人工振捣，省时省工，低噪环保。

（9）自流平：C80～C120 混凝土的坍落度大于 220mm，扩展度大于 600mm，倒筒时间低于 5s，是一种性能优异的高性能混凝土。

通过在广州西塔、深圳京基和广州东塔（广州周大福金融中心）等多个项目的实践研究，确定了适用于超高层建筑建造的多功能绿色混凝土指标，如表 3-1 所示。

多功能绿色混凝土关键技术 表 3-1

性能	分 类	技术要求
绿色	全系列混凝土	较普通混凝土水泥用量降低 30％～50％
	自密实自养护混凝土	自密实，不需振捣，节省人工 50％劳动强度，节省施工用电 100％
		自养护，不需浇水养护，省人工养护劳动 50％，省养养护用水 100％
		U 型仪填充高度≥32cm
高强度	C60 及以下	满足施工验收规范
	C80HPC/SCC	28d 强度大于 90MPa
	C100UHPC/SCC	28d 强度大于 110MPa
	C120UHPC	28d 强度大于 132MPa
高泵送	全系列混凝土	3h 长保塑性
	全系列混凝土	400m 泵送高度一次泵送到顶
	C50 及以下	常规泵送下不离析、不泌水，低层泵送坍落度 18～20cm
		高泵压下不离析、不泌水，高层泵送坍落度 20～24cm

续表

性能	分　类	技术要求
高泵送	C80HPC	高泵压下不离析、不泌水，坍落度 24～25cm，扩展度 600～650mm
	C80SCC	高泵压下不离析、不泌水，坍落度 26～27cm，扩展度 700～750mm
	C100HPC	高泵压下不离析、不泌水，坍落度 24～25cm，扩展度 650～700mm
	C100UHP/SCC	高泵压下不离析、不泌水，坍落度 26～27cm，扩展度 700～750mm
	C120UHPC	高泵压下不离析、不泌水，坍落度 25～27cm，扩展度 700～750mm
高耐久	全系列混凝土	混凝土断裂韧性较一般产品提高 30%
	C80 及以上	混凝土断裂韧性较一般产品提高 30%
	C100 及以上	500℃高温环境，保证承受荷载 2h 不破坏
低收缩	全系列高强度混凝土	混凝土的收缩不引起墙体开裂，对于一般钢筋剪力墙结构 3d 内早期收缩总值不超过 300×10^{-6}，对于双层劲性钢板剪力墙结构 3d 内早期收缩总值不超过 200×10^{-6}
低水化热	全系列混凝土	大体积混凝土浇筑完成后，核心区域混凝土最高温度低于 80℃，内外温差小于 25℃
低成本	C60 及以下	混凝土直接成本降低 5%～20%
	C80 及以上	在结构上取代原设计强度后，出现明显的综合造价结余
	自密实、自养护	省去施工费用和养护材料费用

第二节　多功能绿色混凝土关键组成材料标准

一、胶凝材料体系

多功能绿色混凝土以多组分胶凝材料体系为核心来实现混凝土强度发展，通过不同的胶凝材料的搭配，获得不同强度等级的混凝土。

（一）水泥

水泥是混凝土中最常用的胶凝材料，它通过在水中产生硬化反应，将砂、石紧密胶结，产生足够大的强度。水泥按照生产时掺入的掺合料比例和种类，分为 P·Ⅰ、P·Ⅱ、P·O、P·C、P·F 等；按照其强度分为 52.5 水泥、42.5 水泥和 32.5 水泥；根据早期强度发展又分为早强型和非早强型；按照水化热可以分为普通水泥、中热水泥和低热水泥。

在相同的配制因素下，所用水泥的强度越高，配制成的混凝土强度也越高。同时在选用水泥时除配制普通混凝土所要考虑的因素外，还应注意水泥质量的稳定性、与高效减水剂的相容性及其碱含量。水泥的质量应符合国家现行水泥标准《通用硅酸盐水泥》（GB 175—2007）中相关指标的要求。常用品种水泥产品的主要性能如表 3-2 所示。

水泥的性能　　　　　　　　　　　　表 3-2

品牌	品种	标号	细度	凝结时间		安定性	抗折（MPa）		抗压（MPa）	
			比表面积（m²/kg）	初凝（min）	终凝（min）		3d	28d	3d	28d
越堡	P·Ⅱ	52.5R	399	90	165	合格	6.2	9.2	33.4	59.9
小野田	P·Ⅱ	52.5	368	120	270	合格	6.2	9.3	30.3	61.3
金羊	P·Ⅱ	52.5	380	137	183	合格	7.0	9.7	39.7	60.2

（二）硅粉

硅粉是工业电炉在高温熔炼工业硅及硅铁的过程中，随废气逸出的烟尘经特殊的捕集装置收集处理而成。在逸出的烟尘中，SiO_2 含量约占烟尘总量的 90％，颗粒度非常小，平均粒度几乎是纳米级别，故称为硅粉或微硅粉。硅粉是高性能混凝土配制技术中最早应用到的矿物超细粉，根据资料显示，应用硅粉可以配制出强度 230MPa 的混凝土。硅粉一方面可以极大地填充水泥颗粒间的空隙，又能够与水泥水化产物进行二次水化反应，因此在目前的超高性能混凝土配制技术上，硅粉是非常重要的原材料。在实践研究中使用的是埃肯国际贸易（上海）有限公司生产（产地为贵州遵义）的硅粉，其主要性能指标如表 3-3 所示，并满足国家标准《高强高性能混凝土用矿物外加剂》（GB/T 18736）中的相关指标要求。

硅粉的性能　　　　　　　　　表 3-3

项目	28d 活性指数（%）	比表面积（m²/kg）	需水量比（%）
国标	≥85	≥15000	≤125
埃肯硅粉	100	16000	122

（三）矿粉

粒化高炉矿渣粉（矿粉）是金属冶炼企业排放的固体废弃物，以炼铁、炼钢企业为例，在高炉炼铁过程中，需要添加钙质和硅质的助溶剂。融化后，产生的熔渣漂浮于铁水之上，经挡碴口分离后，倒入水中急冷形成了多孔状的颗粒体，经过磨细加工后得到矿粉产品。矿粉以 SiO_2 和 Al_2O_3 为主，可以在碱性环境下发生水化反应，矿粉细度越细，反应活性越强。不同的矿物得到的矿粉性能和指标不一，在实践研究中所使用的矿粉以高炉炼铁企业排放和加工后得到的。矿粉性能如表 3-4 所示，并满足《用于水泥和混凝土中的粒化高炉矿渣粉》（GB/T 18046—2008）中的相关指标要求。

矿粉的性能　　　　　　　　　表 3-4

品种	密度（g/cm³）	比表面积（m²/kg）	流动度比（%）	活性指数（%）	
				7d	28d
S95	2.89	390	102	77	99
S105	2.94	760	96	123	130

（四）粉煤灰

粉煤灰是来自火电厂煤燃烧后的烟气中收捕下来的细灰，是电厂排出的主要固体废物。由于混凝土和商品混凝土技术的普及，粉煤灰如今已经是普通混凝土中最常见的掺合料，我国目前粉煤灰产品主要由 SiO_2、Al_2O_3、FeO、Fe_2O_3、CaO、TiO_2 等组成，经过分选或磨细后成为不同品级的市售产品。目前市场上按照其烧失量和细度，分为 Ⅰ 级、Ⅱ 级、Ⅲ 级三类产品，按照成分又可分为 F 类和 C 类。

在配制混凝土中，按照强度等级进行选择，中高强度混凝土选择 Ⅱ 级粉煤灰，高标号混凝土选择 Ⅰ 级粉煤灰。其性能如表 3-5 所示，并满足《用于水泥和混凝土中的粉煤灰》

（GB/T 1596—2005）中相关指标的要求。

粉煤灰的性能　　表 3-5

等级	细度 （%）	需水量比 （%）	烧失量 （%）	含水率 （%）
Ⅰ级	8.2	89	2.0	0.4

（五）微珠

微珠是在配制多功能绿色混凝土中使用新型矿物超细粉，一般情况下，火电厂排放的烟雾中，其颗粒粒径 $1\sim20\mu m$，通过在粉尘中进行优选，将颗粒粒径小于 $3\mu m$ 的粉体选出，形成了新的超细粉产品——微珠。

微珠产品较之于一般粉煤灰产品，由于其分选工艺，保证了微珠的细度小，玻璃体形貌保存良好，活性 SiO_2 和 Al_2O_3 含量更高，掺入混凝土后可以具备较高的抗盐侵蚀和抗硫酸盐侵蚀能力，提高混凝土的耐久性。表 3-6 示出了在实践研究中所采用的微珠产品的主要性能指标。

微珠的性能　　表 3-6

平均粒径 （μm）	表观密度 （g/cm^3）	密度 （g/cm^3）	球体抗压强度 （MPa）	标准稠度用 水量比（%）	胶砂需水量比 （%）	混凝土用水量比 （%）
1.2	0.8～1	2.52	≥800	≤95	≤90	≤85

二、骨料体系

骨料是混凝土中的最大部分的材料，骨料的品种和质量，直接影响混凝土的用途和强度。

（一）粗骨料

混凝土的粗骨料，应洁净不含有害杂质。粗骨料的强度要求高于混凝土的设计强度，一般 $5cm\times5cm\times5cm$ 立方体的饱水极限抗压强度与混凝土的设计强度之比，对于大于 60 MPa 混凝土规范规定为大于 1.5 倍，推荐用 2.0 倍，优质粗骨料的抗压强度在 150 MPa 以上，如火成岩、硬质砂岩、石灰岩等沉积岩。以压碎值表示的粗骨料的力学性能时，应尽可能小。

配制混凝土时，石子的级配、料径非常重要。考虑到连续级配能改善混凝土的和易性，宜采用连续级配。在不影响泵送和施工的前提下，粗骨料粒径越大，越能节省胶凝材料用量，一般随粒径的增大，配制强度逐步下降。原因是大颗粒的粗骨料内有缺陷的概率大；在使用小颗粒时，则混凝土较致密，能增加与砂浆的粘结面，且界面受力较均匀，适用于配制高强度混凝土。因此，在配制 UHPC、UHP-SCC 时应将集料的最大料径控制在 $16\sim20mm$。

根据所配制的混凝土强度等级，按照超高层建筑的钢筋分布情况，选择的粗骨料粒径如下：

（1）C60 及以下：5～31.5mm 石子。

(2) C80HPC：5～25mm 石子。

(3) C100UHPC：5～20mm 石子。

(4) C120UHPC：5～16mm 石子。

(5) SCC：5～16mm 石子。

在实践应用中已采用的各种石子性能如表 3-7 所示，除了这些性能外，所有石子必须满足《普通混凝土用砂、石质量及检验方法标准》（JGJ 52—2006）中的相关指标要求。

粗骨料的性能　　　　　　　　　　　　　　表 3-7

种类	级配	表观密度 (kg/m³)	堆积密度 (kg/m³)	针片状含量 (%)	含泥量 (%)	压碎值指标 (%)
花岗岩	5～25mm	2640	1440	4.6	0.3	4.4
花岗岩	5～20mm	2690	1480	4.2	0.3	4.5
辉绿岩	5～16mm	2690	1531	4.2	0.3	4.5

（二）细骨料

细骨料（砂）是混凝土的重要组成部分，砂的细度模数、级配和形貌、含泥量极大地影响着混凝土的工作性能。对于混凝土而言，胶凝材料越少的混凝土易选择细度模数较小的砂，胶凝材料用量越大，砂易越粗，粉末含量易减少或去除。在配制 HPC、UHPC、UHP-SCC 时应选用质地坚硬、连续级配且级配良好的河砂，其细度为中等粒度，细度模数为 2.6～2.9，对 0.315mm 筛孔的通过量不应少于 15%。含泥量不超过 1.0%，且不容许有泥块存在，必要时应冲洗后使用。在使用海砂时不能直接应用，必须经过无害化处理。

在实践应用中已采用的各种砂的性能如表 3-8 所示，除了这些性能外，所有砂必须满足《普通混凝土用砂、石质量及检验方法标准》（JGJ 52—2006）中的相关指标要求。

砂的性能　　　　　　　　　　　　　　表 3-8

样品产地	表观密度 (kg/m³)	堆积密度 (kg/m³)	含泥量 (%)	泥块含量 (%)		
西江	2650	1480	0.4	0		
筛孔尺寸(mm)	4.75	2.36	1.18	0.60	0.300	0.15	细度模数
累计筛余 (%) Ⅱ区技术要求	0～10	0～25	10～50	41～70	70～92	90～100	2.8
检验结果	3	23	32	51	77	99	

三、混凝土外加剂

外加剂是高性能混凝土技术发展的前提，新型的混凝土外加剂具有掺量低、增强效果好、坍落度保持性好、与水泥适应性好等特点，适宜配制高强高性能的混凝土。在实践应用中已使用的混凝土在配制时主要选择使用聚羧酸高效减水剂，部分情况下也使用萘系和氨基磺酸盐系外加剂。外加剂的主要性能如表 3-9 所示，除此以外，聚羧酸外加剂产品性能还必须满足《聚羧酸系高性能减水剂》（JG/T 223）中相关技术要求，萘系和氨基磺酸盐系外加剂的产品性能还必须满足《混凝土外加剂》(GB 8076—2008)中相关技术要求。

外加剂的性能 表 3-9

种　类	减水率	浓　度
聚羧酸	30%以上	10%、20%
萘系	20%以上	20%
氨基磺酸盐	20%以上	20%

四、其他材料

在多功能绿色混凝土中，除了上述材料外，还可以使用一些低掺量的特殊材料，这些材料能为混凝土的性能带来特殊的变化。

(一)膨胀剂

膨胀剂是在砂浆和混凝土中能通过化学反应产生膨胀的外加剂。目前主要使用可生成钙矾石或氢氧化钙、氢氧化镁的膨胀剂。常用于工程中的后浇带施工，或其他需要通过补偿收缩、减少开裂的工程部位。膨胀剂的性能如表 3-10 所示。

膨胀剂的性能 表 3-10

项目	净浆安定性	吸水量比(48h)(%)	收缩率比(%)	7d 水中限制膨胀率(%)
HEA 膨胀剂	合格	70	107	0.030

(二)纤维

纤维可多向均匀地分布在整个混凝土混合物中，能在混凝土内部构成一种均匀的乱向支撑体系，在新浇混凝土基体中数量巨大的纤维将提供极高的次级增强作用。这种增强作用在混凝土的抗拉性能还很低的时候保护着混凝土，减少了因塑性收缩、沉降和其他内部的应力造成的各种早期裂纹的形成。在实践应用中已使用的是聚丙烯纤维，每 600g 纤维中约含有 1.35 亿根纤维，其技术指标如表 3-11 所示。

纤维的主要性能指标 表 3-11

密度	0.91
吸水性	无
弹性模量	3.5GPa
熔点	160℃
燃点	590℃
抗碱性、抗酸性和抗盐腐蚀性高	

(三)天然超细沸石粉

沸石粉是天然的沸石岩磨细而成，为多孔状，具有独特的吸附性，含有一定量的 SiO_2 组分，具备潜在活性，因此可以用于混凝土配制。在实践应用中，通过使用天然超细沸石粉，让混凝土具有了自密实、自养护、高保塑的能力。沸石粉的性能如表 3-12 所示，除此以外，沸石粉的性能还必须满足《高强高性能混凝土用矿物外加剂》（GB/T 18736）中相关技术要求。

天然超细沸石粉的性能   表 3-12

项目	比表面积 （m²/kg）	需水量比 （%）	28d 活性指数 （%）
天然超细沸石粉	720	102	93

第三节 多功能绿色混凝土关键组成材料技术

得益于新型矿物掺合料和高效外加剂的应用，使混凝土具有"高强度"已不是一个艰难的技术，如国外已应用了 150MPa 的超高强混凝土，研发出抗压强度达到 250MPa 的材料。经过实践研究，进行了大量配比试验，从 C40 到 C120，总结了各强度等级混凝土的适宜水胶比范围，除了因受水泥强度影响，配制 C120 混凝土存在较大技术难度外，其余混凝土的配制单纯从"强度"上，也是较容易达到的。主要技术手段包括：提高胶凝材料用量，并尽可能地降低混凝土单位用水量。

但单纯的满足混凝土的配制强度，就产生了一系列的矛盾点：由于胶凝材料用量高，混凝土拌合物黏度大，水化放热高。由于单位用水量低，混凝土水胶比（W/B）减小，水胶比越小，混凝土的自收缩越大。这就从施工性能和施工质量上，制约了高强、超高强混凝土的应用。此外，混凝土强度越高，脆性越大的问题也不容忽视。

所以，多功能绿色混凝土技术，需要解决高强混凝土的施工性能、收缩性能、水化放热和脆性等问题，将混凝土配制成各方面性能和谐统一的集合体，真正形成超高层建筑用多功能绿色混凝土。

根据混凝土的设计目标，确定多功能绿色混凝土的配比初步设计思路：使用活性掺合料代替水泥用量，减缓胶凝材料的水化过程，但不能影响胶凝材料的硬化效果，在这个过程中，混凝土的最终强度发展没有受到影响，其早期水化放热温度和早期收缩值也可以得到有效减缓和抑制。

一、胶凝材料技术

（一）多组分胶凝材料作用机理

胶凝材料是混凝土技术的根本，通过胶凝材料的水化反应，混凝土获得强度的发展。十几年前，普通混凝土单一使用水泥做胶凝材料，而随着材料技术的开发，矿粉、微珠等掺合料技术逐渐成熟，多组分胶凝材料组合体系成为可能。

1. 胶凝材料组合体系的活性

硅酸盐水泥是普通混凝土胶凝材料体系中最重要的部分，其主要成分为 C_2S、C_3S、C_3A 和 C_4AF，通过与水产生的水化反应，生成 C-S-H 凝胶，$Ca(OH)_2$ 和钙矾石（AFt），单硫型水化铝酸钙（AFm），其中 $Ca(OH)_2$ 使得整个水化过程呈现碱性。其水化反应过程如下。

C3S 的水化：C3S＋H2O→CaO・SiO$_2$・YH2O（C-S-H 凝胶）＋Ca(OH)$_2$

C2S 的水化：C2S＋H2O→CaO・SiO$_2$・YH2O（C-S-H 凝胶）＋Ca(OH)$_2$

C3A 的水化：C3A＋6H$_2$O→3CaO・Al$_2$O$_3$・6H$_2$O

有石膏参与时：

C3A＋3CaSO$_4$・2 H$_2$O＋26H$_2$O→3CaO・Al$_2$O$_3$・3CaSO$_4$・32H$_2$O（钙矾石，三硫型水化铝酸钙 AFt）

AFt＋2(3CaO・Al$_2$O$_3$)＋4H$_2$O→3(3CaO・Al$_2$O$_3$・CaSO$_4$・12H$_2$O)（单硫型水化铝酸钙 AFm）

C4AF 的水化：C4AF＋7H$_2$O→3CaO・Al$_2$O$_3$・6H$_2$O＋CaO・Fe$_2$O$_3$・H$_2$O

粉煤灰、微珠和硅粉是从火电站/炼硅工厂排放的烟尘收集的固体颗粒，矿粉是从炼铁工厂中收集急冷熔渣，这几类粉体的化学成分有相似之处，主要为 SiO$_2$、Al$_2$O$_3$ 等，但组成成分不同：硅粉中活性 SiO$_2$ 比例达到了 90％以上；粉煤灰和微珠中 CaO 含量低，而 SiO$_2$、Al$_2$O$_3$ 含量占总体含量 70％以上；矿粉中化学组成与硅酸盐水泥相似。从产生原因来看，这几类材料都是经过了高温反应后形成的玻璃态熔融物，因而具有很高的结晶能量。除了矿粉外，这些材料平时不与水发生水化反应，但在碱性溶液环境中，OH$^-$ 离子可以将这些材料中的 Si-O-Si 或 Si-O-Al 或 Al-O-Al 等共价键断裂，从而将玻璃体和矿物破坏解体，迫使其开始二次水化反应。随着这种过程的进展，单位体积内的胶体数量急剧增加，使得胶体溶液中分散状态的离子重新缩聚、凝结，形成的新生水化产物，并经过水化产物的成核、生长、交叉搭接，逐渐结晶形成致密和坚强的结构网。

因此，相对于传统的水泥混凝土和水泥-粉煤灰双掺、水泥-矿粉双掺技术、多组分胶凝材料复掺体系可以充分发挥各种材料的活性，产生超叠加效应。

2. 多组分掺合料改善了胶凝材料密实性

通常水泥的平均粒径为 20～30μm，小于 10μm 的粒子不足。因此，水泥粒子间的空隙填充性并不好。如果要改善胶凝材料的填充性，必须要在水泥中加入超细矿物掺合料，粗细组合，极大地改善胶凝材料的填充性能，提高所配制的混凝土强度，同时有利于将原本被包裹于水泥颗粒间的自由水挤出，参与混凝土的拌合过程，如图 3-2 所示。

如果在水泥中掺入矿物掺合料，掺入与水泥粒子直径类似的粉煤灰相复合，无论水泥与粉煤灰如何组合，胶凝材料的空隙率几乎没有变化，当使用的矿物掺合料越小于水泥粒子时，在一定比例的掺量下，其粒子组合会越加紧密，空隙率越减小。因此，粉煤灰、微珠、矿渣粉都可以填充于水泥粒子间的空隙，更细的硅粉又能继续填充于它们的空隙，

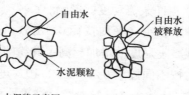

图 3-2 超细粉颗粒填充作用示意图

使胶凝材料粒子间的密实性进一步提高，强度进一步增加。图 3-3 显示了胶凝材料大小粒子比例对孔隙率的变化。

3. "滚珠"效应

水泥和矿粉在生产过程中，通过磨细工艺对其细度进行控制，因而这两种粉体的颗粒形貌上多为有不规则棱角存在，在拌合混凝土过程中，粉体间的摩擦力大大增加，而粉煤灰、微珠和硅粉在高温过程中，形成了球状的颗粒体，这就形成了类似轴承"滚珠"的存在，如图 3-4 所示，这降低颗粒间的摩擦，提高浆体的流动性。根据这三种粉体细度的不同，对不同密实度的胶凝材料体系产生不同的润滑效果。

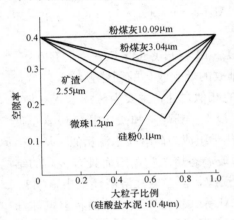

图 3-3 粒子组合与空隙率的变化

图 3-4 微珠 SEM 微观图

（二）不同的胶凝材料水泥浆体工作性能的影响

通过对不同的胶凝材料进行净浆流动度试验，来分析每一种超细粉体对水泥净浆的流动性影响。

试验方法：按照《混凝土外加剂匀质性试验方法》（GB 8077）测定净浆流动度。试验步骤：称取 300g 胶凝材料，倒入湿布擦拭过的净浆搅拌器内，加入适量的水和高效减水剂，搅拌 3min，将截锥体（上口直径 36mm，下口直径 60mm，高度 60mm，内壁光滑的金属制品）用湿布擦过后水平放置在光滑的玻璃板上，将拌好的浆体迅速注入截锥体，刮平，将截锥体迅速垂直提起，30s 后，两次量取垂直方向的直径（mm）取平均值作为水泥净浆流动度值，连续测 3 次，取 3 次测量的平均值作为水泥净浆流动度值。

1. 硅粉对水泥净浆流动度的影响

硅粉是一种粒径小（平均粒径 0.1μm）、比表面积巨大的粉体材料。受其细度影响，大掺量硅粉对混凝土黏度的增加超高了硅粉的润滑效果。因此，硅粉的掺入量有较严格的控制。试验中，按不同掺量 0%、5%、10%进行了胶凝材料体系净浆流动度变化情况的研究，外加剂按 1%掺入，试验参数、结果如表 3-13 及图 3-5 所示。

硅粉不同掺量条件下，胶凝材料体系净浆流动度的变化情况　　　　　表 3-13

编号	水泥(g)	硅粉(g)	水(g)	外加剂(g)	掺合料用量比例(%)	水泥净浆流动度(mm)
1	300	0	87	3	0	240
2	285	15	87	3	5%	180
3	270	30	87	3	10%	145

2. 微珠对水泥净浆工作性的影响

　　微珠是比粉煤灰更优质的掺合料，粒径一般在 $0.5\sim3\mu m$，其中将粒径小于 $1\mu m$ 的微珠产品称之为纳米微珠。由于微珠的分选工艺，使同一批次的微珠产品的颗粒粒径分布较为平均，同时其球状的颗粒形貌也没有被破坏，因此可以对水泥净浆产生很大作用。试验中，按不同掺量 0%、5%、10% 进行了胶凝材料体系净浆流动度变化情况的研究，外加剂按 0.5% 掺入，试验参数、结果如表 3-14 及图 3-6 所示。

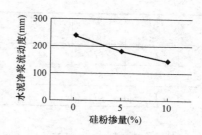

图 3-5　硅粉掺量对净浆流动度的影响

微珠不同掺量条件下胶凝材料体系净浆流动度的变化情况　　　　表 3-14

编号	水泥(g)	微珠(g)	水(g)	外加剂(g)	掺合料用量比例(%)	水泥净浆流动度(mm)
1	300	0	87	1.5	0	134
2	285	15	87	1.5	5%	168
3	270	30	87	1.5	10%	179
4	255	45	87	1.5	15%	207
5	240	60	87	1.5	20%	195
6	225	75	87	1.5	25%	185
7	210	90	87	1.5	30%	175

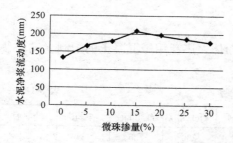

图 3-6　微珠掺量对净浆流动度的影响

3. 矿粉对水泥净浆工作性的影响

　　矿粉受粉磨工艺影响，细度变化较大，对活性影响也较大。S75 级矿粉比表面积小，颗粒粒径比一般水泥颗粒粗，S95 级矿粉比表面积已经达到或者超过了硅酸盐水泥的细度，S105 级矿粉的细度进一步变小，比表面积增加到了 $800m^2/kg$，目前市面上还出现了比表面积达到 $1000m^2/kg$ 超细矿粉产品，其 28d 活性达到了 115%。

　　选用广东韶钢嘉羊新型材料有限公司生产的 S95 矿渣粉（比表面积为 $390m^2/kg$）和济南鲁昂新型建材有限公司生产的 S105 矿渣粉（比表面为 $760m^2/kg$）进行了比较研究，试验外加剂掺量为 1%，试验参数及结果如表 3-15 及图 3-7 所示。

不同掺量条件下矿渣粉与水泥胶凝材料体系的净浆流动度　　　　表 3-15

编号	水泥(g)	水(g)	外加剂(g)	矿渣粉	(g)	掺合料用量比例(%)	水泥净浆流动度(mm)
1	300	87	3		0	0	288
2	240	87	3	比表面积 $760m^2/kg$	60	20	303
3	210	87	3		90	30	295
4	180	87	3		120	40	335（泌水、扒底）

续表

编号	水泥(g)	水(g)	外加剂(g)	矿渣粉(g)	掺合料用量比例(%)		水泥净浆流动度(mm)
5	240	87	3	比表面积 390m²/kg	60	20	329(泌水、扒底)
6	210	87	3		90	30	316(泌水、扒底)
7	180	87	3		120	40	302(泌水、扒底)

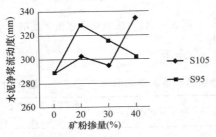

图 3-7　矿渣粉掺量对净浆流动度的影响

由表 3-15 及图 3-7 可知，当矿渣粉的比表面积为 800m²/kg 时，随着矿渣粉掺量的增加，矿渣粉与水泥胶凝材料体系的净浆流动度在不断增大，但掺量超过 30% 时，浆体出现泌水、扒底；当矿渣粉的比表面积为 390m²/kg 时，随着矿渣粉掺量的增加，矿渣粉与水泥胶凝材料体系的净浆流动度出现了先增大、后减少的趋势，减少的原因可能是由于浆体泌水、扒底造成的；另外，比表面积 760m²/kg 矿渣粉的保水性要明显优于比表面积 400m²/kg 矿渣粉。因此，选用比表面积 800m²/kg 的矿渣粉配制 UHPC，同时具有保水、增塑两方面的优势，其合适的掺量范围是 20%～30%。

（三）不同的胶凝材料对混凝土强度和工作性影响

通过在一系列高强高性能混凝土配比中设计单因素试验，比较每种胶凝材料使用量的变化对混凝土强度和工作性能的变化。

1. 粉煤灰

粉煤灰被认为是具有良好的填充和润滑效果的粉体，广泛用于混凝土的配制。试验参数和结果如表 3-16 和图 3-8 所示。

粉煤灰影响分析试验　　　　　　　　　表 3-16

编号	水泥(kg)	微珠(kg)	矿粉(kg)	粉煤灰(kg)	砂(kg)	石1(kg)	石2(kg)	水(kg)	外加剂
O61601	320	60	80	120	670	300	735	131	1.40%
O61605	320	80	80	100	670	300	755	135	1.40%
O61801	320	80	80	80	670	300	775	130	1.40%
O61802	320	80	80	60	670	300	795	125	1.35%
O61803	320	80	80	40	670	300	815	125	1.40%
O61804	320	80	80	20	670	300	835	135	1.40%
O61805	320	80	80	0	670	300	855	135	1.40%

编号	倒筒时间(初始/2h后)(s)	坍落度(初始/2h后)(mm)	扩展度(初始/2h后)(mm)	强度(MPa)			
				3d	7d	14d	28d
O61601	4.3/5.3	240/260	680/630	63.6	78.1	101.4	102.5
O61605	7.1/5.6	265/250	640/615	62.6	82.6	97.5	100
O61801	7.0/5.3	235/250	680/575	68.8	86.2	92.4	97.6

续表

编号	倒筒时间(初始/2h后)(s)	坍落度(初始/2h后)(mm)	扩展度(初始/2h后)(mm)	强度(MPa)			
				3d	7d	14d	28d
O61802	8.5/9.0	235/240	645/490	76.8	89.5	91.9	95.4
O61803	20.8/-	250/160	560/300	74.2	85.9	99.2	94.6
O61804	3.9/-	250/150	560/300	67.5	82.2	92.6	91.8
O61805	6.3/-	250/120	560/300	72.8	84.4	88.8	89.1

随着粉煤灰用量的变化，试验组的总胶凝材料用量从 480kg 变化到 580kg。从试验结果来看，粉煤灰对混凝土有较大的影响。

在拌合物初期，用水量和外加剂用量对混凝土的工作性能影响相当大，通过用水量和外加剂掺量的调整，可以控制混凝土早期的工作性能。

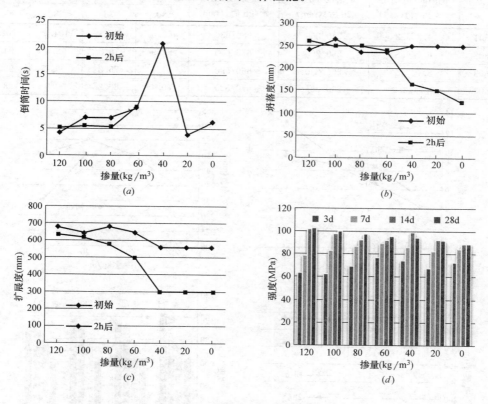

图 3-8　粉煤灰对混凝土性能影响
(a) 混凝土倒筒时间及倒筒时间经时变化；(b) 混凝土坍落度及坍落度经时变化；
(c) 混凝土扩展度及扩展度经时变化；(d) 混凝土抗压强度

在后期，粉煤灰掺量越低，胶凝材料间的润滑能力越差，水泥、矿粉等早期反应较快的材料开始反应，对外加剂的消耗也越多，因此对混凝土 2h 后的坍落度和扩展度影响明显。

混凝土的强度和胶凝材料总用量成正比，但在其他配制因素都一致的情况下，粉煤灰的活性也在混凝土后期开始体现，粉煤灰用量越多，混凝土后期增长越多，反之混凝土后期增长缓慢。

2. 微珠

微珠作为新型矿物超细粉，在多功能绿色混凝土中具有重要的作用。试验参数和结果如表 3-17 和图 3-9 所示。

微珠分析试验 表 3-17

编号	水泥(kg)	微珠(kg)	矿粉(kg)	粉煤灰(kg)	砂(kg)	石1(kg)	石2(kg)	水(kg)	外加剂
O61601	320	60	80	120	670	300	735	131	1.40%
O61602	320	40	80	120	670	300	755	132	1.40%
O61603	320	20	80	120	670	300	775	135	1.35%
O61604	320	0	80	120	670	300	795	131	1.40%

编号	倒筒时间(初始/2h后)(s)	坍落度(初始/2h后)(mm)	扩展度(初始/2h后)(mm)	强度(MPa)			
				3d	7d	28d	60d
O61601	4.3/5.3	240/260	680/630	63.6	78.1	101.4	102.5
O61602	6.7/8.5	250/250	675/600	63.9	78.5	92.8	94.8
O61603	8.7/9.5	255/250	660/590	61.4	76.3	90.1	98.0
O61604	9.5/13.0	250/235	670/520	60.4	80.2	90.5	93.1

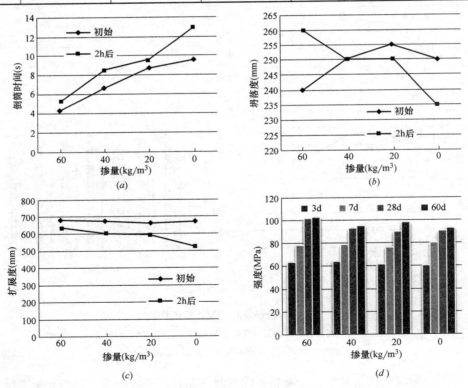

图 3-9 微珠对混凝土性能影响

(a) 混凝土倒筒时间及倒筒时间经时变化；(b) 混凝土坍落度及坍落度经时变化；
(c) 混凝土扩展度及扩展度经时变化；(d) 混凝土抗压强度

随着微珠用量的变化，试验组的总胶凝材料用量从 520kg 变化到 580kg。从试验结果来看，微珠对混凝土的影响明显，只要掺入了微珠，就能发现混凝土性能的变化。

（1）在拌合物初期，虽然通过用水量和外加剂用量的调整对混凝土的工作性能进行了调整，但掺加微珠的配比工作性能较未掺微珠的配比已经有了改善。

（2）在后期，微珠的影响开始加剧：未掺微珠的配比工作性能在 2h 后明显劣于掺了微珠的配比，微珠的掺量越高，混凝土的倒筒时间和坍落度变化越小，混凝土的保塑能力越好。

（3）微珠对混凝土强度的增幅比粉煤灰增幅明显，从不掺微珠到掺 60kg 微珠，其强度上升了 10%。

3. 矿粉

由于矿粉加工工艺的提高，矿粉的活性越来越高，其价格也越来越高，S95 级矿粉已接近水泥售价，S105 级矿粉价格更高，因此，目前市面上的矿粉被认为是一种可以改善混凝土耐久性的掺合料。在实践研究中，使用 S95 级矿粉进行配比分析试验，试验参数和结果如表 3-18 和图 3-10 所示。

矿粉分析试验配比　　　　　　　　　　　　　　　　　　　表 3-18

编号	水泥(kg)	微珠(kg)	矿粉(kg)	砂(kg)	石1(kg)	石2(kg)	水(kg)	外加剂
100207	400	100	50	720	150	835	135	1.60%
092704	400	100	60	700	316	739	135	1.70%
092703	400	0	150	690	300	755	140	2.2%

编号	倒筒时间(初始/2h后)(s)	坍落度(初始/2h后)(mm)	扩展度(初始/2h后)(mm)	强度(MPa)			
				3d	7d	14d	28d
100207	2.8/4.4	235/240	700/695	57.5	71.1	84.9	91.7
092704	3.6/5.2	250/255	655/540	84.5	81.0	95.6	95.4
092703	4.5/3.8	245/250	635/700	82.0	87.0	90.4	102.5

从试验结果来看，矿粉对混凝土的黏度和强度影响明显。

在拌合物初期，矿粉用量越高，拌合物黏度越大，工作性能下降，为保证混凝土的工作性能，外加剂的掺入量随矿粉用量成正比。

在后期，由于 S95 级矿粉的颗粒粒径、颗粒形貌和水泥颗粒很相似，因此 S95 级矿粉不能从颗粒尺寸效应上为混凝土工作性能带来帮助。可能是因为矿粉早期并不参与水化反应，在混凝土外加剂的作用下，混凝土在 2h 后的工作性能基本变化不大。

矿粉的使用量对混凝土的强度有较大的影响，除了不能自发水化外，矿粉的组成和水泥组成很相似，因此矿粉的掺量越高，混凝土强度越高，特别如表 3-18 中，第一组配比的微珠完全换位矿粉后，混凝土的强度每个龄期都有了明显的提高。

4. 硅粉

硅粉颗粒细小，比表面积大，具有 SiO_2 纯度高、高火山灰活性等物理化学特点。试验中，使用 S95 级矿粉配硅粉进行配比分析试验。试验参数和结果如表 3-19 和图 3-11 所示。

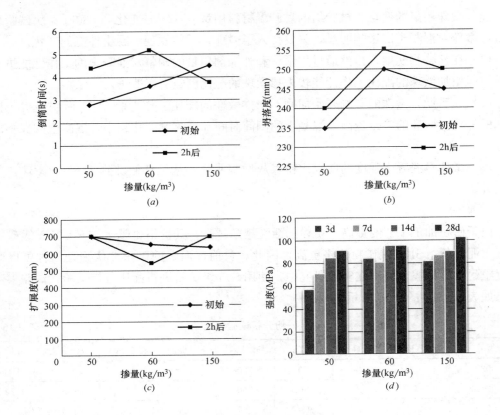

图 3-10　矿粉对混凝土性能的影响
(a) 混凝土倒筒时间及倒筒时间经时变化；(b) 混凝土坍落度及坍落度经时变化；
(c) 混凝土扩展度及扩展度经时变化；(d) 混凝土抗压强度

硅粉分析试验配比　　　　　　　　　　　　　　　　表 3-19

编号	水泥(kg)	矿粉(kg)	硅粉(kg)	砂(kg)	石1(kg)	石2(kg)	水(kg)	外加剂
061901	429	195	26	690	300	720	150	2.7%
061902	416	195	39	690	300	720	150	2.9%
061903	403	195	52	690	300	720	150	3.1%
061904	390	195	65	690	300	720	150	3.4%
061905	377	195	78	690	300	720	150	4.0%

编号	坍落度(mm)	扩展度(mm)	强度(MPa)		
			7d	28d	60d
061901	215	625	84.2	102.5	112.6
061902	180	580	89.5	110.4	123.8
061903	160	520	94.2	113.3	122.3
061904	150	480	98.3	110.8	118.6
061905	145	430	102.5	109.7	117.5

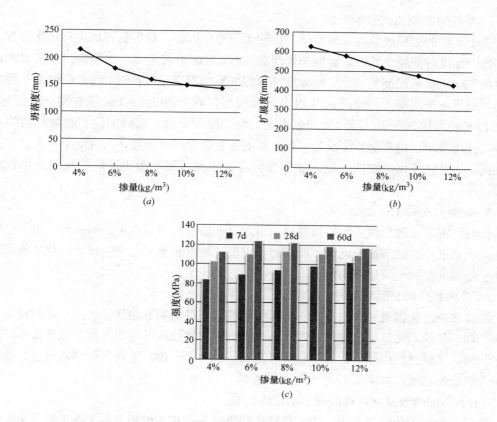

图 3-11　硅粉对混凝土性能的影响
（*a*）混凝土坍落度变化；（*b*）混凝土扩展度变化；（*c*）混凝土抗压强度

由于硅粉的比表面积极大，硅粉对混凝土的性能影响很明显：

（1）随着硅粉的用量增加，混凝土的黏度增大，工作性能急剧下降，在掺量小于 8％ 时，可以通过提高减水剂掺量来调节工作性能，但硅粉用量超过 8％ 后，此方法已无明显效果。

（2）混凝土的早期强度与硅粉的掺量成正比，但后期强度出现了先增后降的变化，过多的硅粉使用，对混凝土的强度发展并无益处。

（四）不同的胶凝材料对混凝土收缩影响

混凝土在硬化过程中产生的体积缩小现象，在实践研究中，主要考虑胶凝材料的自身反应过程中的化学收缩和超细粉体效益产生干燥收缩。通过分析和试验，总结出胶凝材料对混凝土收缩的影响为：硅粉＞超细矿粉＞水泥＞矿粉＞微珠＞粉煤灰。

1. 水泥对混凝土的收缩影响

水泥的水化反应过程是体积收缩的过程，因此，水泥是带来混凝土的主要因素。强度越高的水泥，其活性越大，细度越小，比表面积也就越大，单位时间内水化反应的程度和速度越快，因此水泥的种类、单方混凝土中用量的多少对混凝土的早期收缩反应最为明显。

2. 矿粉对混凝土的收缩影响

由于矿粉的主要成分与水泥相同，在和水泥复配以后，最容易开始进行水化反应，因此矿粉的细度对混凝土的收缩影响非常明显。S75 级矿粉细度大，比表面积小于水泥，因此使用 S75 级矿粉配制的混凝土收缩较纯水泥配制的混凝土低；S95 级矿粉细度与混凝土相同，或更细于混凝土，因此在开始水化反应时，对混凝土的收缩基本没有降低作用；S105 级矿粉的比表面积已经大大超过水泥，与水泥配合后，反而加剧了胶凝材料的水化速度，使得混凝土的收缩不降反升。但矿粉的水化速度较水泥慢，为混凝土带来一定的缓凝效果，因此，使用矿粉的混凝土收缩总值将大于纯水泥混凝土，但其收缩速率将得到减缓。

3. 硅粉对混凝土的收缩影响

硅粉是混凝土最早使用的增强材料，也是目前掺合料中活性最高的材料。由于硅粉的活性高、细度小、比表面积巨大，既加速了混凝土的水化速度，产生较大的化学收缩。因此硅粉配制的混凝土收缩率都偏大。

4. 微珠和粉煤灰混凝土的收缩影响

微珠和粉煤灰都是从火电厂排放烟雾收集材料。虽然两者的活性不同，但两种材料的反应相同，早期水化反应速度慢，因此几乎不产生化学反应的体积变形。微珠由于细度较粉煤灰细，干燥过程中产生的收缩较粉煤灰大。总体上来说，微珠和粉煤灰可以有效减少混凝土的收缩总量，并降低混凝土的收缩速率。

（五）不同的胶凝材料对混凝土水化热影响

胶凝材料在硬化的过程中，由水化反应产生放热。在大体积混凝土施工时，由于聚集在构件中的混凝土热量不易散失，使得混凝土内部温度过高，引起较大的内外温差，产生较大的温度应力，引起温度收缩增加，严重时将产生混凝土开裂、影响混凝土的强度和其他性能。根据水化热产生的机理，可以分析不同胶凝材料对混凝土水化热的影响：

（1）水泥和矿粉具有水化反应能力，因此这两种材料的水化热最高。这两种材料细度越小，水化放热速率越快。

（2）粉煤灰和微珠只有在水泥水化产物的作用下缓慢产生二次水化，因此其水化放热最低，水化速率最慢。

（3）硅粉本身不具有水化反应能力，但掺入混凝土后，加剧了混凝土的水化程度，因此提高了混凝土的放热速率。

二、骨料优化

骨料是配制混凝土的重要环节，其质量直接影响混凝土的性能。骨料按照其粒径分类，分为粗骨料和细骨料，在混凝土配制过程中，通称为石子和砂。

（一）多功能绿色混凝土选择的骨料种类

1. 粗骨料——石子

混凝土粗骨料的来源包括自然界中的岩石矿物、再生骨料、河道卵石等。

再生骨料为废旧建材的回收再利用产物，从生产过程中，再生骨料是最为环保的材料，但受技术手段和成本影响，再生骨料多用于配制低强度的非结构功能的混凝土路面、地砖等材料，尚需要进行大量的研究才可以将这种材料应用于多功能绿色混凝土技术。

卵石是天然石材的一种，也是最早应用于混凝土配制的骨料。卵石没有棱角，极大地降低了石子间的摩擦作用，对提高混凝土泵送性能有很大作用，但卵石光滑的结构也降低了与胶凝材料的粘结能力，因此这种材料也不利于配制高强度混凝土。

天然岩石矿物多种多类，根据其岩石矿物组成，可以设计配制不同的建材产品，如高硅质材料的玄武岩可以用于配制具有抗腐蚀能力的混凝土。天然岩石中各种化学成分复杂，但一般情况下，同一地区的地貌环境相同时，同一矿山开采的岩石成分基本一致，但若岩石中由于含有镁盐，则会在水泥中发生碱集料反应，对混凝土产生膨胀破坏。因此在配制多功能绿色混凝土时，选择强度高、压碎值指标小的岩石，如花岗石、辉绿岩石等，并要求能通过《普通混凝土用砂石质量及检验方法标准》（JGJ 52—2006）的检测。

2. 细骨料——砂

混凝土用砂包括人工砂和天然砂。

人工砂（机制山砂）是内陆地区最大的细骨料来源。由于缺乏河砂资源，贵州地区几十年前在三线建设时期就开始大量使用机制山砂，并经过长时间的研究和耐久性观测，证明机制山砂可以替代河砂作为混凝土细骨料使用。在配制混凝土时，人工砂与河砂的最大不同在于颗粒形貌不同——人工砂颗粒棱角分明，砂浆润滑性能远低于河砂，其次人工砂含粉量（石粉）较高，虽然通过大量试验证明石粉不影响混凝土的强度和耐久性，但是这些粉末对混凝土浆体的稠度产生极大影响。受生产工艺影响，一般的机制山砂在配制高强高流态混凝土时难度较大，只有对山砂进行多次筛分、清洗和级配调整后，才可以达到类似河砂的效果。因此，考虑到进行大规模的生产，需要保证原材料的稳定性和生产可靠性，在没有对现有制砂工艺进行改进前，机制山砂目前还不适宜于配制多功能绿色混凝土。

天然砂包括了天然山砂和河砂。天然山砂来自于岩石矿物的风化作用，强度低，细度小，产量小，并不适合用于配制混凝土。河砂是最传统的细骨料，几乎可以配制出所有常规混凝土，根据河砂的质量、级配等，国家制定了相应的标准，用于规范河砂质量。

（二）石子优化

1. 石子的粒径

从颗粒大小上来选择，普通混凝土时，在可能的条件下，选用粒径尽可能大的骨料，可以降低骨料的比表面积，减少需要水泥浆润湿的面积，而在配制更高强度的混凝土时，应尽可能采用粒径较小的粗骨料，而且随着混凝土强度提高，最大粒径的尺寸应进一步降低。

以配制 C120UHPC 时，对石子粒径的分析，混凝土的强度基本上也属于固体材料的破坏强度，可以通过葛理菲斯理论来进行分析。

在无限大的二维弹性板中断裂应力 σ_0 为：

$$\sigma_0 = \sqrt{\frac{2E\gamma}{\pi a}}$$

上式的二维弹性板模型推广到三维的弹性板，其断裂应力 σ_0 为：

$$\sigma_0 = \sqrt{\frac{\pi E \gamma}{2(1-\nu^2)a}}$$

式中 σ_0——断裂应力；

         E——弹性模量；

         γ——表面能；

         a——缺陷椭圆孔半径；

         ν——泊松比。

如 $E = 4.5 \times 10^4 \text{MPa}$，$\gamma = 10 \times 10^3 \text{erg/cm}^2$，$\nu = 0.2$，潜在缺陷尺寸（椭圆形孔半径 a 可以看作是粗骨料的 D）。$D = 10\text{mm}$ 时的断裂应力为 σ_{10}，$D = 20\text{mm}$ 时的断裂应力为 σ_{20}，则 $\sigma_{20} = 0.7\sigma_{10}$。也就是说，骨料的粒径增大，断裂应力降低，混凝土的强度降低。因此配制超高强度混凝土时应选用 $D_{\max} \leqslant 20\text{mm}$。

2. 石子的破碎工艺选择

（1）破碎工艺：

石子的破碎工艺决定了石子的形貌。目前，石子的破碎工艺主要有鳄破、圆锥破、反击破，如图 3-12 所示。

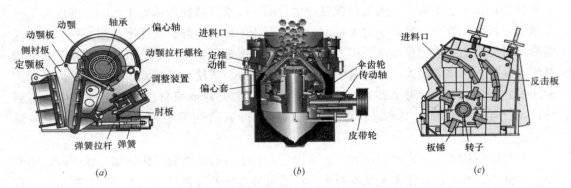

图 3-12 三种破碎工艺的破碎机械
（a）鳄式破碎机；（b）圆锥破碎机；（c）反击破破碎机

根据破碎机的工作原理，破碎的石子形貌也有很大的不同：

1）鳄式破碎机简单易保养，产能大，其破碎的石子粒径均一，但存在有较多的针片状含量。

2）圆锥破碎机是目前矿山企业使用较多的破碎设备，这种破碎机生产效率高，易损件消耗小，运行成本低。其通过采用粒间层压原理设计的特殊破碎腔及与之相匹配的转速，取代传统的单颗粒破碎原理，实现对物料的选择性破碎，显著提高了产品细料比例和立方体含量，极大程度上减少了针片状物料；

3）反击破破碎机是一种利用冲击能来破碎物料的破碎机械。虽然这种设备损耗较大，但是由于在破碎过程中，矿石多次与反击板冲击，生产的骨料呈现为立方体结构，基本上不存在针片状物料。

（2）石子形貌对混凝土性能影响：

不规则的石子会增加骨料间的摩擦，极大地阻碍砂浆对粗骨料的搬运过程，引起混凝土流动性能的下降，在配制混凝土的时候，应尽量选择规则石子，将石子的针片状含量控制在标准要求以内。

石子形貌对混凝土工作性能的影响能力随着混凝土强度提高和工作性能的要求成正比。在配制 SCC 时，这种影响力达到了峰值：以相同的配制因素对比圆锥破碎石和反击破碎石配制的 SCC 时，反击破碎石配比可以完成 U 型仪填充高度要求，而圆锥破碎石配比 U 型仪填充高度仅能达到 10 余厘米，如图 3-13 所示。

(a) 圆锥破石子混凝土U型仪填充高度仅达到17cm   (b) 反击破石子混凝土U型仪填充高度达到32cm

图 3-13 圆锥破碎石和反击破碎石在配制 SCC 时的比较

（三）砂的优化研究

细骨料在混凝土中起重要的填充和润滑作用，河砂颗粒圆润，摩擦力小，在配制混凝土时可以降低最大用水量；而机制山砂颗粒粗糙，表面棱角分明，摩擦力极大增加，因而在配制机制砂混凝土时，最大用水量需要上调。

1. 砂的级配选择

一般情况下，混凝土强度越高，宜选择越粗的砂，这是由于随着胶凝材料用量的增加，混凝土的黏度随之上升，较细的砂使得集料的比表面积增大，混凝土的需水量提高，不利于黏度的控制。在河砂配制 UHPC 时，使用过细的砂也会造成混凝土黏度增加，混凝土工作性能、保塑性能下降的问题，而使用过粗的砂，则容易产生泌水的问题，因此在使用河砂配制多功能绿色混凝土时，建议选择细度模数 2.6～2.9 的中砂进行配制。

2. 砂率对混凝土工作性能和强度的影响

过高或过低的砂率都导致流动性和强度的降低，这是由于砂率过低，砂浆比例降低而骨料比例升高，不利于砂浆的包裹和润滑，而砂率过高，骨料的比表面积增大，胶凝材料浆体不足满足砂浆需求，使形成的砂浆黏度大，同样降低与粗骨料的包裹和润滑能力。但从另一个角度来看，若混凝土的用水量和胶凝材料用量充足，大砂率带来了大比例高流动性的砂浆，可以提高混凝土的工作性能。如表 3-20 所示的试验，为 38%、41%、44%、47%四个砂率对混凝土工作性能和强度的影响。

砂率对混凝土的影响试验配比　　　　　表 3-20

编号	砂率	W(kg)	C(kg)	MB(kg)	SF(kg)	BSF(kg)	S(kg)	G(kg)	A
K2-1	38%	140	450	140	40	70	650	1050	2.2%
K2-2	41%	140	450	140	40	70	700	1000	2.2%
K2-3	44%	140	450	140	40	70	750	950	2.2%
K2-4	47%	140	450	140	40	70	800	900	2.2%

编号	坍落度 (mm)	扩展度 (mm)	倒筒时间 (mm)	强度(MPa)			
				3d	7d	28d	91d
K2-1	265	585	11.3	72.4	95.9	116.0	120.5
K2-2	255	595	12.8	76.9	91.9	113.1	114.8
K2-3	250	570	8.0	75.7	97.7	108.1	113.0
K2-4	265	595	5.0	76.1	91.7	110.1	110.0

在试验中，混凝土处于胶凝材料和用水量都比较充足的状态下，因此，混凝土的工作性能没有随着砂率的增大而恶劣，由于砂浆比例的提高，混凝土的黏性有所降低，这点从混凝土的倒筒时间上可以看出。

但是在试验中，随着砂率的增加，混凝土的强度直线下降。这是由于在使用了粗骨料的高强混凝土中，极限破坏通常在粗骨料中发生，砂率提高后，混凝土中粗骨料比例下降，砂浆比例提高，但是胶凝材料总量没有升高，砂浆的力学性能不足以替代缺少的石子，因此弱化了混凝土的受力能力。

3. 砂率对混凝土收缩的影响

砂率越大的混凝土，砂浆比例越高，由于砂浆的收缩总是大于混凝土的，这可以从两个方面分析：砂浆比例越高，混凝土的塑性收缩越大；砂浆越充沛，胶凝材料的分散性越好，其反应速率越快，水化收缩也就越快。因此砂率越大，混凝土的收缩越大。

三、高效外加剂及其复配技术

（一）外加剂作用机理

1. 混凝土外加剂

混凝土外加剂是指能够改善混凝土工作性能的添加剂，目前混凝土的外加剂合成技术已经将减水剂、缓凝剂、泵送剂等组分进行了合成，因此外加剂具有减水和控制坍落度、控制凝结时间的能力。在实际研究中，主要使用第三代高效外加剂——聚羧酸高效外加剂，这种外加剂相对于传统外加剂产品，其分子链长，在与水泥颗粒结合时，形成立体的阻拦，增强外加剂的分散效果。

聚羧酸外加剂在生产时通过两个方面的途径达到混凝土减水、缓凝的要求。

（1）控制聚羧酸高效减水剂中吸附基单体与分散基单体的比值，达到控制混凝土流动态的目的。不同比值 m/n 对减水剂吸附速率的影响及对流动性经时变化的影响分别如图3-14 和图 3-15 所示。

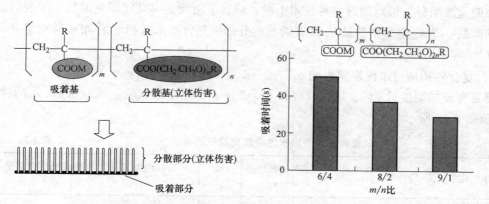

图 3-14 吸附基单体与分散基单体比值 m/n 对聚羧酸减水剂吸附速率的影响

（2）在聚羧酸高效减水剂母液中掺入含固量 3‰ 的葡萄糖酸钠，以控制混凝土的坍落度损失，这是国内大多数减水剂厂家的技术措施。

虽然作为新一代的高效外加剂，聚羧酸外加剂在实用中也存在缺陷：正常状态下聚羧酸外加剂的引气量较大，在配制高强、超高强度混凝土时会影响混凝土的密实性，若添加消泡剂则会大幅度增加成本。

2. 利用超细天然沸石粉复配外加剂

沸石粉是多孔的超细粉体，在与外加剂复配时，将外加剂吸附。利用这个特性，

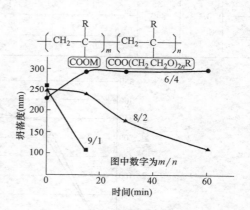

图 3-15 不同比值 m/n 对流动性经时变化的影响

在拌合混凝土时使用沸石粉＋聚羧酸外加剂的复合减水剂，处于自由状态的减水剂提供初始流动度。超细沸石粉的粒径小于水泥颗粒，填充于水泥颗粒中，表面吸附外加剂后的沸石粉在静电作用下，将水泥颗粒进一步分散起到"尖劈"作用，如图 3-16 所示。随着时间的推移，超细粉内部吸附的外加剂又缓慢释放，弥补混凝土的坍落度损失。

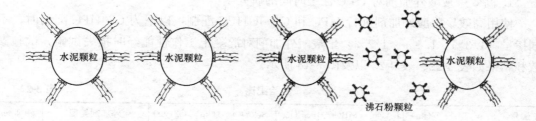

图 3-16 复合外加剂分散机理

3. 萘系复合减水剂

高分散性能的复合减水剂技术是实现混凝土在超低用水量、超低水胶比条件下仍具有

可操作性的重要组分。最终通过多种技术手段，设计了可满足多功能绿色混凝土配制的新型减水剂产品：萘系-氨基磺酸盐系-沸石粉三组分固液复合减水剂和萘系-聚羧酸双组分复合减水剂。

（二）复合外加剂对水泥净浆影响

按照复合外加剂掺量0%、1%、2%和3%进行了水泥净浆试验，试验参数、结果如表3-21及图3-17所示。

复合外加剂对水泥净浆流动性的影响   表 3-21

序号	水胶比	水泥(g)	复合外加剂(g)	复合外加剂掺量(%)	水(g)	初始净浆流动度(mm)	1h后流动度(mm)
1			0	0		0	0
2	0.29	300	3	1	87	245	203
3			6	2		260	281
4			9	3		290	291

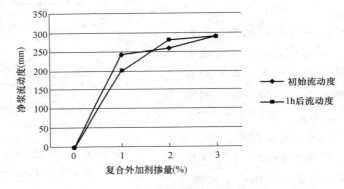

图 3-17 复合外加剂对水泥净浆流动性的影响

（三）聚羧酸外加剂和复配后外加剂混凝土保塑时间

针对不同强度等级的混凝土，设计对应的外加剂使用制度：C100及以下混凝土使用高效聚羧酸外加剂配制，C120UHPC以及自密实混凝土使用复合外加剂配制。

1. 高效聚羧酸外加剂对 HPC 保塑时间的研究

使用高效聚羧酸外加剂进行 HPC 和 C100UHPC 配制，以下为 C80HPC 配制时，不同掺量（1.3%、1.4%、1.7%）聚羧酸外加剂对混凝土工作性能经时损失试验，试验参数和结果如表3-22、表3-23以及图3-18所示。

试验配比   表 3-22

编号	W/B	C(kg)	FA(kg)	MB(kg)	BSF(kg)	S(kg)	G1(kg)	G2(kg)	外加剂类型	外加剂
1	0.24	350	120	60	60	700	300	700		1.3%
2	0.24	350	120	60	60	700	300	700	高效聚羧酸外加剂	1.4%
3	0.24	350	120	60	60	700	300	700		1.7%

不同聚羧酸外加剂掺量下 HPC 拌合物工作性能经时变化　　　　表 3-23

编号	时间	坍落度(mm)	扩展度(mm)	倒筒时间(s)
1	初始	250	650	4
	3h	210	500	14
2	初始	250	670	5
	3h	255	650	4
3	初始	250	710	4
	3h	220	700	9

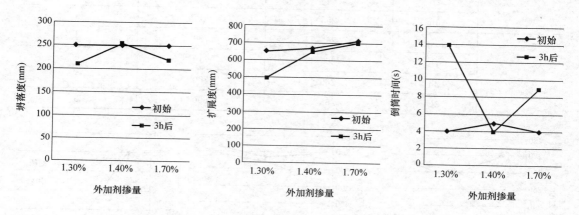

图 3-18　不同聚羧酸掺量的外加剂对 HPC 工作性及工作性能的经时变化

试验结果，三种外加剂掺量下，新拌混凝土的工作性能都较好，但在较低的掺量下，HPC 在 3h 后工作性能损失较为明显，随着掺量的提高，HPC 的保塑性提高。但由于聚羧酸外加剂的敏感性，外加剂掺量提高后，混凝土在 3h 后出现离析。

2. 复合外加剂对 UHPC 保塑时间的研究

使用复合外加剂进行了 C120UHPC 和 SCC 的配制，其中 C120UHPC 使用了三组分复合外加剂，以下为三组分复合外加剂的不同掺量（3.2%，3.5%，4.0%）对混凝土工作性能经时损失试验，试验参数和结果如表 3-24、表 3-25 以及图 3-19 所示。

试验配比　　　　表 3-24

编号	W/B	C(kg)	(SF+FA)(kg)	S(kg)	G1(kg)	G2(kg)	外加剂类型	A
1	0.20	500	250	700	300	700		3.2%
2	0.20	500	250	700	300	700	复合外加剂	3.5%
3	0.20	500	250	700	300	700		4.0%

试验结果，三种外加剂掺量下，新拌混凝土的工作性能都较好，但在较低的掺量下，UHPC 在 3h 后工作性能损失较为明显，随着掺量的提高，UHPC 的保塑性越好，并可满足超高泵送之保塑性的要求，此外，由于复合外加剂中沸石粉的具有良好的稠度保持作用，复合外加剂对混凝土的敏感性降低，不易使混凝土产生离析。

不同外加剂掺量下 UHPC 拌合物工作性能经时变化　　　表 3-25

编号	时间	坍落度(mm)	扩展度(mm)	倒筒时间(s)
1	初始	270	690	5
	1h	260	680	7
	2h	230	590	9
	3h	225	550	12
2	初始	260	670	4
	1h	250	660	5
	2h	245	650	7
	3h	255	645	5
3	初始	265	730	4
	1h	265	710	5
	2h	265	700	5
	3h	265	690	5

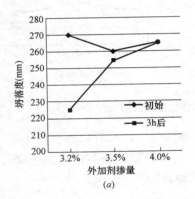

(a)

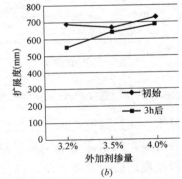

(b)

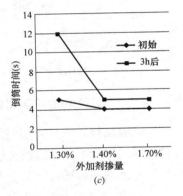

(c)

图 3-19　不同掺量的外加剂对 UHPC 工作性及工作性能的经时变化

四、混凝土用水量

简单地说，混凝土的用水量决定了其强度和工作性能，在没有使用混凝土外加剂的情况下，同胶凝材料用量的混凝土用水量越多，工作性能越好，强度越低，反之则强度越高，混凝土越黏。这种情况随着外加剂的使用而得到了改善，从而配制出用水量低的高强高流态混凝土。

混凝土的用水量除了保证胶凝材料充分进行水化反应外，拌合水与外加剂的配合作用，决定了砂浆是否具有合适的稠度、内聚力和流动性，这是确保混凝土具有良好工作性能的保障。水胶比是混凝土单方用水量与单方胶凝材料总量的比值，通过不断的研究、统计，归纳了混凝土强度与水灰比（水胶比）的鲍罗米公式。虽然对于 C60 以上的混凝土配制，鲍罗米公式适用性变差，高强混凝土的水胶比需要通过试验来确定，但基本原理没有改变：水胶比越低，混凝土强度越高。

在广州西塔、深圳京基、广州东塔等实践研究中，总结了配制各等级高强、超高强混凝土的基本水胶比范围，如表3-26所示。

各强度等级的混凝土基本水胶比范围 表3-26

强度等级	水胶比
C80	0.24~0.26
C100	0.20~0.22
C120	0.19~0.20

第四节 多功能绿色混凝土的配制

一、高强度、高泵送、高保塑特性的配制方法

（一）超低水胶比及混凝土单方用水量设计

多功能混凝土的强度符合水胶比和胶凝材料总量的基本规律，由于胶凝材料用量过大，对混凝土的收缩、水化热等问题都有不利影响，因此在以国内52.5等级水泥市场基础上，在超低水胶比中采用更低的混凝土单方用水量，使总胶凝材料用量在一个可控范围内，如表3-27所示。

多功能绿色混凝土基本参数范围 表3-27

强度等级	水胶比范围	单方用水量(kg/m³)	总胶凝材料用量(kg/m³)
C80	0.26~0.24	135~140	580~630
C100	0.20	140~150	750
C120	0.17~0.18	130~135	750

（二）具有高分散性能的复合减水剂的使用

为实现混凝土在超低用水量、超低水胶比条件下仍具有可操作性，项目组研制了萘系-氨基磺酸盐系-沸石粉三组分固液复合减水剂与萘系-聚羧酸双组分复合减水剂新型高分散性能的复合减水剂。这些产品通过不同减水剂的性能互补，以及对配制比例的长久研发，突破了目前超高性能混凝土聚羧酸产品一家独大的情况，并且改变了外加剂技术领域萘系减水剂与聚羧酸系高性能减水剂不能互掺使用的认识，是我国高性能混凝土减水剂技术的一种重大突破。

（三）保塑剂技术的应用

利用保塑剂提供的缓慢释放作用，可为多功能绿色混凝土提供长久的工作性能保持，此外，保塑剂为混凝土在泵送过程中提供了极高的稳定性，极大地降低了混凝土与泵送管壁的摩擦阻力。根据不同的强度，保塑剂的掺量具有最适宜范围，如表3-28所示。

多功能绿色混凝土在具有 3h 保塑能力时保塑剂最佳使用范围　　表 3-28

强度等级	保塑剂范围（胶凝材料比例）
C80	1.0%～1.2%
C100	1.4%～1.6%
C120	1.8%～2.0%

（四）最大堆积理论的配比设计

多功能混凝土的设计遵循最大堆积理论，包括胶凝材料的大小粒子粉体搭配、粗细骨料级配控制的设计，其中，砂率的设计主要考虑了自密实混凝土的性能特点，进行了部分的放大，如表 3-29 所示。

多功能绿色混凝土各组成材料范围比例　　表 3-29

强度等级	超细粉体在胶凝材料中比例	砂细度模数	大、小粗骨料比	砂率
C80	20%	2.7～2.9	8：2	
C100	30%	2.9～3.0	7：3	44%～48%
C120	35%	2.9～3.1	7：3	

二、低收缩、低热、低成本特性的配制方法

（一）以微珠、粉煤灰等取代硅粉或矿粉技术

在几年以前，高性能混凝土的配制以采用硅粉、超细矿粉的复合掺和料技术，而试验证明，使用水泥、矿粉、硅粉配制的 C80HPC 的 3d 早期收缩总量达到了万分之 10 以上，浇筑于大体积构件之中后，其核心区域温度也很容易超过 80℃。

而在引入微珠作为多功能混凝土的重要原材料后，混凝土的材料组成有了很大的变化：首先，通过掺和料比例研究，对于 C100 强度等级以下的混凝土，已完全可使用微珠替代硅粉，并掺以粉煤灰进行配制，而对于 C100 以上的超高强混凝土，则可使用微珠替代超细矿粉，配合硅粉设计出高流态的 C100、C120 混凝土，最大限度地发挥了微珠、粉煤灰和硅粉的优势性能，如表 3-30 所示。由于多功能混凝土中大幅度以微珠、粉煤灰这些材料取代水泥和超细矿粉，有效地避免了水泥和超细矿粉的早期水化速度过快引起的混凝土自收缩值偏大、混凝土早期水化速率较高的问题。在仅使用水泥、微珠、粉煤灰所配制的 C80 低收缩、低热混凝土的 3d 早期收缩就可达到万分之 3 以内，在巨型钢管混凝土柱中进行浇筑时，混凝土温度上升平缓，核心区域温度未超过 75℃。

不同等级的多功能绿色混凝土的胶凝材料组成　　表 3-30

强度等级	水泥（kg/m³）	微珠（kg/m³）	硅粉（kg/m³）	粉煤灰（kg/m³）
C80	300～320	80～110	0	150～170
C120	500	160～180	70～90	0

（二）自养护减缩剂对早期收缩的控制作用

利用自养护减缩剂在搅拌过程中对水分的"吸附"和在混凝土水化过程中的持续补充作

用，减缓了高强度混凝土的自收缩，通过对自养护减缩剂的掺量进行控制（表3-31），使其功能得到充分发挥，并避免了过多掺量下吸附水分过高引起的混凝土工作性能下降问题。

不同等级的多功能绿色混凝土的自养护减缩剂掺量　　　　　表 3-31

强度等级	自养护减缩剂掺量（按胶凝材料总量比例）
C80	2%
C100	2.5%
C120	3%

同时，自养护减缩剂中的低掺量 EHS 组分在自养护环境中可以得到充分的膨胀反应，因此，对混凝土的早期收缩进行补偿，将混凝土的早期收缩进行精确控制，C80 多功能绿色混凝土的早期收缩可控制在万分之 1 左右，如表 3-32 所示。

多功能绿色混凝土的早期收缩情况　　　　　表 3-32

强度等级	24h	48h	72h
C80	万分之1.03	万分之1.06	万分之0.99

混凝土具有极低的早期收缩后，对于在如图 3-20 所示的强约束构件中进行浇筑时，就可以确保混凝土不因自身的水化反应而出现收缩应力大于混凝土抗拉强度极限，从而避免构件的早期收缩裂缝出现。

图 3-20　钢板剪力墙结构

（三）常规性原材料

多功能绿色混凝土的主要原材料来自国内建材市场，具有可广泛推广的特点，其中部分材料的生产虽然有其地域性特点，但随着交通物流的发展，使用成本已经得到了极大的改善。目前，多功能绿色混凝土的生产成本在 550～900 元之间，而随着微珠、沸石粉产品市场化的进一步开发，多功能混凝土的生产成本预计还将下降 5%～10%。

三、自养护、自密实、自流平特性的配制方法

（一）沸石粉技术的应用

如图 3-21 所示，自密实混凝土设计中，最大难点在于需要同时满足混凝土的流动性和内聚力，具有足够的抗离析性能。由于采用了以沸石粉、微珠制作的增稠剂，多功能绿色混凝土具有极强的抗离析性能，使混凝土能够达到自密实效果。

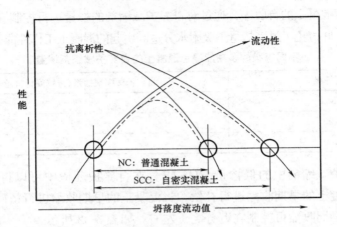

图 3-21　混凝土流动性与内聚力和抗离析性能变化情况

同时，利用沸石粉制作的自养护减缩剂，确保了混凝土在完成浇筑施工后，可不再需要进行养护工序，在实践研究中，采用自养护工艺的多功能绿色混凝土，其 28d 强度可超过标准养护环境下的混凝土，如表 3-33 所示。

多功能绿色混凝土的自养护效果　　　　　　　　　　　　　表 3-33

强度等级	3d 强度（MPa）		7d 强度（MPa）		28d 强度（MPa）	
	标养	自养	标养	自养	标养	自养
C80	50.6	56.6	66.5	75.6	86.1	92.1
C100	93.1	92.2	105.2	106.8	116.4	119.2
C120	87.3	88.5	102.0	104.0	132.0	136.0

（二）骨料破碎工艺的控制

较之于普通高性能混凝土，多功能混凝土采用反击破两级配碎石作为粗骨料。在增稠剂的作用下，极大地提高了混凝土骨料与砂浆共同流动的性能，使得多功能绿色混凝土能够满足超高层建筑混凝土结构各种类型的钢筋分布结构对混凝土流动性的要求。

（三）混凝土工作性能的评价标准

针对超高层建筑密集的钢筋分布结构，对多功能混凝土在不同工作性能状态下，浇筑施工的难易程度进行了大量研究，部分研究内容如表 3-34 所示。

某工程 C80 多功能混凝土在不同工作性能时的施工难易程度试验　　　表 3-34

试验组	浇筑试验时工作性能			钢筋间距 （mm）	泵送情况	浇筑情况
	坍落度 （mm）	扩展度 （mm）	倒筒时间 （s）			
对比 1	260	700	4	100	顺利泵送	顺利浇筑
对比 2	250	660	5	100	顺利泵送	顺利浇筑
对比 3	240	640	7	100	顺利泵送	顺利浇筑
对比 4	220	580	14	100	泵送困难	不能浇筑

从更多的工程实践中总结发现，在工程现场易于确认的高强混凝土性能参数，这是可以确保混凝土具有满足自密实、自流平性能的临界指标：即混凝土的坍落度不小于220mm，扩展度不小于600mm，倒筒时间5～8s。

第五节 多功能绿色混凝土性能

一、多功能绿色混凝土超高泵送性能

超高层建筑若无法实现混凝土的"一泵到顶"，则可能需要进行分次泵送或依靠塔吊运输施工，这些过程既浪费设备又影响施工效率，造成大量的资源浪费，不能实现绿色施工的要求。为了实现 HPC、UHPC 和 SCC 的 400m 以上的超高泵送，必须从混凝土的工作性能、保塑时间、高压输送能力（压力泌水）方面进行研究。

（一）混凝土工作性能研究

混凝土的工作性能决定了混凝土浇筑施工的难易程度，泵机输送时的连续性和可泵送能力。对于低标号的混凝土而言，混凝土黏度较低，通过测量混凝土的坍落度和扩展度就可以表达了混凝土施工和泵送能力，而对于 HPC 和 UHPC，其黏度大的特点使得混凝土砂浆对骨料有很大包裹和带动能力，产生较大的坍落度和扩展度效果，因此在 HPC 和 UHPC 中，还需要对混凝土的黏度进行测试，因此引入了倒筒时间的测试。

1. 影响混凝土工作性能的因素

（1）水和外加剂影响：

混凝土的拌合用水量和外加剂是影响混凝土工作性能的最明显因素。水泥完全水化所需要的水灰比为 0.2～0.24，因此在配制混凝土时，大部分的水是作为"拌合"作用存在的，即为分散水泥颗粒的作用，在外加剂的作用下，这个过程需要的用水量极大地减少。

根据这一原理，在配制混凝土时，可以通过增加用水量和外加剂掺量的方法来提高混凝土的工作性能：

1）通过增加外加剂掺量来扩大混凝土工作性能。

2）外加剂有限掺量，超过后对混凝土工作性能没有帮助，很多外加剂产品容易引起离析，所以应合理利用外加剂，或者使用具有优秀抗离析能力的复配外加剂。

3）增加混凝土用水量，对提高混凝土和易性有良好的效果，但是用水量越高，W/B越大，混凝土强度也越低，因此应在满足强度的前提下，才可以提高用水量。

4）使用超细天然沸石粉复配的外加剂，由于其"尖劈"作用，配制超低水胶比混凝土时，效果明显，同时复配后的外加剂，抗离析能力更好。

（2）胶凝材料影响：

胶凝材料对混凝土工作性能的影响主要在三个方面：①水泥中 C3A 和 C4AF 在早期水化过程对拌合水的消耗，早期水化产物的生成；②胶凝材料颗粒间相互吸附后对拌合水形成的团聚与超细粉体掺入后将被包裹的拌合水挤出；③粉体的摩擦与"滚珠"粉体的润滑。

所以在提高混凝土工作性上，可以采取减少早期水化快、易产生团聚的胶凝材料，多使用颗粒形貌呈现球形的材料，并通过超细矿物掺合料进行胶凝材料级配调整。

由于胶凝材料的控制与混凝土强度有很大的关系，所以在进行配比试验时，一并将混凝土的工作性能进行了控制，保证配制的新拌混凝土同时具有高强度和高工作性能。

（3）骨料影响：

骨料对混凝土的工作性能影响在于骨料颗粒形貌、骨料用量和砂率方面：骨料形貌棱角分明、针片状含量高、级配不合理，极大地增加了骨料摩擦，砂浆内聚力不足以支持混凝土的流动；骨料细度过小，比表面积增大，砂浆包裹性不足；骨料过大，质量过大，砂浆内聚力同样不足；骨料和砂率用量增加，混凝土的需水量提高。

（4）总结：

混凝土的工作性能，其实质是混凝土中浆体与骨料的匹配问题，只有组成浆体的水分（水和外加剂）、胶凝材料、砂（粒径较小的部分）的稠度与骨料（石子和粒径较大的砂）相互适应，浆体具有良好的流动性，混凝土的工作性能才会好。

2. 混凝土工作性能指标

混凝土具有良好的工作性能，是满足超高层建筑混凝土结构密集钢筋布置的前提，在实践研究中设计了模拟试验，通过调整外加剂掺量的方法，配制了不同工作性能的混凝土，并通过泵机对一段路面进行泵送浇筑施工。在浇筑的路面上，按照结构实体上构件的钢筋密度设置了钢筋，试验结果如表3-35所示。

不同工作性能的 C80 混凝土模拟构件浇筑试验   表 3-35

试验组	外加剂掺量	坍落度 (mm)	扩展度 (mm)	倒筒时间 (s)	钢筋间距 (mm)	泵送情况	浇筑情况
基准	1.7%	260	700	4	100	顺利泵送	顺利浇筑
对比 1	1.4%	250	650	5	100	顺利泵送	顺利浇筑
对比 2	1.3%	240	600	7	100	顺利泵送	顺利浇筑
对比 3	1.25%	220	580	14	100	顺利泵送	不能浇筑

（二）混凝土保塑时间研究

由于超高层建筑一般处于市区中心，混凝土在生产后，需要经过长时间的运输，对混凝土的保塑能力提出了很高的要求。

在试验中，配制 C80HPC、C100UHPC 时，使用聚羧酸高效外加剂可以达到 2h 内保塑，要配制保塑能力更高的混凝土，配制 C80SCC、C100UHPC-SCC 和 C120UHPC 时，则需要使用复合外加剂进行配制，以达到保塑 3h 的效果。

（三）混凝土压力泌水研究

压力泌水可以反映混凝土泵送过程中的性能变化，《混凝土泵送施工技术规程》（JGJ/T 10）中规定：混凝土的可泵性可用压力泌水试验结合施工经验进行控制。一般 10s 时的相对压力泌水率 S_{10} 不宜超过 40%。HPC、UHPC、UHP-SCC 拌合物在 30MPa 下的压力泌水试验如图 3-22 所示，试验结果如表 3-36 所示。

图 3-22 30MPa 下的压力泌水试验照片

30MPa 下的压力泌水试验结果   表 3-36

试验编号	V_{10}（mL）	V_{140}（mL）	S_{10}（%）
C80HPC	0	6	0
C80SCC	0	5	0
C100UHPC	0	3	0
C100UHP-SCC	0	3	0
C120UHPC	0	0	0

二、多功能绿色混凝土收缩控制

混凝土的收缩特性一直是影响混凝土工程质量的重大原因，当因收缩产生的应力超过混凝土的极限抗拉强度后，混凝土构件上出现收缩裂缝。产生收缩的原因复杂多样，但在多功能绿色混凝土中，主要影响混凝土质量的收缩因素为自收缩、塑性收缩和沉降收缩。检验构件是否产生开裂，其关键在于混凝土的收缩率，能否满足结构构件的硬性要求。

混凝土的收缩率试验方法参考国标《普通混凝土长期性能和耐久性能试验方法》（GB/T 50082—2009）标准中的相关内容，使用接触法和非接触法进行混凝土的早期收缩值测量。

（一）自收缩控制研究

自收缩来自于混凝土与外界没有水分交换的条件下，混凝土致密的结构形成相对封闭的毛细管，在胶凝材料的水化时，吸收毛细管中的水分，使毛细管脱水，造成毛细管的自真空作用，管壁周围的混凝土受张拉应力影响，出现的收缩。普通混凝土用水量大，W/B 大，混凝土的空隙结构疏松，没有形成封闭的毛细管结构，因此自收缩效果不明显。

根据自收缩的产生原理，降低高强混凝土的自收缩主要技术手段可以分为：

（1）增加用水量。

（2）减少水泥和矿粉比例。

（3）提供内养护水源。

（二）塑性收缩控制研究

塑性收缩时混凝土在硬化过程中水分蒸发引起的干燥收缩，常发生于混凝土浇筑后至初凝和终凝时间段。从配比方面来看，降低混凝土的流动性，减小砂率是减少塑性收缩的有效方法，因为骨料本身不会收缩，砂浆含量越高，其水分蒸发也较骨料密实的混凝土快。从施工工艺上来看，加强混凝土早期养护，避免混凝土水分蒸发，是降低塑性收缩的最佳手段，即使因为塑性收缩导致开裂后，也可以通过二次抹面的施工工艺，将裂缝封闭。

（三）沉降收缩控制研究

沉降收缩来自于混凝土骨料下沉，一般情况下，和易性良好的混凝土不易出现沉降收缩，但在混凝土出现离析时，浆体重量远轻于骨料，产生了浆体上浮、骨料下沉的问题，导致了混凝土的沉降收缩。因此，避免混凝土产生沉降收缩，控制混凝土质量，避免出现离析混凝土。

（四）其他收缩控制手段

除了使用自养护材料提供内部水源外，还通过膨胀剂补偿混凝土的早期收缩，通过掺入纤维抑制混凝土的早期收缩。

使用膨胀剂的试验效果参见后述在配制 SCC 时微掺膨胀剂对收缩的控制。

在 UHPC 土中复掺聚丙烯纤维后，为混凝土带来了良好的阻裂效果，也起到了抑制混凝土自收缩的效果，如表 3-37 所示、图 3-23 和图 3-24 所示。

C120UHPC 的自收缩情况　　　　　　　　　　　　　　表 3-37

混凝土类型	3d 自收缩（$\times 10^{-6}$）
基准 C120UHPC	329.9
掺 1kg/m³ 纤维的 C120UHPC	181.4

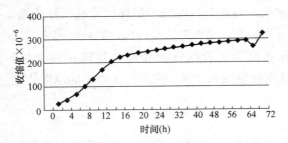

图 3-23　基准 C120UHPC 的 72h 自收缩曲线

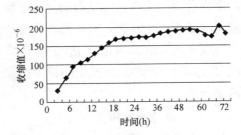

图 3-24　掺聚丙烯纤维后的 C120UHPC72h 自收缩曲线

（五）混凝土收缩率对墙体裂缝的关系

钢管混凝土和核心筒结构是超高层建筑的典型结构，在实践研究中发现，钢管混凝土结构对混凝土的裂缝不明显，而核心筒墙体对混凝土裂缝问题反应强烈。

在实践研究中，混凝土浇筑完成后开始产生收缩，并产生应力。由于早期抗拉强度发展缓慢，若混凝土处于自由移动的状态，则混凝土不会出现裂缝；若混凝土构件两端受到强烈约束，混凝土则在中部约束薄弱处集中出现收缩，当收缩应力超过混凝土抗拉强度

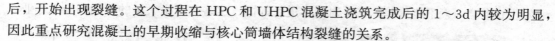

后，开始出现裂缝。这个过程在 HPC 和 UHPC 混凝土浇筑完成后的 1～3d 内较为明显，因此重点研究混凝土的早期收缩与核心筒墙体结构裂缝的关系。

1. 双层劲性钢板剪力墙

在东塔项目中，遇到了双层劲性钢板剪力墙结构，这是该结构首次在超 400m 大型高层建筑中使用，该结构浇筑完混凝土后，由于内侧存在栓钉，产生了极强的混凝土约束，将混凝土的收缩全部集中于外侧，极易从墙体表面向内发展裂缝。由于配制的 C80HPC 将用于此结构，故按照核心筒的双层劲性钢板剪力墙结构设计 1∶1 模拟试验墙，模拟墙高 4.5m，长 6m，厚 1.5m，内有双层劲性钢板，钢板内腔厚 800mm，外包 350mm 厚 C80 混凝土，混凝土内钢筋、栓钉及埋件等都按照东塔核心筒剪力墙安装。

2. 混凝土的收缩率优化

针对双层劲性钢板模拟墙，通过大比例使用粉煤灰、微珠替代水泥和矿粉，使得混凝土的早期收缩得到了明显的控制，并在配制 C80SCC 时通过微掺自养护粉体，从水化过程中提供了内部养护水源，并通过微掺膨胀剂的方法，为早期提供微小的膨胀能力，弥补 SCC 的收缩。优化的 C80HPC 配比如表 3-38 和表 3-39 所示。

C80HPC 72h 自收缩情况　　表 3-38

编号	C(kg)	BSF(kg)	MB(kg)	F(kg)	W(kg)	S(kg)	G(kg)	A(kg)	24h 收缩值 (10^{-6})	48h 收缩值 (10^{-6})	72h 收缩值 (10^{-6})
基准	350	150	60	0	130	710	1015	8.12	620.7	692.7	743.3
D01	330	80	70	110	135	690	1045	7.67	380.2	482.1	522.3
D02	320	80	80	110	135	690	1015	7.38	320.0	420.0	470.0
D03	320	80	60	130	135	690	1015	7.95	120.0	220.0	280.0
D03	320	0	80	170	142	800	900	10	140.0	190.0	220.0

C80SCC 72h 自收缩情况　　表 3-39

编号	C(kg)	MB(kg)	F(kg)	W(kg)	S(kg)	G(kg)	A(kg)	NZ(kg)	EHS (kg)	24h 收缩值(10^{-6})	48h 收缩值(10^{-6})	72h 收缩值(10^{-6})
基准	320	80	170	142	800	900	10	15	0	140.0	190.0	220.0
DS01	320	80	170	142	800	900	10	15	8.8	94.0	88.0	160.0

3. 优化配比在模拟墙上的施工

在实践研究中，选择基准 C80 配比，D03C80HPC 和 DS01C80SCC 配比进行 1∶1 模拟墙试验。试验采用臂架泵进行泵送浇筑施工，浇筑完成后，带模养护 14d，拆模后进行裂缝观测。

(1) 基准 C80 配比情况：

在模拟墙上，基准 C80 配比由于混凝土早期收缩大，混凝土表面出现大量肉眼可见裂缝。经洒水后进行统计，留下了 160 余条裂缝，大部分裂缝宽度 0.2mm，部分裂缝宽度 0.3mm，如图 3-25 所示。这些裂缝中大部分后期出现自愈合，但是这些裂缝对混凝土耐久性的影响因素不能排除，需要对墙体进行加固，这将会产生大量的费用和施工作业。

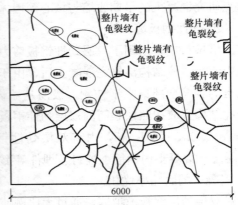

图 3-25　洒水后的试验墙照片以及主要裂缝区域示意图

（2）D03 配比模拟墙试验情况：

使用优化后的 C80HPC 进行模拟墙施工，墙体的裂缝得到了明显改善，在不浇水的情况下，几乎看不见裂缝存在，浇水后，发现 2 条 0.3mm 宽的横向裂缝，如图 3-26 所示。

该配比后来开始作为东塔 L1～L30 主塔楼核心筒双层劲性钢板剪力墙混凝土配比，在实际施工中，裂缝控制效果显著。

（3）DS01 C80 自密实配比模拟墙试验情况：

在这次试验中，试验墙浇筑时不进行振捣，浇筑完成后不进行养护，14d 后拆模发现墙体无裂缝产生，墙面光滑平整，如图 3-27 所示。

4. 不同结构形式墙体对混凝土收缩性能的要求

实践研究总结了不同的超高层建筑墙体结构对混凝土收缩率的要求，如表 3-40 所示，满足于这个条件，在保证施工质量的前提下，可以极大降低墙体开裂的可能性。

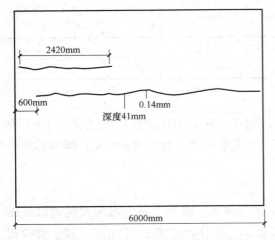

图 3-26　洒水后的试验墙照片裂缝示意图　　　　**图 3-27**　多功能绿色 SCC 模拟墙

不同结构形式对混凝土收缩率的要求　　　　　　表 3-40

结构形式	3d 内早期收缩率要求
双层劲性钢板剪力墙	$\leqslant 3.0 \times 10^{-6}$
钢筋混凝土墙	$\leqslant 2.0 \times 10^{-6}$

三、多功能绿色混凝土水化热控制

混凝土的水化热问题主要包括温差梯度和核心最大温升，这个问题在东塔主体施工时受到了重点关注。在控制水化热上，采取的技术手段为降低混凝土的水化放热速率，降低水化放热量。这个过程与控制混凝土收缩有相似之处，因此，在研究混凝土水化热的过程中，与收缩控制的研究基本上是同时进行的。

（一）水化热试验方法

混凝土绝热温升试验是检验混凝土水化热的试验方法，但这种方法检测费用高昂，试验复杂，因此通过拌制混凝土同配比水泥浆和水泥胶砂，装入保温桶后，进行温度监控，对比不同配比的水化放热情况。图 3-28 展示了水化热试验的照片。

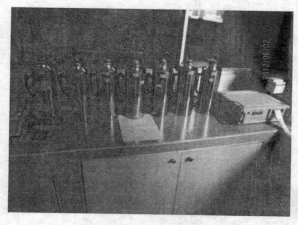

图 3-28　水化热试验照片

（二）试验情况

以水泥用量从 $400 kg/m^3$ 逐渐往下调整到 $320 kg/m^3$，掺合料的组成方式也从最初的水泥、矿粉、微珠三组分调整为水泥、矿粉、微珠和粉煤灰的四组分，同时大幅度地减少了矿粉的比例，大幅度增加了粉煤灰的比例，使得混凝土的水化热有了较为明显的减弱，如表 3-41 和表 3-42 所示。

C80 混凝土水泥浆水化热试验配比及结果　　　　　　表 3-41

编号	C(kg)	BSF(kg)	MB(kg)	F(kg)	W(kg)	A(kg)	初始温度（℃）	峰值温度（℃）	峰值出现时间（h）	最大温差（℃）
1	400	140	30	0	140	11.4	33	132	16	96
2	350	150	60	0	135	9.54	30	120	19	90

C80 混凝土砂浆水化热试验配比及结果　　　　　　　表 3-42

编号	C(kg)	BSF(kg)	MB(kg)	F(kg)	W(kg)	S(kg)	A(kg)	初始温度 (℃)	峰值温度 (℃)	峰值出现时间 (h)	最大温差 (℃)
1	320	80	60	130	135	670	8.26	30.4	83.4	28	53
2	320	0	80	170	142	800	10	28	81	32	53

（三）模拟墙温度情况

在前面提到的模拟墙施工中，进行了混凝土的温度测试，其测试结果如表 3-43 所示。

模拟墙温度情况　　　　　　　表 3-43

编号	初始温度 (℃)	中心最大 温升(℃)	峰值时间 (h)	表面温度 (℃)	内外温差 (℃)	外部与环境 温差(℃)
基准	33	70	23	48	22	16
D03	32	69	26	49	20	16
DS01	29	66	25	45	21	15

四、多功能绿色混凝土脆性改善

超高强度混凝土具有超高的抗压强度，同时也有很大的脆性。在实践研究中发现，微珠等材料对混凝土的增强效果，可以提高 HPC 混凝土的断裂韧性；而使用纤维，可以提高 UHPC 的断裂韧性。

（一）脆性试验方法

在混凝土实验室加工试件，后委托清华大学对试件采用断裂韧性测试的方法，进行混凝土脆性的试验。试验设备主要为德制 Toni2071 型抗折试验机，用于进行恒定的加荷速率或恒定位移速率下的抗折强度和裂纹张口位移的测定，如图 3-29 所示。

图 3-29　断裂参数测定设备

（二）C80HPC 的断裂韧性研究

研究发现，由于微珠等材料进行二次水化，有利于提高混凝土结构的密实度，对混凝土的力学性能产生了一定影响，使得混凝土的断裂韧性有所提高，这一点也在试验中得到了证明，如表 3-44 所示。

HPC 的断裂参数

表 3-44

配比	编号	P_{max} (N)	σ_f (MPa)	G_f (J/m²)	l_{ch} (cm)
C80HPC	1	9390	6.09	183.9	47.8
	2	10720	6.95	199.5	41.8
	3	10380	6.73	194.6	41.9
	均值	10163	6.59	192.7	43.8
常规 C80 混凝土	—	—	—	180.0	25.0

注：P_{max} 为最大荷载，σ_f 为抗弯强度，G_f 为断裂能，l_{ch} 为脆性参数。

通过与常规 C80 混凝土的力学性能对比，多功能绿色混凝土技术配制的 C80HPC 具有更高的断裂能，韧性更突出。

（三）纤维增韧 UHPC 的断裂韧性研究

在 UHPC 中分别掺入 1kg/m³ 纤维、2kg/m³ 纤维，通过对掺纤维 UHPC 与基准 UHPC 在试验数据比较，了解纤维对 UHPC 韧性的增强作用。试验结果如表 3-45 所示。

UHPC 的断裂试验参数

表 3-45

配比	编号	P_{fc} (N)	P_{max} (N)	σ_{fc} (MPa)	σ_t (MPa)	σ_f (MPa)	G_f (J/m²)	l_{ch} (cm)
基准	1	5000	14000	6.82	6.86	9.07	213.8	23.5
	2	4600	14500	6.27	—	9.39		
	3	4700	13800	6.41	—	9.59		
	均值	4767	14100	6.50	6.86	9.35	213.8	23.5
1kg Grace 纤维	1	4800	13800	6.55	6.67	8.94	291.8	33.8
	2	5000	15500	6.82	7.08	10.04	302.9	27.9
	3	5000	15300	6.82	—	9.91	—	—
	均值	4933	14867	6.73	6.88	9.63	297.35	30.9
2kg Grace 纤维	1	4800	12000	6.55	6.56	7.78	322.8	39.2
	2	5000	15000	6.82	—	9.73		
	3	5200	14000	7.09	7.22	9.08	322.1	33.4
	均值	5000	13667	6.82	6.89	8.86	322.5	36.3

注：P_{fc} 为开裂荷载，P_{max} 为最大荷载，σ_{fc} 开裂强度，σ_t 为抗拉强度，σ_f 为抗弯强度，G_f 为断裂能，l_{ch} 为脆性参数。

从以上试验数据可以分析，纤维对 UHPC 的抗拉强度影响不大，但可以明显增强混凝土的断裂韧性，降低混凝土的脆性。

五、多功能绿色混凝土耐久性

在混凝土结构建筑中，混凝土的耐久性决定了建筑物的使用年限，高强、超高强混凝土的致密结构，对于提高混凝土的耐久性有很好的作用。通过对混凝土进行抗氯离子渗透和抗冻性试验，研究了多功能绿色混凝土的耐久性。

（一）抗氯离子渗透

影响混凝土耐久性的各种破坏过程几乎都与水有密切的关系，因此混凝土的抗渗性被认为是评价混凝土耐久性的重要指标。UHPC 由于具有很高的密实度，按现行国家标准用加压透水的方法难以准确评价其渗透性。混凝土的渗透性不只对要求防水的结构物是有意义的，更重要的是评价混凝土抵抗环境中侵蚀介质侵入和腐蚀的能力。因此，通过检验 UHPC 中氯离子的直流电量来衡量混凝土抗渗透性的好坏。

1. 试验方法

试验方法及评定指标参考 ASTM C1202 标准的氯离子电通量法进行。评定指标如表 3-46 所示。

ASTM C1202 对混凝土渗透性评价指标　　表 3-46

通过的电量（C）	氯离子渗透性
>4000	高
2000～4000	中等
1000～2000	低
100～1000	很低
<100	不渗透

或采用《混凝土结构耐久性能设计与施工指南》（CCES 01—2004）标准的氯离子扩散系数法进行。评定指标如表 3-47 所示。

CCES01 对混凝土渗透性评价指标　　表 3-47

氯离子扩散系数 DNEL 值（$10^{-12} m^2/s$）	混凝土渗透性等级	混凝土渗透性评价
>10	I	高
5～10	II	中
1～5	III	低
0.5～1	IV	很低
<0.5	V	极低

2. C80HPC 的抗氯离子渗透性

通过广东省建材产品质量检验中心进行的混凝土氯离子扩散系数测试，C80HPC 的试验结果如表 3-48 所示。

C80HPC 氯离子扩散系数试验结果　　表 3-48

混凝土强度等级	试件龄期（d）	氯离子扩散系数（m^2/s）	评价
C80	28	$1.35×10^{-12}$	低

3. C100UHPC 的抗氯离子渗透性

通过清华大学水利工程实验室进行的氯离子电通量试验，C100UHPC 的试验结果如表 3-49 所示。

UHPC抗氯离子渗透性试验结果　　　　　　　　表3-49

混凝土强度等级	通过的电量平均值(C)	
	28d	56d
UHPC	211	87
评价	很低	不渗透

4. C120UHPC的抗氯离子渗透性

通过清华大学水利工程实验室进行的氯离子扩散系数试验，C120UHPC的试验结果如表3-50所示。

C120UHPC氯离子扩散系数试验结果　　　　　　　　表3-50

混凝土强度等级	试件龄期(d)	氯离子扩散系数(m^2/s)	评价
C120	28	0.624046×10^{-12}	很低

（二）抗冻性

抗冻性可以间接地反映混凝土抵抗环境水侵入的能力，因此，混凝土的抗冻性是表征混凝土耐久性的指标之一。

1. 试验方法

试验方法及评定指标参考《普通混凝土长期性能和耐久性能试验方法标准》（GB/T 50082—2009）、ASTM C666标准进行。

评定标准：快速冻融300次循环后，相对动弹性模量≥60%，为合格；反之为不合格。

2. UHPC的抗冻性

通过清华大学水利工程实验室进行的混凝土抗冻性试验，结果如表3-51所示。

UHPC的抗冻性　　　　　　　　表3-51

混凝土强度等级	300次快速冻融循环		评价
	质量损失(%)	相对动弹模(%)	
C100	0.10	95.8	合格
C120	0.36	98.0	合格

六、多功能绿色混凝土抗高温性能

一般说来，普通混凝土具有较好耐火性能。朋改非教授曾针对普通混凝土、高强混凝土进行过高温力学性能测试，测量高温后混凝土的抗压强度：在400℃高温内，混凝土强度一般损失不会超高15%；在受到400～800℃区间的高温后，混凝土的C-S-H胶凝体系必然在高温下分解，混凝土的抗压强度开始大幅度衰减；受到800℃以上的高温后，其强度衰减更为严重，残余强度仅剩9%～20%，受到了彻底的破坏。

虽然超高性能混凝土在400℃高温内，其强度衰减也有类似的情况，但是由于超高性能混凝土结构非常致密，以至于在400℃内的高温作用下，产生较为强烈的反应——发生大面积的爆裂。这将直接减少混凝土构件的有效工作截面尺寸，影响构件的承载能力，这一问题在很大程度上制约着混凝土的应用。目前，国内尚未对强度等级 C100 以上的混凝土抗火性能普遍开展试验与研究，通过实践研究，自行设计一套 UHPC 高温在线试验方案，进行高温耐火的研究。

（一）设备原理

UHPC 高温在线试验，是模拟混凝土构件在受压工作情况下，遇到火灾事故时的表现。试验设备主要由 3 大部分组成：加热设备、温控设备和荷载提供设备。加热设备主要靠陶瓷电热元件来对试件进行 400℃ 以上的均匀加热，通过电热偶测量试件的受热情况，达到试验要求温度后，控制柜自动停止加热，与此同时，一台 2000kN 压力试验机对试件进行加载，加载至试件破坏强度的 30% 停止，并在整个高温试验中保持此荷载。试验主要设备如图 3-30 所示。

（二）试件成型

UHPC 高温试件分为三种：一是棱柱体试件，尺寸为 100mm×100mm×300mm；另两种是圆柱体试件，ϕ150mm×150mm 和 ϕ150×300mm，如图 3-31 所示。试件拆模后同

(a) (b) (c)

图 3-30　试验主要设备

(a) 加热部分；(b) 温控部分；(c) 加载部分

(a) (b)

图 3-31　高温性能试验试件照片

(a) 棱柱体试件；(b) 圆柱体试件

样放置于标准养护室进行水养护。28d 龄期以后，取出水养护环境，放置于干燥通风环境下，待干燥后进行试验。

（三）UHPC 在高温下表现与纤维增韧

1. UHPC 高温的爆裂

UHPC 在加热至 150℃ 以后，就开始出现了高温爆裂现象，温度越高，混凝土爆裂情况越明显，如图 3-32 所示。

（a）　　　　　　　　　　　　　　（b）

图 3-32　UHPC 的高温爆裂情况

（a）UHPC200℃下爆裂情况；（b）UHPC400℃下爆裂情况

2. 纤维对 UHPC 抗火能力的提高

通过在混凝土中掺入聚丙烯纤维，在高温情况下，原先均匀分散在混凝土中的纤维会融化，形成微小的管道，成为内部水蒸气排出的管道，并且为膨胀应力及热量的传导提供了一定的空间，避免了高温爆裂，如图 3-33 所示。

（a）　　　　　　　　　　　　　　（b）

图 3-33　掺纤维后 UHPC 的高温情况

（a）300℃下情况；（b）500℃下情况

由于纤维使 UHPC 获得了抵抗火灾的能力，UHPC 可以在火灾发生时，保证一定时间内建筑物具有足够的结构安全性，为建筑内部人员提供足够的逃生时间。

第六节　多功能绿色混凝土生产技术

一、原材料控制

原材料的质量控制是混凝土生产企业最为重要的环节，原材料的稳定性将直接影响企业的产能和产品质量，混凝土作为一种合格率要求达到100％的产品，原材料质量必须要得到严格的控制。

（一）骨料质量控制

1. 骨料产地选择

在选择骨料厂家时，应对其生产场地进行考察，满足以下条件者，可以视为优秀的供应商：

（1）材料厂家生产的骨料可以满足多功能绿色混凝土的配制。

（2）矿山（或砂源地）杂质含量少，大部分矿物材料性能均一。

（3）生产设备铭牌完整，生产线运转正常。

（4）生产场地规划良好，不同级配的产品不会堆放混乱。

（5）具有良好的生产管理制度。

（6）产能充足。

（7）有泥沙、粉尘冲洗设备。

（8）运输路线畅通。

2. 骨料质量检测

骨料应建立快速检验流程，并完善常规试验，建立材料试验记录，具体应包括以下内容：

（1）建立原材料试验档案。

（2）砂、石料进场应有质量证明文件，包括产品合格证、出厂检验报告等。

（3）材料入场前必须进行快速检验，合格后方可允许材料入库，同时进行取样、留样。

（4）按批对其颗粒级配、含泥量、泥块含量、针片状颗粒含量、表观密度、堆积密度、紧密密度、压碎指标值进行复验。砂进场应按批对其颗粒级配、细度模数、含泥量和泥块含量、表观密度、紧密密度、堆积密度进行复验，氯离子、贝壳含量每周抽检一次。

（5）在混凝土生产中，时刻监控原材料变化，一般情况下，12h对原材料含水率、含泥量进行一次检查，必要时4h进行一次检查。

3. 骨料的储存

在生产混凝土时，应重视材料在仓库的状态。砂石骨料到厂后，应保证其在性能稳定的状态下进入称量搅拌系统。因此，应设置以下措施：

（1）设置完善的砂石骨料仓库，并做大棚遮盖，避免雨水浇湿和强烈阳光蒸发，底部有排水设施，避免底部积水。

（2）为保证砂石的稳定性，到厂的砂石材料应存放 24h 以上后进行使用。

（3）砂石料仓严禁混仓，同一厂家、同一品种、同一规格材料应放置在一个仓类。

（4）尽量避免新旧材料混用。

（二）胶凝材料控制技术

1. 胶凝材料厂家选择

在选择水泥、矿粉、粉煤灰、微珠和硅粉厂家时，应尽量对其生产场地进行考察，满足以下条件者，可以视为优秀的供应商：

（1）材料厂家生产的胶凝材料可以满足多功能绿色混凝土的配制。

（2）产能充足，生产能力大。

（3）生产设备铭牌完整，生产线运转正常。

（4）具有良好的生产管理制度。

（5）运输路线畅通。

（6）必要时，厂家有粉料降温设备。

2. 胶凝材料质量检测

应建立快速检验流程，并完善常规试验，建立材料试验记录，具体应包括以下内容：

（1）建立原材料试验档案。

（2）材料进场应有质量证明文件，包括产品合格证、出厂检验报告等。

（3）材料入场前必须进行快速检验，合格后方可允许材料入库，同时进行取样、留样。

（4）根据不同胶凝材料的相关技术指标进行材料复检。

3. 胶凝材料的储存

在生产混凝土时，应重视材料在仓库的温度。胶凝材料到厂后，应保证其在性能稳定的状态下进入称量搅拌系统。因此，应设置以下措施：

（1）应设置完善中转料罐。

（2）为保证混凝土生产的品质，胶凝材料应在温度降低到一定程度后方可使用，一般情况下，水泥使用前温度不应高于 70℃，矿粉和粉煤灰使用前温度不应高于 50℃。

（3）严禁混罐，同一厂家、同一品种、同一规格材料应放置在一个料仓罐内。

（三）外加剂原材料控制

1. 外加剂厂家选择

在选择外加剂厂家时，应尽量对其生产场地进行考察，满足以下条件者，可以视为优秀的供应商：

（1）材料厂家生产的外加剂可以满足多功能绿色混凝土的配制。

（2）产能充足，生产能力大。

（3）生产设备铭牌完整，生产线运转正常。

（4）具有良好的生产管理制度。

（5）运输路线畅通。

（6）厂家应有售后技术服务人员跟踪产品质量。

2. 外加剂质量检测

应建立快速检验流程，并完善常规试验，建立材料试验记录，具体应包括以下内容：

（1）建立原材料试验档案。

（2）外加剂进场应有质量证明文件，包括产品说明书、合格证、出厂检验报告等。

（3）材料入场前必须进行快速检验，合格后方可允许材料入库，同时进行取样、留样。

（4）在材料使用前，进行系统检验。

3. 外加剂的储存

不同种类的外加剂产品严禁混罐，聚羧酸外加剂必须单独存放在洁净的罐子中，应在外加剂罐中设置搅拌装置，起均化作用。

4. 原材料抽样频率

原材料抽样频率如表 3-52 所示。

原材料抽样频率 表 3-52

名称	进场方式	检验项目		抽检频率
水泥	船运 2500t/船	1.1	强度	1 次/400t
		1.2	标准稠度用水量	1 次/400t
		1.3	凝结时间	1 次/400t
		1.4	安定性	1 次/400t
粉煤灰	船运 2000t/船	2.1	活性指数	1 次/300t
		2.2	需水量比	1 次/300t
		2.3	细度	1 次/300t
		2.4	游离氧化钙	1 次/300t
		2.5	三氧化硫	1 次/300t
矿渣粉	车运	3.1	活性指数	每车
		3.2	流动度比	每车
		3.3	细度	每车
沸石粉	车运	4.1	活性指数	每车
		4.2	需水量比	每车
微珠	船运 1500t/船	5.1	活性指数	1 次/200t
		5.2	需水量比	1 次/200t
外加剂	车运	6.1	固含量	每车
		6.2	减水率	每车
		6.3	水泥净浆流动度试验	每车
		6.4	凝结时间	每车
砂	船运 2500m³/船	7.1	密度	1 次/500m³
		7.2	细度模数	1 次/500m³
		7.3	含泥量、泥块含量	1 次/500m³
		7.4	杂质及有机物含量	1 次/500m³

续表

名称	进场方式	检验项目		抽检频率
石	船运 3000m³/船	8.1	表观密度	1 次/500m³
		8.2	压碎值指标	1 次/500m³
		8.3	颗粒级配	1 次/500m³
		8.4	含泥量及石粉含量	1 次/500m³
膨胀剂	船运 500t/船	9.1	强度	100t/次
		9.2	膨胀收缩率	1 次/100t
水	自来水管	10.1	pH 值	半年/次
		10.2	Cl^- 含量	半年/次
		10.3	SO_4^{2-} 含量	半年/次

二、生产设备

称量系统和搅拌系统是商品混凝土搅拌站的核心设备，选择快速、高效的生产设备，可以提高产能，满足施工现场的混凝土需要。

（一）称量系统

称量系统由料仓、传输机构、称量机构三部分组成。通过微机电脑控制，完成物料的运输、称量和投料。商品混凝土搅拌站根据设备特点，在大量生产经验的基础上，通过调整称量精度、料仓开闭门时间，控制粉料称量精确程度。

（二）搅拌系统

混凝土强度越高，胶凝材料用量较多，且使用聚羧酸高效减水剂，其需经过充分搅拌，才能更好地发挥其减水分散作用。因此，搅拌设备必须能使混凝土充分搅拌均匀，合作单位为此选择两台由中联重科生产的双螺旋卧式搅拌机，搅拌叶片比普通双卧轴搅拌机多一倍以上，外圈螺带推动物料在桶内形成沸腾状态的料流，内圈铲片进行径向剪切，两者结合在短时间内对物料实现剧烈而充分的拌合。经过国家建筑城建机械质量监督检测中心检测鉴定：对于普通混凝土，搅拌时间只需 20s 就能达到匀质状态，比普通搅拌机实际效率提高 20% 以上；对于高性能混凝土，搅拌时间也只需 35s，比普通搅拌机实际效率提高 50% 以上。而且其投料设置为：先搅砂浆、加入碎石进行混凝土搅拌。

（三）其他设备

为确保工程温度控制需要，商品混凝土搅拌站内配备了冰水池及冰屑加工系统。冰水池特采用双层钢板及保温棉密封。冰水的制取则是将冰块投入储水池中，并用泵进行循环泵水，使冰块迅速溶解，根据气温、材料温度等情况控制冰水温度。经实践经验证明，冰水池温度最低可降至 8℃ 左右，以满足混凝土入模温度要求。后为了更好地控制混凝土的出机温度，又加装了 80kW 的制冰机，该制冰机每小时可生产冰片 1000kg，而且有一个

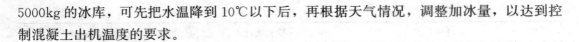

5000kg 的冰库，可先把水温降到 10℃ 以下后，再根据天气情况，调整加冰量，以达到控制混凝土出机温度的要求。

三、生产工艺

根据多功能绿色混凝土的性能要求，除按照常规生产工艺生产混凝土外，还设计了一些特殊工艺。

（一）常规工艺设计

（1）首先对搅拌主机中的搅拌刀与衬板之间的间隙进行调整，确保搅拌混凝土料时的有效性。

（2）在生产之前先对骨料称、粉料称、包括减水剂称和水称，先进行有效性的检验调校，确保配料时的准确性，使其计量误差处允许范围内，其原材料计量误差如表 3-53 所示。

混凝土原材料计量允许偏差　　　　　　　　　　表 3-53

原材料品种	水泥	集料	水	外加剂	掺合料
每盘计量允许偏差（%）	±2	±3	±2	±2	±2
累计计量允许偏差（%）	±1	±2	±1	±1	±1

① 投料生产之前先配制一定量的干料砂浆，将搅拌机罐体中多余的水分用干料砂浆吸收，然后将砂浆放掉。

② 粗细骨料上库前必须准确地测量含水率，严格根据粗细骨料含水率的变化进行相关参数设置。

③ 生产前先确认配比的输入以及配比的调用，确认无误后再进入投料阶段。

④ 严格按照以下搅拌工艺生产，搅拌充分、均匀，保证每盘混凝土搅拌时间不少于 240s。

（二）特殊工艺研究

除了常规工艺外，多功能绿色混凝土还使用了一些特殊生产工艺。

1. 混凝土降温方法研究

混凝土的温度越高，水泥水化速度越快，水泥颗粒维持一定的动电电位时间越短，混凝土中游离水变为结合水的比例就越大。所以，新拌混凝土的温度越高，坍损越快；温度越低，坍损越慢。一般来讲，温度每上升 10℃ ，坍落度损失增大 10%～40%。通过大量的计算及试验结果表明，各原材料温度及大气温度对混凝土出机温度影响如下（假设降温度幅度为 10℃ ，单位为℃），如表 3-54 所示。

混凝土生产中各因素降温对混凝土降温的影响　　　　　　　　表 3-54

各因素	水泥	碎石	砂	粉煤灰	水	大气
混凝土降温（℃）	1.1	3.2	2.0	0.4	2.0	8.7

为保证浇筑质量，避免高温对混凝土产生不利影响，要求混凝土入模温度控制在

32℃以下，为实现此目标，进行了多种技术手段的研究：

（1）拌合水冷却：

根据资料研究，降低拌合用水的温度是控制混凝土出机温度的最佳方案，使用冰块制冷的方法，将混凝土拌合用水降温至8℃左右。通过对比试验，在夏季气温达到33～35℃的炎热环境下施工时，新拌混凝土出机温度可较气温下降1～2℃。

（2）骨料喷淋冷却：

通过对骨料进行喷淋，以降低骨料温度，实现降低混凝土温度。但考虑到这一手段资源能耗高，效率低，且可能对多功能绿色混凝土的质量产生不可控影响，故没有使用。

（3）胶凝材料冷却：

通过控制水泥、矿粉等材料的搅拌温度，来实现降低混凝土温度。尽可能地使用河道运输胶凝材料，使其在运输过程中自然降温，到达商品混凝土搅拌站后，先装入中转仓库，进一步降温后再进入生产线生产。而一般的陆地粉料罐车运输的水泥等材料，散热过程不如水运，且经过多次气泵转移，粉体间的摩擦导致粉体的温度不会下降。

经过研究和成本分析，确定了胶凝材料进入生产线前的最高温度：水泥不超过70℃，其他粉体不超过50℃。

（4）冰屑的应用：

为了进一步控制温度，在砂中掺入冰屑。通过安装制冰设备，并将制得的冰进行破碎，形成冰屑。冰屑通过称量与细骨料，可以进一步地降低混凝土的温度。商品混凝土搅拌站以冰水和冰屑方法进行降温，并研究了不同加冰量对混凝土出机温度的影响。混凝土加冰量对混凝土降温的影响如表3-55所示。

混凝土加冰量对混凝土降温的影响　　　　　　　　　　　　　表3-55

加冰量（占总用水量）	10%	15%	25%	35%	45%	50%	60%	100%
混凝土降温（℃）	0.5	1.0	2.3	3.5	4.3	5.2	6.1	10

通过这些技术手段，在夏季气温达到33～35℃气温的炎热环境下施生产工时，新拌混凝土出机温度可控制在27～29℃。

2. 外加剂掺入工艺研究

按照掺入时间，混凝土外加剂有先掺法、同掺法、后掺法、分次掺入法。

（1）先掺法：粉剂外加剂与水泥混合，再加集料与水搅拌称为先掺法。该法有利于外加剂的分散，减少集料对外加剂的吸附量，适用于固体外加剂。

（2）同掺法：固体外加剂与混凝土材料一起倒入搅拌机搅拌，或液体外加剂与水混合，然后与其他材料一起拌合。此方法混凝土在一开始水化时就有外加剂介入，立即被水泥颗粒表面吸附，从而迅速降低了液相中的浓度。

（3）后掺法：混凝土加水搅拌一些时间后（水泥水化反应进行一段时间后），再加入外加剂进一步搅拌，保持了混凝土液相中的外加剂浓度不会很快降低。

（4）分次掺入法：混凝土搅拌过程中或运输途中分几次将外加剂加入混凝土中，使混凝土液相中的外加剂浓度保持在一定水平。

　　同条件下，后掺法，分次加入法对减少拌合物坍落度损失效果较好，并可降低减水剂的掺量，特别是对水泥矿物铝酸三钙，铁铝酸四钙含量高且新鲜水泥效果最明显。水泥矿物对减水剂的吸附作用从大到小排列顺序：C3A＞C4AF＞C3S＞C2S。以上顺序与水泥水化顺序相同，采用后掺法或分次加入法，就可以在铝酸三钙，铁铝酸四钙已经水化，对减水剂吸附能力下降时，减水剂才进入，使溶液中保持有足够减水剂，因而减水剂对水泥适应性得到改善。

　　在生产过程中，考虑到搅拌机功率和设备运行稳定性和损耗，技术难度最低、设备损耗程度最低的外加剂掺入方法是液体外加剂的同掺法和固体外加剂的先掺法。后掺法在机械化生产时可能存在投料不准的缺点，外加剂在掺入前，拌合物黏度过大，对生产设备的磨损也较大。分次掺入法在进行混凝土大量生产时，影响效率，质量控制难度大，也不利于进行机械化的生产。

四、运输工艺

　　多功能绿色混凝土在运输上，可以使用常规混凝土商品混凝土搅拌站输送方式：使用混凝土罐车运送，不需要增加额外的辅助设备。

　　在研究初期，为了控制混凝土的浇筑温度，在混凝土罐车上安装了液氮冷却设备，但价格高昂，性价比不足，后期研究中，通过对混凝土的出厂温度进行控制后，即可确保浇筑和入模温度。

　　多功能绿色混凝土的运输制度如下：

　　(1) 高强高性能混凝土应使用搅拌运输车运送，运输车装料前应将筒内积水排净。

　　(2) 运输过程中，严禁加水及任何其他物质。

　　(3) 遇到雨水天气，应做好防护，防止雨水流入料鼓内。

　　(4) 搅拌运输车到现场应高速旋转 20～30s，再将混凝土拌合物喂入泵车受料斗。

　　(5) 高强高性能混凝土从搅拌结束运送到施工现场的时间不宜超过 60min，否则不予收货。

第七节　多功能绿色混凝土施工技术

一、超高（400m 以上）泵送施工技术

　　超高层建筑施工过程中，混凝土的泵送是确保工程建设顺利进行的主要保障。由于超高层建筑混凝土的浇筑一般均存在立面多层交替穿插施工的现象。因此，超高层混凝土的施工一般都为连续施工。超高泵送主要的特点是泵送线路长、泵送压力大、输送泵连续运作时间长等特点。通过对超高泵送影响因素及原因进行分析，总结了主要的解决措施，如表 3-56 所示。

超高泵送原因分析及解决措施　　　　　　　　　　　　　　表 3-56

序号	超高泵送影响因素	原因分析	主要解决措施
1	高性能混凝土的可泵性	一般情况下,高性能混凝土(C50 以上)的强度等级越高其黏度越大,黏度大导致其流动性差,泵送时需要很大的压力克服管道摩擦阻力	降低高性能混凝土的黏度提高其流动性,提高高性能混凝土的可泵性,选择出口压力较高的输送泵
2	高性能混凝土的泵送压力损失	对普通混凝土泵送压力损失的测算,可按《混凝土泵送施工技术规程》(JGJ/T 10—95)推荐的计算方法。我国目前没有能权威地确定与高性能混凝土泵送压力损失有关的黏着系数 K_1 和速度系数 K_2。高性能混凝土的泵送压力损失只能依据各单位的施工经验数据	根据我司以往超高泵送的施工经验,采用规范计算公式和施工经验数据对泵送压力损失进行综合考虑。同时在选择泵送设备时,应留有一定的泵送压力富余量
3	高性能混凝土在高压状态下的泌水	C50 以上高性能混凝土的黏度大流动性差,长距离或超高泵送高性能混凝土需要的压力很大。当混凝土压力超过 30MPa,泌水现象的程度加重,严重时混凝土离析,混凝土质量下降,且易造成堵管	完善混凝土的配比,增加混凝土的可泵性,泵送过程控制好混凝土单位时间的浇筑量和泵送压力,尽量使混凝土在低压状态下进行泵送
4	超高压混凝土泵的易损件	高性能混凝土一般都添加了超细矿粉和硅粉,因此高性能混凝土对泵送设备有很强的磨损性,压力越高泵送设备易损件的寿命越短	采用 $\phi125$ 壁厚为 7～12mm 的 45Mn2 合金钢特制耐磨超高压管道,经特殊淬火处理,增加管道的抗爆能力和耐磨损寿命
5	混凝土泵送堵管	混凝土泵送堵管的机理是管道内壁表面失去了水泥浆膜。在混凝土骨料级配正常时,堵管的直接原因是混凝土在管道内发生离析。堵管一旦发生即使泵送压力再大也无法排除	控制混凝土坍落度在 220～260mm 范围内,浇筑前先打同组分的 1:1 水泥砂浆,浇筑完成后对泵管进行彻底的清洗

（一）泵送管道设计与固定

混凝土泵送管道由水平管、竖管、弯管等组成,为了减低管道内的混凝土对泵送设备的背压冲击,混凝土管道的布设应遵循以下原则:

（1）地面水平管的长度应大于垂直高度的 1/4。

（2）在地面水平管道上应布置截止阀。

（3）在相应楼层,垂直管道布置中应设有弯道。

1. 泵管材质要求

超高压泵送中,混凝土输送管是一个非常重要的因素。对于在使用 C60 以上的高强高性能混凝土时,黏度非常大,泵送高度高,泵送压力大,混凝土输送管采用 45Mn2 钢,调质后内表面高频淬火,硬度可达 HRC45～55,寿命比普通管可提高 3～5 倍。弯管采用耐磨铸钢。

高层泵送时输送管道冲击大、压力高,从泵出料口到高度 200m 楼层之间采用壁厚达 12mm 的高强耐磨输送管。高度 200m 以上采用 10mm、400m 以上采用 7mm 壁厚的高强耐磨输送管,平面浇筑和布料机采用 $\phi125B$ 耐磨输送管。使用过程中应经常检查管道的磨损情况,及时更换已经磨损的管道。

（1）直管：

管道均采用合金钢耐磨管。

从泵出料口到高度 300m 楼层之间采用 12mm 厚高强度耐磨的 125AG 混凝土输送管如图 3-34 所示，使用寿命约 8 万 m³。

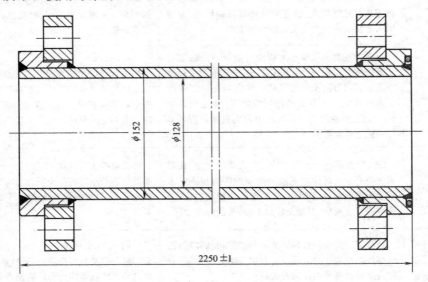

图 3-34　300m 以下混凝土泵管

高度 300m 以上采用 10mm 厚高强度耐磨 125AG 混凝土输送管如图 3-35 所示，使用寿命约 7 万 m³。

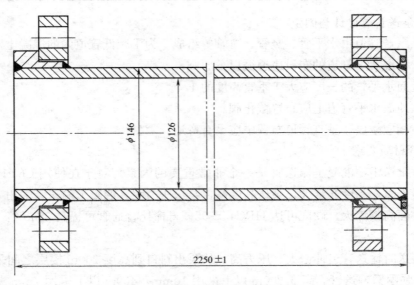

图 3-35　300m 以上混凝土泵管

平面浇筑和布料机采用 125B 耐磨混凝土输送管如图 3-36 所示，使用寿命约 2 万 m³。

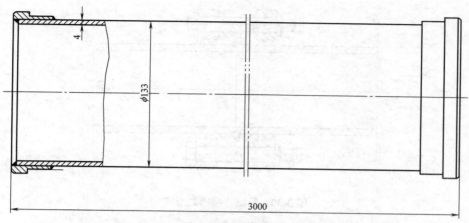

图 3-36 平面浇筑和布料机混凝土输送管设计

（2）弯管：

采用耐磨铸钢，半径为 1m、厚度不小于 12mm 的弯管，如图 3-37 所示。

平面浇筑和布料机采用 125B 耐磨铸造弯管，如图 3-38 所示。

（3）管道连接密封形式：

施工中，超高压和高压耐磨管道需承受很高的压力，安装好后不用经常拆装，采用强度更好的螺栓连接，采用 O 形圈端面密封形式。可耐 100MPa 的高压，并有很好的密封性能，如图 3-39 所示。

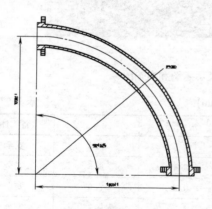

图 3-37 耐磨铸钢弯管

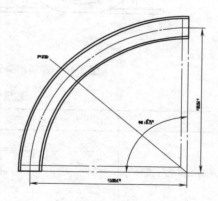

图 3-38 耐磨铸造弯管

普通耐磨管道承受的压力低，需经常拆装，采用外箍式，装拆方便，如图 3-40 所示。

2. 超高压耐磨管道验算

依据薄壁缸筒理论计算：

超高压耐磨管道，外径×壁厚 $\phi152×12$，内径 $d=\phi128$。

高压耐磨管道，外径×壁厚 $\phi146×10$，内径 $d=\phi126$。

普通耐磨管道，外径×壁厚 $\phi133×4$，内径 $d=\phi125$。

材质 45Mn2 钢，$\sigma_b=8850$，$\{\sigma\}=\sigma_b/n$，$\delta=p×d/2×\{\sigma\}$，计算结果如表 3-57 所示。

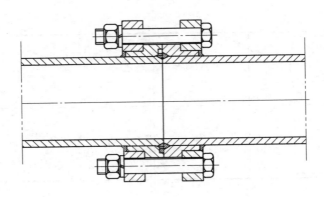

图 3-39　管道连接密封形式

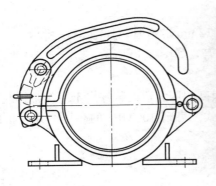

图 3-40　普通耐磨管道连接管夹示意图和实拍图

输送管壁厚 δ（mm）　　　　　　　　　　　　　　　　　　表 3-57

	工作压力 p(bar)	安全系数 n=2	n=2.5	n=3	备　注
超高压耐磨管道	250	3.6	4.5	5.4	安全
	300	4.3	5.4	6.5	安全
	350	5.1	6.3	7.6	安全
	400	5.8	7.2	8.7	安全
高压耐磨管道	250	3.5	4.4	5.2	安全
	300	4.2	5.3	6.4	安全
	350	5.0	6.2	7.5	安全
	400	5.7	7.1	8.6	安全
普通耐磨管道	100	1.4	1.76	2.1	安全

3. 自爬式泵管支架

在实践研究中，遇到过因建筑结构的特殊性，在钢平台模板与已浇筑混凝土的核心筒之间有一段23m的悬空段,即在这段距离,混凝土输送管没有支撑附着。为了保证施工速度,借鉴了建筑起重机械的塔机自爬升机理,并成功地将这一技术应用于西塔混凝土输送管自爬升的支撑桁架。爬升步距为4500和3375的公约数,即562.5mm。混凝土泵管依附在桁架上,可随桁架的自动爬升增加泵管的长度,如图3-41和图3-42所示。

4. 管道截止阀

每条泵送管路应设置2个液压截止阀,如图3-43所示。其主要有两个作用:①泵出口10m左右处安放一个,用于停机时泵机故障的处理,当运行一段时间后,眼镜板、切割环等磨损后便于保养和维修以及管路的清洗和拆卸;②在水平至垂直上升处安放一个,以减少停机时垂直混凝土回流压力的冲击。

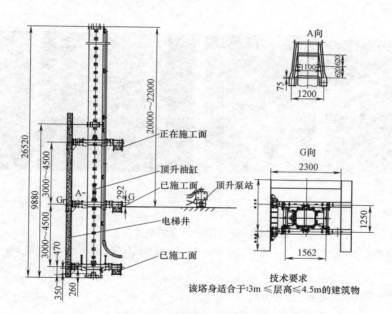

图3-41　混凝土泵管支撑桁架结构图

图3-42　混凝土泵管支撑桁架照片

图 3-43 泵送管液压截止阀

5. 管道的固定

垂直管道可随电梯井或穿越楼面布设，每两节混凝土输送管至少用一个固定管夹固定，固定管夹可用地脚螺栓固定于墙体或混凝土墩上。图 3-44（a）、（b）、（c）分别为直管、弯管支撑及竖管的固定示意图，图 3-44（d）是楼层上的混凝土弯管支撑固定实拍图。

（二）泵送设备的选择

1. 设备要求

  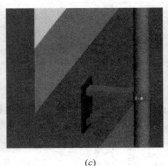 

（a）   （b）   （c）   （d）

图 3-44 管道固定示意图和实物图

（a）水平直管的固定三维图；（b）弯管支撑三维图；（c）竖管的固定三维图；（d）弯管支撑实物图

（1）混凝土浇筑高度超过 400m。

（2）混凝土强度等级涵盖 C35～C120。

（3）每小时每台混凝土输送泵输送方量不小于 40m³。

2. 设备选型

在进行超高层泵送施工时，选择使用合作研制的 HBT90.40.572RS 超高压混凝土泵，其技术参数如表 3-58 所示。

泵机技术参数   表 3-58

技术参数	单位	HBT90.40.572RS
混凝土最大理论方量（低压/高压）	m³/h	91/49
最大理论出口压力（低压/高压）	MPa	20/40
最大理论出口压力时方量（低压/高压）	m³	77/41
混凝土缸直径/行程	mm	$\phi180 \times 2100$
主油缸直径/行程	mm	$\phi200 \times \phi140 \times 2100$
主油泵型号		2-A11VLO260

续表

技术参数	单位	HBT90.40.572RS
发动机(功率)/转速	kW/rpm	(286＋286)/2100
整机质量	kg	≤14000

该泵送设备具有以下特点：

（1）方量大、压力高。在国内率先运用"增压传动"的设计理念，即通过32MPa的液压系统压力实现40MPa的混凝土推送力。

（2）高可靠性。连续泵送作业，工作时间长，混凝土泵的可靠性显得尤为重要，原装进口的液压件、电气元件性能优越，为设备的可靠性提供了保证。

（3）行业内首家将GPS远程监控系统用于混凝土泵，实现总部、现场两地共同实时跟踪、记录设备施工状态，为专家和工程管理者同时准确掌握设备运行状态提供了快捷平台，提高了解决问题的效率。

（4）双动力合流技术。两台286kW原装进口德国道义次柴油机动力系统分别驱动两套双泵双回路系统，两套系统既可以单独工作，也可以合流同时工作。当泵送施工混凝土标号低，需要压力小时，可只采用一台发动机工作，节约柴油；当混凝土标号高，需要大功率时，可采用双发动机。

（5）采用了专为超高压泵设计的加强型料斗，使得料斗在重载、高冲击下变形小，保证了料斗的使用性能和高寿命。

（6）混凝土泵的眼镜板，切割环应该在低磨损下使用，才能够确实保证良好的泵送状态，降低堵管现象的发生。采用独特工艺的硬质合金眼镜板和切割环超强耐磨，延长易损件的使用寿命。

（7）采用电控降排量技术。在S阀换向之前减小液压泵主泵的输出流量，能有效减小换向冲击，减小在换向瞬间管道内高压混凝土对活塞等易损件的射流，能有效增加易损件寿命。

（8）增大摆动油缸面积，采用双作用缸换向技术，即在S阀换向时，两个摆动油缸同时有压力油。这两项改进提高了摆动油缸力矩，成功避免了混凝土性能下降的情况下，S阀所受推力小而不到位的现象。与此同时，新型分配缓冲专利技术，既确保了大的摆动力矩，又极大地降低摆动冲击。提高了S管花键轴的使用寿命。

（9）润滑系统采用拥有专利技术的集中自动润滑系统，这种柱塞式浓油泵的压力高，工作可靠，可实现混凝土活塞自动润滑。在润滑泵吸油口和出口处均安装有过滤器，双重保护，润滑更可靠。

（10）双柴油发动机系统功率大，液压系统流量高，采用风冷与水冷结合的强制散热器装置，确保液压系统的工作油温控制在正常范围之内，保障主机液压系统处于正常的工作状态，延长液压件的使用时间。

3. 设备选择依据

以垂直泵送管道总高度450m，水平泵送管道长度150m进行计算。根据《混凝土泵送施工技术规程》（JGJ/T 10—2011）推荐的计算方法，选择较高压力损失计算的

S. Morinaga 公式：

$$\Delta P_H = \frac{2}{r}\left[K_1 + K_2\left(1 + \frac{t_2}{t_1}\right)V\right]\alpha$$

可得出换算每米水平管道的压力损失。

式中　　r——输送管半径，0.0625（m）；

　　　　K_1——黏着系数，$(3.0 - 0.10S_1) \times 10^2$（Pa）；

　　　　K_2——速度系数，$(4.0 - 0.10S_1) \times 10^2$ [Pa/(m·s)]；

　　t_2/t_1——分配阀切换时间与活塞推压混凝土时间之比，取 0.2；

　　　　V——混凝土在输送管内平均流速（m/s）；

　　　　α——混凝土径向压力与轴向压力之比，$\alpha = 0.9$。

根据上述公式可计算出：$\Delta P_H = 0.01$MPa/m（换算每米水平管道压力损失）。

初步计算，垂直高度 450（m）×4×0.01＝18MPa，水平管道 150m×0.01＝1.5MPa。

考虑混凝土较恶劣的情况下，混凝土泵的出口压力 $P > 18 + 1.5 = 19.5$MPa。

又根据输送方量要求，P 在大于 20MPa 时，输送量必须大于 45m³/h。

根据初步计算结果和混凝土泵泵送性能数据：在选择 HBT90.40.572RS 超高压混凝土泵时，其出口压力 $P_{max} = 40$MPa＞20MPa，在 20MPa 时输送量 $Q_h = 76$m³/h＞45m³/h，所以泵送能力足够满足要求。

（三）超高泵送的泵送压力

1. 泵送阻力的测算

混凝土压力 P ＝泵管沿程压力损失 A ＋垂直泵管因重力引起的压力损失 B。

垂直泵管因重力引起的压力损失 B ＝ 垂直泵管长度 h ×混凝土密度 ρ ×重力加速度 g。

每米泵管沿程压力损失 ΔA ＝泵管沿程压力损失 A ÷泵管换算总长度 L。

每米垂直泵管压力损失 ΔB ＝每米泵管沿程压力损失 ΔA ＋每米垂直泵管因重力引起的压力损失 ρg。

每米垂直泵管因重力引起的压力损失 $\rho g = 2500 \times 10 = 0.025$（MPa/m）。$\rho$ 为混凝土密度，取 2.5；g 为重力加速度，取 10。

混凝土压力 P 包含了混凝土的级配和黏度因数，也包含了混凝土移动的速度因素。

泵管沿程压力损失 A 是包括直管、弯管、布料机管道等整条泵管产生的压力损失，可视为水平管压力损失。

由泵送记录表可知浇筑时的混凝土压力 P。

2. 多功能绿色混凝土在超高泵送中的实测结果归纳

对普通混凝土的泵送压力损失的测算，可按《混凝土泵送施工技术规程》（JGJ/T 10—95）推荐的计算方法。但《混凝土泵送施工技术规程》不适用于高强混凝土，主要是 C50 以上混凝土强度等级越高，拌合物黏性越大，泵送过程中的压力损失越大。通过在西塔、京基等实践研究中积累下来的大量高性能、超高混凝土施工数据，归纳了不同强度等级的混凝土的压力损失情况，相关数据如表 3-59 所示。

不同等级混凝土压力损失测算平均值归纳表 表 3-59

混凝土强度等级	换算每米水平管道沿程压力损失最大值 ΔA_{max}（MPa/m）	换算每米水平管道沿程压力损失最小值 ΔA_{min}（MPa/m）	换算每米水平管道沿程压力损失平均值 ΔA（MPa/m）	每米垂直管道压力损失最大值 ΔB_{max}（MPa/m）	每米垂直管道压力损失最小值 ΔB_{min}（MPa/m）	每米垂直管道压力损失平均值 ΔB（MPa/m）
C120	0.018	0.008	0.013	0.048	0.035	0.041
C100	0.015	0.007	0.012	0.040	0.032	0.037
C90	0.030	0.019	0.0235	0.055	0.044	0.0485
C80	0.024	0.015	0.018	0.049	0.040	0.043
C70	0.027	0.019	0.022	0.052	0.044	0.047
C60	0.020	0.009	0.0155	0.050	0.034	0.0405
C50	0.028	0.017	0.023	0.053	0.042	0.048
C35	0.027	0.006	0.0135	0.052	0.031	0.0385

此外，混凝土在泵送时，和易性好，流动性良好，管道压力损失值 ΔP_H 可以降低很多。实际泵送时，降低活塞运动速度，泵送压力也会降低。

（四）多功能绿色混凝土超高泵送关键施工工艺

1. 噪声防护

通过设置噪声防护棚，降低生产时的噪声污染。噪声防护棚设计如图 3-45 所示，可将泵送过程中产生的噪声值降低至 87dB。

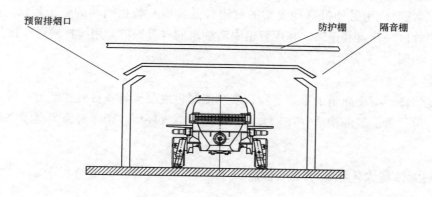

图 3-45　噪声防护棚

2. 混凝土泵送前设备准备工作

在混凝土泵送前，应对泵送设备和泵送管道进行润湿，根据管路长短，首先泵 1～2 料斗清水以润湿管路、料斗、混凝土缸。随后使用同配比砂浆进行润管工作。润湿用的清水和砂浆都不可随意处置，应泵入废浆箱，随后用塔吊吊回地面进行处理。

3. 混凝土泵送前的检查工作

为保证混凝土浇筑时现场不出现交通混乱现象，将对现场道路进行规划，混凝土浇筑时混凝土运输车按照预定的路线行驶，并设置专门的候车区。

混凝土到达泵机位置时，对混凝土的工作性能进行检查并留置现场试验试件，在确保性能满足设计要求后，方可进入泵送施工。

4. 泵送施工

开始泵送时泵机应处于低速运转状态，注意观察泵的压力和各部分工作情况，待顺利泵送后方可提高到正常运输速度。当混凝土泵送困难、泵的压力突然升高时会导致管路产生振动，可用槌敲击管路、找出堵塞的管段，采用正反泵点动处理或拆卸清理，经检查确认无堵塞后继续泵送，以免损坏泵机。

5. 混凝土浇筑施工

混凝土浇筑过程中应严格控制混凝土的坍落度、坍落度及混凝土的输送时间，以防混凝土产生离析。墙体混凝土分层进行浇筑，逐层振捣，确保混凝土浇筑质量；分层浇筑必须连续进行，严禁施工冷缝的出现；自密实混凝土浇筑时浇筑点应均布浇筑面，避免堆积。应对出泵位置的混凝土进行取样试验，并留置现场试件。

6. 管路清洗

当管路中残留混凝土能都用于施工现场时，停止供料。$\phi 125$ 输送管混凝土残留量约为 12.3L/m。泵送即将结束，可泵送 $2\sim3m^3$ 砂浆，将混凝土顶出，再泵水将砂浆顶出，清洗管道，砂浆泵入废浆箱内，并用塔吊调回地面。泵送结束后，任何情况下都应将混凝土缸、S 阀、料斗、输送管清洗干净。

7. 废浆处理

在完成管道清洗时，地面水平管的截止阀关闭，拆下泵送设备与管道截止阀之间的一节管道（或弯管），用另外带移动支架的管道，低矮端与截止阀端的管道连接，4.5m 高的一端为回放口，开启截止阀，利用管道中清洗水的自重回放，用搅拌输送车接受废水废渣并运走，如图 3-46 所示。

8. 混凝土养护

养护是保证混凝土质量的重要手段，多功能绿色混凝土具备自养护能力，可以省去了养护施工，但是若浇筑的构建存在较大面积暴露与空气环境，则需要覆盖薄膜以避免早期水分蒸发。

二、超大体量大体积地下室底板施工

超大体量的地下室是超高层、超长跨建筑的特有基础结构，为了保证施工质量，避免施工冷缝，对施工工艺有一定的要求。

（一）混凝土浇筑前准备布置工作

1. 混凝土输送泵需用台数计算

$$N = q_n / q_{max} \eta$$

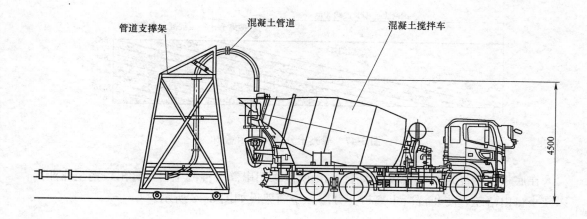

图 3-46　废水废渣回收示意

式中　q_n——混凝土浇筑数量（m³/h）；

　　q_{max}——混凝土输送泵车最大排量（m³/h）；

　　　η——泵车作业效率，取 1。一般另选 1 台汽车泵备用。

2. 混凝土搅拌运输车需用台数计算

$$n=q_m(60 \times l/v+t)/60Q$$

式中　q_m——泵车计划排量（m³/h），$q_m=q_{max}\eta\alpha$；

　　　Q——混凝土搅拌运输车容量；

　　　l——搅拌站到施工现场的往返距离；

　　　v——搅拌运输车车速；

　　　t——客观原因造成的停车时间；

另外还需考虑到设备故障及其他特殊情况，除要求混凝土泵的使用状况良好外，搅拌站需多配备 2～3 台备用搅拌运输车。

3. 泵管、混凝土输送泵布置及混凝土运输罐车行道路布置

底板混凝土浇筑一般具有一次浇筑方量大、连续不间断浇筑等特点，而大量的施工现场又都面临施工场地狭小、多专业、多作业面交叉施工等复杂工况，需提前结合场地特点及施工现场其他专业施工安排统一协调好底板混凝土浇筑期间的场地组织工作。

（二）混凝土浇筑施工工艺

1. 浇筑及振捣

底板混凝土浇筑方量较大，施工中应确保每台泵连续运转。每台泵在现场至少有两台罐车供料，确保混凝土连续施工。每个泵负责一定宽度范围的浇筑带。布料时，相互配合，平齐向前推进，以达到提高混凝土的泵送效果，确保上、下层混凝土的结合，防止混凝土浇筑时出现冷缝，如图 3-47 所示。

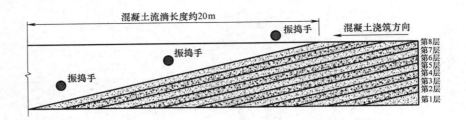

图 3-47 混凝土分层浇筑示意图

在底板初始浇筑时，当板厚大于 3m，所以采用串筒将混凝土自泵管出口送至作业面，以减小自由落差，防止混凝土离析、分层。串筒架设如图 3-48 所示。

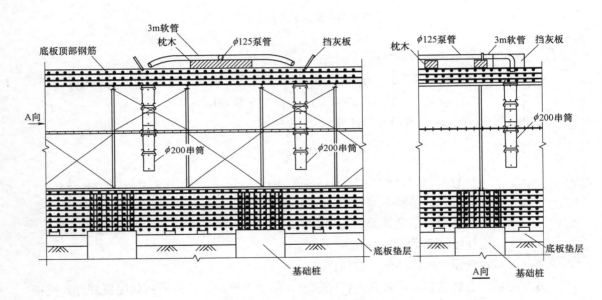

图 3-48 串筒架设示意图

浇筑方法采用"斜向分层，薄层浇筑，循序退浇，一次到底"连续施工的方法。为了保证每一处的混凝土在初凝前就被上一层新的混凝土覆盖，采用斜面分段分层踏步式浇捣方法，按 1∶6 坡度自然流淌，分层厚度不大于 500mm，分层浇捣使新混凝土沿斜坡流一次到顶，使混凝土充分散热，从而减少混凝土的热量，且混凝土振捣后产生的泌水沿浇灌混凝土斜坡排走，保证混凝土的质量。

2. 泵管加固措施

整个底板均采用混凝土固定泵浇筑。由于基坑较深，泵管必须阶梯形设置，防止堵管，泵管架需与基坑腰梁拉接以提高稳定性。为了避免泵管的振动影响底板钢筋的位置，泵管需架设在支设的钢管架上，如图 3-49 所示。

泵管接下基坑采用钢管架固定，在钢筋面上采用垫橡胶轮胎的措施，缓冲输送泵的冲

图 3-49　混凝土泵管竖向加固示意图

击力。

3. 混凝土浇捣时间的控制

根据超厚混凝土施工过程中的流淌铺摊面及收头等因素，根据混凝土的初凝时间控制在 T 以上，两层混凝土之间的浇筑时间差不得大于 $T-2h$。

4. 泌水处理

大流动性混凝土在浇筑和振捣过程中，必然会有游离水析出并顺混凝土坡面下流至坑底。为此，在基坑边设置集水坑，通过垫层找坡使泌水流至集水坑内，用小型潜水泵将过滤出的泌水排出坑外。同时在混凝土下料时，保持中间的混凝土高于四周边缘的混凝土，这样经振捣后，混凝土的泌水现象得到克服。当表面泌水消去后，用木抹子压一道，减少混凝土沉陷时出现沿钢筋的表面裂纹。

5. 表面处理

由于泵送混凝土表面水泥浆较厚，浇筑后须在混凝土初凝前用刮尺抹面和木抹子打平，可使上部骨料均匀沉降，以提高表面密实度，减少塑性收缩变形，控制混凝土表面龟裂，也可减少混凝土表面水分蒸发，闭合收水裂缝，促进混凝土养护。在终凝前再进行搓压，要求搓压三遍，最后一遍抹压要掌握好时间，以终凝前为准，终凝时间可用手压法把握。

（三）温度控制及养护

底板体量大，要求一次连续浇筑混凝土，浇筑后在混凝土硬化过程中释放大量水化热。混凝土内外温差增大，容易产生较高温度应力和收缩应力，处理不好会导致产生温度裂缝，危害结构使用性能。因此，对于塔楼底板大体积混凝土的测温监控成为东塔工程的难点之一，必须予以足够重视。

1. 混凝土测温

测温仪应选用埋入式传感器，在混凝土浇筑前预埋在底板的底板、表面及中心。

混凝土入模后，测温工作即行开始，需要测量以下各温度数值：

①大气温度；②混凝土入模温度；③混凝土表面温度及混凝土内各测温点的温度。

在测温表中，同时应准确记录测温点的编号，混凝土的浇筑日期和时间，测温的具体时间。以便进行数据分析。升温阶段（一般在浇筑后 72h 以内，具体以测温数据为准）每 2h 测量一次，降温阶段每 4h 测量一次。当混凝土内部最大温度与大气温度之差小于 25℃ 时，可以停止测温。

2. 混凝土养护

混凝土在浇筑完成接近初凝时，可在上部覆盖一层塑料薄膜，以保证混凝土早期水分散发不会太快。当混凝土达到初凝后，在上面覆盖 3 层麻袋（总厚度达到设计厚度），并在上表面覆盖 1 层塑料薄膜，以加强保温层的不透风性能，及防止雨水突然降临急剧降低混凝土表面的温度。

侧壁的养护主要采用模板带水养护。即在混凝土浇筑完成后，模板不予松动和拆除。对于无模板部位（如采用快易收口网的侧面部位），则需在外侧用铁钉钉上 1 至数层麻袋，以保证混凝土内外温差不大于 25℃ 为限。

养护层的厚度应根据混凝土测量的情况进行及时的调整，如内外部温差小于 15℃ 时，可以减少表面的覆盖层厚度，以加速散热，如内外部温差大于 25℃，就应该及时增加 1 层或数层麻袋，以保证混凝土安全。

为加快施工进度，在保证内外温差不超过 25℃ 时，混凝土浇筑 7d 后在天气晴朗的中午，可以掀开保温层进行放线等操作，完成后应及时覆盖。

（四）裂缝控制

一般地下室底板工程均属于典型的大体积混凝土，它具有厚度相对较厚，体积相对较大，整体性要求高，混凝土强度等级与抗渗等级较高的特点。因此，如何控制混凝土的内外温差、温度变形（应力）引起的裂缝，提高混凝土的抗渗、抗裂和抗侵蚀性能直接关系到工程的质量情况。

在施工工艺方面超大体量大体积地下室底板施工的裂缝控制需控制以下几个方面：

（1）混凝土浇筑后约 2h 进行二次振捣，二次压光，随裂随压。

（2）尽早覆盖薄膜养护，喷水喷雾保湿养护，防止剧烈表面失水干燥和剧烈降温，冬季重点保温。

（3）混凝土浇灌后的初凝时期，切忌松模浇水，使结构表面急剧降温，增加结构的温度应力。

（4）尽可能降低混凝土入模温度，入模最高温度控制在 35℃ 范围之内。混凝土采用斜向分层浇筑，并注意控制混凝土的振捣。

（五）跳仓法施工

跳仓法是一种避免后浇带施工的浇筑工艺。根据广州东塔实施经验，跳仓法具有如下几条优点：

（1）因仓间混凝土浇筑时间间隔短，施工缝处混凝土强度较低且垃圾杂物较少，易于清理及有利于仓体间混凝土的结合；后浇筑混凝土仓的钢筋尚未绑扎完成，便于清理施工缝。

（2）可将原设计后浇带分割成的"大块"再细分为较小的跳仓法"小块"，而"小块"可释放本身的大部分收缩变形，减少约束，避免了施工阶段所产生的收缩应力远大于混凝土材料抗拉应力而产生裂缝；经过 7～10d 后，再合拢连成整体，剩余的降温及收缩作用将由混凝土抗拉应变来抵抗，这样能较好地控制裂缝。

（3）跳仓法施工的关键是跳仓间隔浇筑，底板及侧墙钢筋、模板、混凝土均可"小块"分仓流水施工，流水节拍缩短从而可缩短工期。

第八节 实 施 效 果

本技术先后在广州西塔项目应用，先后对 333m 高度和 411m 高度楼层进行了 C100UHPC 和 C100UHP-SCC 泵送施工，后又在其 440.75m 直升机坪进行了 C100UHPC 和 C100UHP-SCC 超高泵送施工；在深圳京基 100 项目中，对其 316m 和 417m 高度的楼层进行了 C120UHPC 的超高泵送施工；在广州东塔项目中，使用 C80HPC 进行 B4～L68 外框巨柱施工，使用 C80 多功能绿色混凝土进行 L1～L30 核心筒双层劲性钢板剪力墙施工，并创下了 C120 多功能绿色混凝土超高泵送至 510m 的超高泵送纪录。上述工程项目超高性能混凝土超高泵送的新闻发布会情况如图 3-50 所示，施工现场情况分别如图 3-51～图 3-53 所示。

广州西塔是广州珠江新城六大标志性建筑之一，位于珠江新城西南部核心金融商务区，楼高 440.75m，结构采用新的套筒结构：钢管混凝土巨型斜交网格外筒，钢筋混凝土剪力墙内筒，以及连接内外筒钢-混凝土组合楼盖所组成，主塔楼 C60 及 C60 以上的高强高性能混凝土约 7 万 m^3，其中 C80 混凝土最高需泵送至 412m，C90 最高需泵送至 167m。

京基 100 位于深圳罗湖区蔡屋围金融中心，楼高 441.8m，是目前深圳第一高楼，采用钢结构框架-混凝土核心筒结构，外部由 16 根大截面箱形钢管混凝土柱组成，内部是矩形的混凝土核心筒，连接内外部结构的是钢-混凝土组合楼盖。该工程主体结构中剪力墙、钢管柱等竖向构件全部采用 C60、C70、C80 混凝土，总应用量约为 10.7 万 m^3，其中 C80 混凝土最高需泵送至 401.98m，C60 混凝土需泵送至 427.33m。

广州东塔目前设计高度 530m，位于广州珠江新城中轴线上。主塔楼主体结构由内部核心筒、外框筒 8 根巨柱、连接巨柱的 6 个空间环桁架以及 4 个伸臂桁架共同形成巨型框架加核心筒结构体系，首次将塔楼核心筒设计为双层劲性钢板墙，首层至 30 层双层劲性钢板内外皆浇筑 C80 高强度混凝土，68 层以下外框筒巨柱内皆灌注 C80 高强度混凝土。

在上述 HPC 大量应用的基础上，根据国内外混凝土配制及泵送技术的发展，结合各个项目部的工程条件和施工条件，进行研发和应用了超高层结构适用的多功能绿色混凝土及其施工技术。经过反复试配、研究，研制出了高强度、高耐久性、高泵送、低收缩性、低水化热、低水泥用量、自密实、自养护的多功能绿色混凝土，并成功实现了超 500m 的超高泵送。

图 3-50 广州西塔、深圳京基、广州东塔项目超高性能混凝土超高泵送新闻发布会

图 3-51 广州西塔项目超高性能混凝土   图 3-52 深圳京基项目超高性能混凝土（C120）

（C100）超高泵送（400m）施工现场   超高泵送（417m）混凝土出管见证现场

图 3-53 广州东塔项目超高性能混凝土（C120）超高泵送（500m）施工现场

第四章 垂直运输高效
施工关键技术与措施

第一节 垂直运输设备选型与管理

一、设备选型

对于超高层建筑施工，塔吊、施工电梯、混凝土输送泵等施工设备的选择与布置是整个项目实施保证措施的关键，其选择需综合考虑各方面因素。

（一）塔吊

1. 吊重分析确定型号

单件最大吊重是决定塔吊选择的最根本因素。应根据工程特点，准确分析最大单间吊重。如广州西塔项目在施工过程中，最大单件重量为外框钢结构 X 形节点，通过与设计充分的沟通协商，构件分节后最大单件重量为 64t，且需要塔吊最大 18m 工作半径范围内；再通过综合分析国内外同类工程经验及市场行情后，确定选择 M900D 塔吊。

2. 吊次需求分析确定数量

塔吊的吊运能力直接决定了工程的施工进度。应根据工程进度计划的要求，准确分析出塔吊的吊次需求，尤其是在超高层建筑中的钢结构工程或者含钢结构工程的施工。钢结构的吊次需求直接由结构的设计特点和根据塔吊最大吊重及吊装工艺特点而进行的构件分节决定。因此，在确定塔吊最大吊重能力后，为尽可能减少现场吊运次数、降低现场钢结构焊接工作量的前提下，满足其他工序（如安全操作防护、混凝土浇筑等）的作业方便，进而确定塔吊配置的数量。

另外，塔吊的数量还取决于结构形式。在超高层结构施工中，爬升式塔吊一般是首选，但爬升需要有能够支撑整个塔吊及相关荷载的支撑结构。在目前行业内，超高层建筑以筒中筒的结构形式为主，且更多地以混凝土核心筒加钢结构外筒的混合结构居多，而此类结构的工艺安排均需要混凝土核心筒单独领先一定高度施工，因此，塔吊受制于自由高度的限制宜附着在核心筒结构上为最佳。如此，核心筒的形状、尺寸、结构形式则直接限制了塔吊的设置位置，进而限制了塔吊数量的配置。如广州西塔项目在综合考虑上述因素后确定选择 3 台 M900D 塔吊。

3. 精确定位相关因素分析验证选型

除确定型号和数量以外，塔吊所要关注的就是精确定位，而精确定位需要考虑以下因素：

（1）塔吊的定位需能满足最重构件吊装的工作半径要求；

（2）需考虑塔吊的定位位置是否便于设置支撑结构；

（3）受力结构能否承受塔吊的相关荷载，是否需要进行较大的加固措施；

（4）是否便于塔吊爬升时支撑结构的周转；

（5）能否持续爬升到顶，中间是否需要转换；

（6）在完成主体结构施工后是否便于拆除；

（7）裙塔设置是否会相互影响；

（8）塔吊站位区域是否影响局部结构同步施工，后补该部位结构工作量是否过大，是否会对其他工序造成影响等。

通过对以上各种条件和因素进行综合考虑后，才能准确确定塔吊的型号、数量和定位。如在广州西塔项目中，塔吊定位考虑附着在核心筒三条短边以外，塔吊中心距离外墙面 5m，刚好可保证 18m 工作半径起吊 64t 的要求，且塔吊可持续爬升至 73 层后转换，如图 4-1 所示。

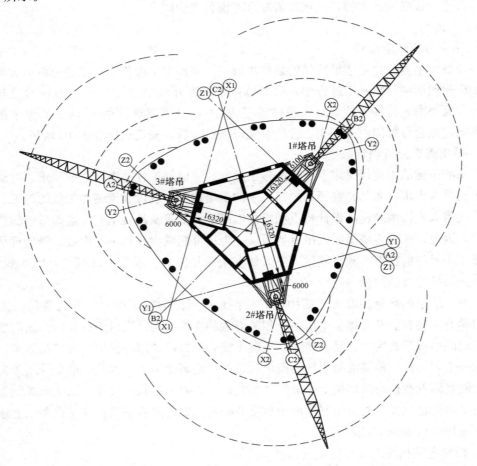

图 4-1　塔吊选型与定位示例

（二）施工电梯

施工电梯是施工过程中人员及小型材料运输的主要工具。但超高层建筑结构施工受到运输距离加长、运输功效降低等因素影响，且施工过程中具有电梯运输需求需持续至竣工之前、使用时间长、服务对象多等特点，所以，施工电梯的选择、布置及规划管理需要全面、系统地考虑。主要从以下几个方面因素进行考虑：

（1）首先超高层结构施工中电梯宜选用高速施工电梯以充分提高运输效率；

（2）施工电梯设置位置需根据不同的工程特点进行选择。对于外立面比较规则的结构可设置在结构体外，如此则对结构施工影响比较小，但会影响到幕墙或外立面的收尾工作；另外可以设置在核心筒与外框筒之间，考虑施工电梯穿楼板，如此则需后补较多楼层的楼板结构。这两种方式均对总体工期影响比较小，但二次施工的工作量比较大。除此之外，施工电梯可以利用核心筒内永久电梯井道或其他井道设置，此方法二次施工的工作内容比较少，但对正式电梯或占用井道的管线系统安装有比较大的影响，在后期施工电梯与正式电梯转换时，考虑到超高层高速正式电梯安装时间比较长，容易对总体工期产生比较大的影响，因此，若采用此种方式的话，可考虑中区及低区施工电梯在井道内布置，高区施工电梯原则上不宜占用任何井道空间。

（3）施工电梯配置需充分考虑减少因超高带来的功效降低，主要从以下几个方面考虑：

1）根据工程进度，按照高度的不同划分主要工作区，每个工作区内配置独立的施工电梯服务。

2）施工电梯最好能直达各个工作面，尤其是结构施工阶段最高工作面，受制于施工电梯自由高度限制，往往施工电梯只能达到爬升模板系统的底部，且在模板爬升与电梯加高之间存在时间差，即存在施工电梯服务盲点。

3）各区段电梯需根据工程进度，各工作面工作内容的变化，不断调整服务对象。

4）施工电梯与正式电梯转换时间段，往往是垂直运输需求的高峰期，对此阶段的运输安排需系统规划管理。

如在广州西塔项目结构施工中，综合考虑上述因素，在核心筒电梯井道内设置了10台特制高速施工电梯，其布置与使用规划分别如图4-2和图4-3所示。

（三）混凝土输送泵

作为结构施工中最大宗的材料，混凝土材料具有量大、面广的特点且具有非常强的时效约束性，选择工作压力大、能将混凝土一次性泵送至各个工作面的混凝土输送泵必然是首选。但是，超高层建筑结构施工中，混凝土材料因需要承受比较大的设计荷载而强度等级往往比较高，导致混凝土黏性大，泵送性能差。因此，混凝土输送泵在选择时，除了满足足够的泵送压力以外，还必须考虑相应的泵机控制系统、监控系统、泵管系统、相关泵送技术。泵送时，各个方面需做好充足的准备，以免在泵送过程中出现异常而处理不及时或不得当造成重大损失。

如在广州西塔项目结构施工中，项目部与中联重科联合开发了理论工作压力可达40MPa的 HBT90CH 泵机，泵机自身设置有 GPS 监控系统，选用 ϕ120 超高压耐磨泵管

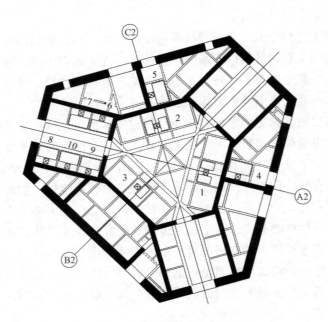

图 4-2 施工电梯选型与布置示例

及特殊抗暴管接头，现场配备了足够的配件及工程技术人员，对现场实施过程进行了全过程监控，保证了所有泵送工作的顺利完成。

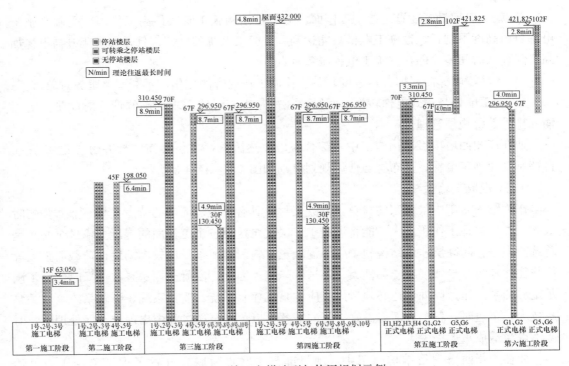

图 4-3 施工电梯选型与使用规划示例

二、设备管理

（一）主要管理难点

为了满足施工需要，超高层建筑在结构施工中一般选用的大型垂直运输设备都是比较先进的，部分甚至代表了施工设备领域最先进的技术。而这些先进性表现在两个方面：①设备本身的技术含量高，要求管理者要潜心研究，熟悉其结构及原理；②由于工程项目的唯一性，这些设备在安装方式、实施条件、使用环境等方面都是比较特殊的、新颖的。

（二）主要管理措施

（1）遵循"归口管理、三级监控；技术主导、安全优先；制度约束、奖罚对等"的二十四字设备管理方针。

"归口管理"是指将设备管理独立于其他专业单位和部门，一般隶属于总承包，属于总包管理范畴。这样的好处在于：①设备管理不受其他专业部门的约束，可以公平、合理地分配资源；②定人定岗，职责分明，有利于功过评判；③可以确保管理力量充足。

"三级监控"是指设备管理依次受部门经理、分管领导、项目经理的约束，下级对上级负责，且每一级均有自己监督的内容和权限。

"技术主导"和"安全保障"是相辅相成的，技术占主导地位可以确保设备的安全；没有安全这个前提，技术的先进性也是空谈。基于设备的特殊性和先进性，技术占主导地位可以保证所有的作业有核心、有依据，不会出现蛮干、瞎干的现象。

"安全优先"是指所有技术方案和制度均以安全为前提，实行一票否决制度，即任何人提出的安全要求，都必须引起高度重视，待查明后方可继续作业。

"制度约束"是指设备的所有工作，无论大小巨细，都必须有经审批的方案或作业指导书，任何作业必须按照既定的方案或作业指导书进行，不遵循该制度将被视为违规。在管理过程中，如经常遇到前所未有的问题，可制定专项制度。

"奖罚对等"是指激励和约束设备管理行为的奖惩制度及措施应相对公平。

（2）每台设备定人定机，指派管理人员分管，并要求管理人员必须实行旁站式监理。每台设备均建立单机档案，对管理中的所有过程文件记录归档，作为考核依据。每季度末实行评比，评出每季度的"红旗设备"，进行奖励，对表现最差的设备相关人员进行罚款，奖罚对等。考核主要依据单机档案，检查各项制度的落实情况。

（3）建章立制，规范行为。在项目初期，编制"大型垂直运输设备管理"的手册或实施方案，大到方案的评审、塔吊爬升验收、防台风措施、泵送流程，细到每日设备使用时间的分配、起吊钢丝绳每月使用的颜色、每日停机要点、操作人员行为规范，都应做出详尽的规定，形成规范性的指导意见。另外，在设备资产管理、设备经济管理、设备技术档案等方面可形成专项制度。通过以上制度的建立，使得设备从进场安装、安全操作使用、可持续运行、经济效益的掌控到设备的拆卸退场，都做到有章可循，有据可依。

（4）使用管理。为了提高设备的使用效率，合理分配资源，可实施每日设备使用申请制度：需要使用设备的单位每日 16：00 前将下一个工作日的使用需求提交给设备主管部门，设备主管部门根据施工任务的重要程度及现场实际情况，综合分析，对下一个工作日的设备使用时间做出明确的规定，设备操作人员按照使用时间分配单进行作业。如果出现使用单位窝工、不守时等现象，将被给予罚款或停工的处罚。该制度实施，可有效杜绝施工现场各使用单位为争夺使用时间而扯皮的现象。

（5）过程管理。过程管理采用重大工序联合验收制度。以塔吊爬升为例，为了确保整个爬升过程的安全，尤其是爬升支撑系统的验收、埋件定位预埋、牛腿焊接、支撑钢梁的安装校正定位、爬升等主要爬升环节的安全，可制定塔吊爬升联合验收制度，即每道分项工序的前后，组织有土建、塔吊安装、焊接、钢结构、质量、安全等部门人员参加的联合检查，并拍照留存。这种联合验收可以较为全面地掌握诸如安装定位精度、焊接质量、钢结构件加工质量等情况，杜绝安全隐患。

第二节　巨型自爬升塔吊快速拆装

一、巨型自爬升塔吊关键技术

巨型自爬升塔吊在超高层建筑结构施工应用中，其关键技术主要包括支撑爬体系的设计、高空转换、首部塔吊的安装、爬升规划、最后一部塔吊的拆除等。

（一）支撑爬升体系的设计

在当前超高层建筑结构施工中，由于受到施工场地的限制，塔吊一般设计安装附着在工程主体，此时，塔吊的支撑爬升体系应根据工程结构设计特点，充分利用结构主体进行设计。如若塔吊在布置位置需悬挑出墙面较大跨度来满足底部最重构件的吊装需要，可采用一端铰支一端斜拉的支撑体系，并最大限度地增大斜拉长度、减小斜拉杆竖向夹角，以

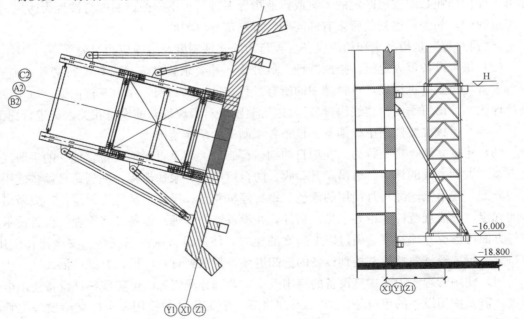

图 4-4　悬挑支撑体系设计示例

减少附加水平力对结构的影响，受力部位尽量远离洞口，并对洞口区域钢筋进行加密，斜拉杆设置调节装置，可微调斜拉长度，以调整安装误差引起的支撑体系水平度偏差。每个塔吊设置三套支撑机构，交替向上转运，并保持始终最少两套支撑体系约束塔吊，保证爬升和使用过程塔吊的稳定。其设计如图 4-4 所示。

如若遇到结构变层，由于上部附着墙体厚度变薄等原因，致使该部位墙体无法继续满足塔吊附着荷载，且结构承载力与塔吊附着力相差很远，进行结构加固需投入太大的成本，并会影响到各个工序的施工。因此，可考虑在变层处进行塔吊高空转换，转换后，塔吊附着在外扩筒内，支撑形式为两端墙体设置埋件牛腿，支撑体系两端铰支。其设计如图 4-5 所示。

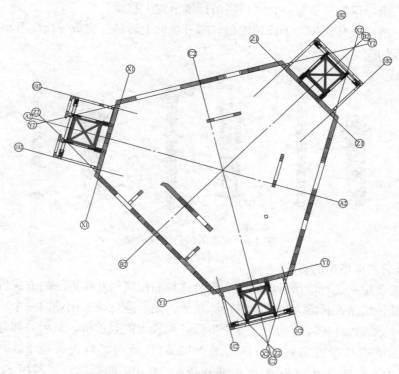

图 4-5　变层处外扩筒支撑体系设计示例

(二) 首部塔吊安装

巨型塔吊安装技术工艺复杂、新颖，为确保安全，需详细验证计算可靠性，在首部塔吊安装时需谨慎对待，并有全面的保证措施。

（1）委托专门单位对塔吊的支撑进行设计验算和复核，必要时进行专家论证，对计算中不利工况的选择、最大荷载的确定、计算模型的建立、传力路径的分析、安全储备系数等进行详细的讨论研究，充分确保计算真实、可靠。

（2）首部塔吊安装高度选择距离基础底板 2m 高度起，安装时支撑结构下部设置 4 部千斤顶，并在主受力杆件上设置应力应变片，塔吊安装完成后，分级逐步卸除千斤顶荷载，并实时监控主杆件内力状态，确保始终在设计计算范围之内。卸载完成后，对监测数据与计算数据进行详细的对比分析，安全可控后投入使用。

（3）对首次最重构件吊装、台风天气等最极端情况进行再次监测，掌握支撑体系实际受力情况。

（三）塔吊爬升规划

塔吊在爬升过程中，应根据起重臂组合长度、吊装有效作业半径、底部起重臂节数及节长、标准起重臂节数及节长、顶部起重臂节数及节长、塔身标准节节数及节长等因素设计爬升次数和爬升规划。每次爬升时标准的爬升流程为：

第一步：安装第三套固定框架，千斤顶开始顶升。

第二步：塔吊标准节固定在爬升梯孔内，千斤顶回缩。

第三步：千斤顶重复步骤一、二，塔吊标准节向上移动。

第四步：塔吊爬升到位，千斤顶缩回，爬升梯向上转移。完成一次爬升动作。

爬升流程如图 4-6 所示。

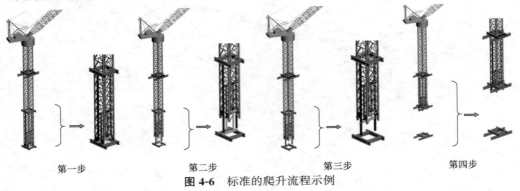

第一步　　　　　　　第二步　　　　　　　第三步　　　　　　　第四步

图 4-6 标准的爬升流程示例

（四）最后一部塔吊的拆除

结构施工收尾在进行塔吊拆除时，一般会选择利用塔吊互相拆除的方式进行，但最后一部塔吊将其他塔吊都拆除完以后，其拆除便成了最危险也是最困难的一个环节。一般可选用"型号递减、连环拆除"的方法逐个拆除前面较大的起重机，最后一部起重机自行解体。如广州西塔项目在拆除最后一部塔吊 M900D 作业时，首先选择 M370R 塔机进行 M900D 的拆除，而后利用 SDD20/15 起重机进行 M370R 的拆除，再利用 SDD3/17 起重机进行 SDD20/15 的拆除，最后一部自行解体，利用电梯转运至地面。

二、塔吊辅助拆装设备（塔吊辅助电动葫芦）设计

为减少塔吊爬升前后拆装、周转支撑构件占用塔吊时间，增加辅助拆装、周转塔吊支撑构件设备就十分必要。塔吊辅助拆装设备设计目的就是通过设计安装该设备，减少塔吊支撑构件拆装、周转占用时间。一般情况下，因结构核心筒内空间较小，所以设计辅助拆装设备必须考虑小空间内的设备安放和使用安全。

（一）塔吊辅助电动葫芦支架（抱箍）设计

根据塔吊高度，葫芦支架设计安装在塔吊最上一节标准节上，能够满足吊装要求。葫芦支架安装效果如图 4-7 所示。

图 4-7 葫芦支架（抱箍）设计安装效果图

（二）塔吊辅助电动葫芦使用工况

塔吊辅助电动葫芦使用工况如图 4-8 所示，包括拆除工况和安装工况。

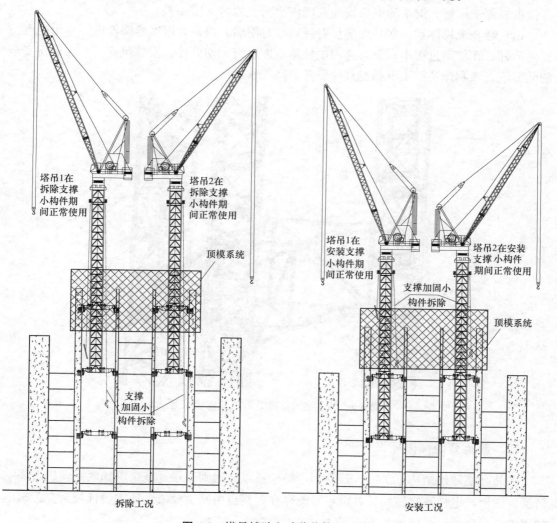

图 4-8 塔吊辅助电动葫芦使用工况

第三节 施工电梯节点处理关键技术

一、施工电梯 27m 自由高度设计

为满足施工电梯直接运输人员至最高工作平台，结合前述顶模体系的设计特点（常规的爬模、滑模也存在此问题），施工电梯需要达到 27m 自由高度才能实现，采取的设计措施如下：

（1）将计划为最高工作面服务的施工电梯布置在核心筒中心部位，成多边形对称布置，位置布置时需保证电梯梯笼互相不影响，且可以避开顶模钢平台直达顶部；

（2）将施工电梯的标准节壁厚加厚，以提高其强度与刚度；

（3）将施工电梯的标准节顶部 27m 高度范围内采用多道三角形钢构架连接成整体，连接形式便于周转，钢架随电梯安装高度依次向上周转（图 4-9）；

（4）结合顶模体系，在其底部设置周转临时附墙，以最大限度地降低电梯自由高度。

另外，在使用过程中，需对施工电梯垂直度进行密切监控，安装风速仪，在确保安全的前提下，顺利保证施工电梯能直接服务最高工作面。

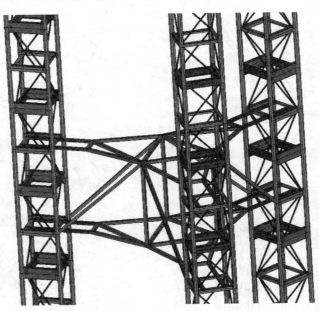

图 4-9 施工电梯标准节钢构架连接示例

二、超远变距离附墙设计

在超高层建筑结构施工中，若受制于结构特点而遇到变层，施工电梯就需要进行高空转换。然而，电梯高空转换后，由于可能存在超高自由高度要求，还需设计超远变距离电梯附着，采取的设计措施如下：

（1）加厚电梯标准节壁厚，增强标准节抗侧刚度。

（2）增加一套附墙标准节，即在每部电梯标准节旁边增设一套标准节用于电梯附墙（图4-10）。

（3）竖向每隔一定距离设置多边形桁架将多部电梯标准节连接成整体（图4-11）。

（4）竖向每隔一定距离设置一道刚性拉杆附墙，拉杆端部固定在内挑走廊楼板上。

（5）在变层处楼板上增设电梯基础，同时考虑加固变层处楼板。

图4-10 增加附墙标准节示例

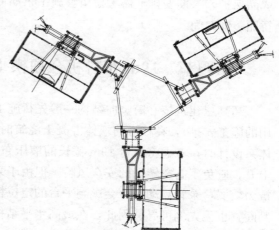

图4-11 桁架连接电梯标准节示例

三、施工升降机与正式电梯交接

到施工后期，施工电梯需逐步拆除，以进行因施工电梯影响的预留工作内容，但此阶段高区仍存在大量的运输需求，若规划不当很容易产生运输盲区时间段，而一旦产生盲区，将影响整个工程进展，因此，施工电梯与正式电梯的交接与转换需综合考虑。

因施工电梯可能占用部分正式电梯的井道，除需考虑运输需求搭接外，施工电梯直接影响着部分正式电梯的安装，为此在垂直运输规划中按以下方面进行综合考虑，以满足现场施工需求：

（1）施工电梯在布置选择占用井道时考虑：低区施工电梯尽量占用正式低区区段电梯的井道；中区施工电梯尽量占用正式消防电梯的井道；高区施工电梯则需避开正式电梯安装调试周期较长的和高区直达正式电梯的井道。如此，则可以尽量减少遗留工作量的基础上逐步的拆除低、中区电梯并转换为正式电梯服务，高区施工电梯可在最后拆除，预留好拆除及正式电梯安装调试时间即可。

（2）低区施工电梯在低区装饰大宗材料运输完成，且低区正式电梯部分投入使用后即可拆除。

（3）中区施工电梯在中区装饰大宗材料运输完成，且中区正式电梯部分投入使用后即可拆除。

（4）高区施工电梯的拆除时间原则上宜选择在高区大宗装饰、机电材料运输完成后进行，但此阶段往往会对关键线路造成影响，因此，在此阶段规划时需综合考虑、施工电梯拆除时间、遗留结构施工时间、正式电梯安装调试时间、整体装饰施工时间等因素，必要时需安排高区正式电梯的安装提前或加快，提前拆除高区施工电梯。

（5）用于替换施工电梯的正式电梯需能涵盖相应区段绝大部分的工作面，避免出现过多的盲层或多次的转运，转换后运输能力需有保证。

按照上述安排，正式电梯提前使用原则上可只运输人员及小宗材料，便于正式电梯的成品保护，工期安排上需考虑留够施工末期提前投入使用的正式电梯的检测、部件更换及轿厢装饰时间。

第四节　19m 布料机在顶模平台安装及其与泵管连接技术

超高层建筑核心筒竖向结构一般先行施工（在超高层建筑结构施工领域中，此为最常用的施工安排），在核心筒墙体混凝土浇筑时，因水平构件滞后而全部临边作业。在顶模体系设计时，考虑将两台 19m 臂长的液压布料机固定在顶模钢平台上，随顶模体系同步上升，避免了高空转运的安全风险。但由于泵管在泵送时存在晃动，而顶模体系的侧向抵抗力较弱，泵管晃动是否会影响平台的定位精度，是否会对顶升油缸造成影响，无法准确判断，也无先例可寻。因此，在最高水平结构工作面与最高竖向结构工作面高差之间设置了一个自爬升的泵管支撑架，泵管沿支撑架，顶端水平管可直接接至布料机，不需与顶模钢平台连接，如图 4-12 所示。另外配备 2 台独立的液压布料机，每次塔吊吊运至钢梁最高完成面，临时固定在钢梁上，进行外框钢柱钢管混凝土的浇筑。

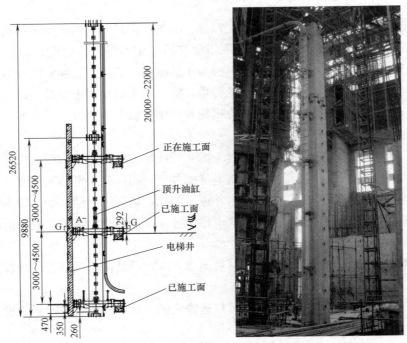

图 4-12　19m 布料机在顶模平台安装及其与泵管连接示例

第五章　巨型复杂组合结构建造技术

第一节　复杂异型钢结构全数字化制作安装

斜交网格钢结构体系是一种新型结构体系，是由倾斜的钢柱交叉组成网状结构。在超高层建筑结构中，网状的结构闭合形成一个稳定的筒体，在水平荷载作用下，斜柱主要承受轴向力，即整个结构水平外力产生的内力主要由斜交钢柱的轴向变形抵抗，故其具有抗侧刚度大的特点，抗风、抗震性能也就非常优越。但是大直径、大尺寸钢柱斜交，在交接点部位就会形成一个位形复杂、体积巨大、多构件连接的空间多点对位的 X 形节点钢柱。在工厂加工时就要面对大相贯线切割、厚钢板焊接、小夹角焊接、焊接集中应力消减、预拼装困难等问题；运输与安装时就要面对超宽、超重异型构件验收、巨型节点运输与堆放、巨型构件吊装、空间多点对位、高空精确定位、高空厚板焊接等问题。

一、X 形节点钢柱制作工艺与预拼装

X 形节点钢柱主要由外筒立柱、椭圆形拉接板、加劲环、加劲板以及楼层梁牛腿等组成。构件要求精度高，要进行实体预拼装，以满足现场安装要求。构件形状和节点类型如图 5-1 所示。

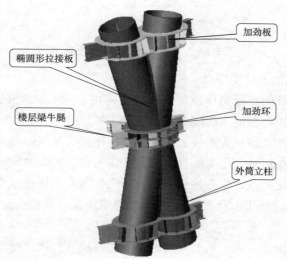

图 5-1　X 形节点钢柱模型示意图

（一）X形节点钢柱加工制作

预先进行各零部件的加工制作，合格后在总组装胎架上进行整体组装，以保证单个X形节点钢柱制作精度满足预拼装及设计要求。

1. X形节点钢柱加工工艺

X形节点钢柱加工工艺流程如图5-2所示，主要加工工艺及方法如图5-3所示。

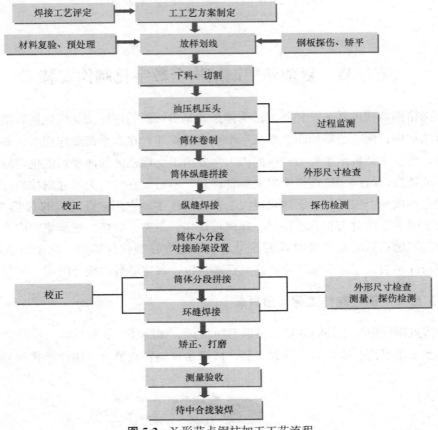

图5-2　X形节点钢柱加工工艺流程

2. X形节点钢柱加工技术要点

（1）根据立柱锥管的直径制作压模并安装，采用2000t油压机进行钢板两端部压头，钢板端部至少压3次，先在钢板端部150mm范围内压1次，然后在300mm范围内重压2次，以减小钢板的弹性，防止头部失圆，压制后用样板检验，如图5-4所示。

（2）必须注意压头质量，压头质量的好坏直接关系到筒体的轧制质量，所以为保证加工质量，尤其是椭圆度要求，压头检验用样板必须使用专用样板（样板公差1mm），样板要求用2～3mm薄钢板制作，且圆弧处必须上铣床加工，从而保证加工质量，切割两端余量后并开坡口。

（3）将压好头的钢板吊入三辊轧车后，必须用靠模式拉线进行调整，以保证钢板端部与轧辊成一直线，防止卷管后产生错边，然后按要求徐徐轧制，直至卷制结束，轧圆允许偏差如表5-1所示。

轧圆允许偏差

表 5-1

纵缝对口错边允许偏差	$\leqslant 1.5\text{mm}$
管端椭圆度允许偏差	$\leqslant 3\text{mm}$
管端的平整度允许偏差	$\leqslant 2\text{mm}$

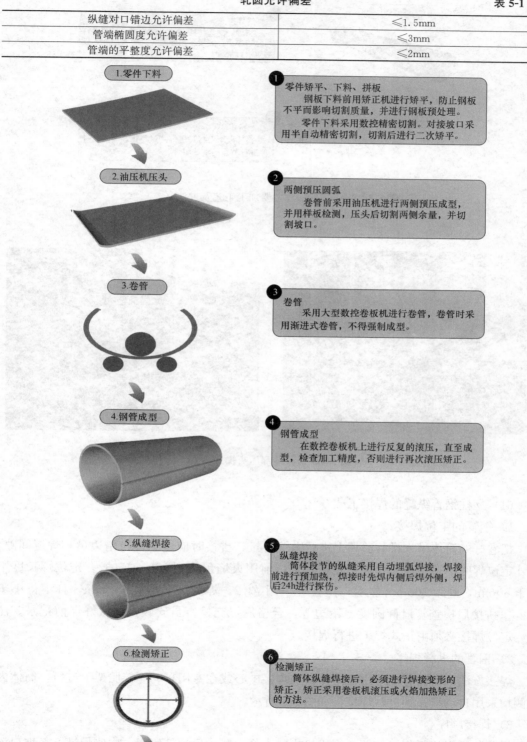

1.零件下料

❶ 零件矫平、下料、拼板
钢板下料前用矫正机进行矫平，防止钢板不平而影响切割质量，并进行钢板预处理。
零件下料采用数控精密切割。对接坡口采用半自动精密切割，切割后进行二次矫平。

2.油压机压头

❷
两侧预压圆弧
卷管前采用油压机进行两侧预压成型，并用样板检测，压头后切割两侧余量，并切割坡口。

3.卷管

❸ 卷管
采用大型数控卷板机进行卷管，卷管时采用渐进式卷管，不得强制成型。

4.钢管成型

❹ 钢管成型
在数控卷板机上进行反复的滚压，直至成型，检查加工精度，否则进行再次滚压矫正。

5.纵缝焊接

❺
纵缝焊接
筒体段节的纵缝采用自动埋弧焊接，焊接前进行预加热，焊接时先焊内侧后焊外侧，焊后24h进行探伤。

6.检测矫正

❻
检测矫正
筒体纵缝焊接后，必须进行焊接变形的矫正，矫正采用卷板机滚压或火焰加热矫正的方法。

图 5-3 X形节点钢柱主要加工工艺及方法（一）

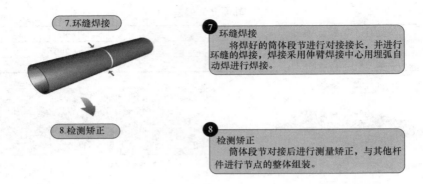

7.环缝焊接

7 环缝焊接
将焊好的筒体段节进行对接接长，并进行环缝的焊接，焊接采用伸臂焊接中心用埋弧自动焊进行焊接。

8.检测矫正

8 检测矫正
筒体段节对接后进行测量矫正，与其他杆件进行节点的整体组装。

图 5-3　X 形节点钢柱主要加工工艺及方法（二）

图 5-4　钢管端部压头操作示例

（4）立柱钢管纵缝的焊接工艺

1）钢管的定位焊接。

把卷好的筒体吊入拼装胎架上进行纵缝拼接，拼接时应注意板边错边量和焊缝间隙，另外定位焊时不得用短弧焊进行定位，定位前用火焰预热到 120～150℃，定位焊长度不小于 60mm，间距 300mm 左右，定位焊条用 $\phi3.2$，焊缝高度不大于 8mm，且不得小于 4mm。拼接后检查管口椭圆度、错边等，合格后提交检查员验收，并做好焊前记录。注意：定位焊接必须由正式焊工进行焊接。

2）钢管的纵缝焊接。

焊接方法：筒体焊接采用在筒体自动焊接中心或在专用自动焊接胎架上进行，筒体内外侧均采用自动埋弧焊进行焊接，如图 5-5 所示。

3）焊接顺序。

焊前装好引熄弧板，并调整焊机机头，先焊内侧，后焊外侧面。内侧焊满 2/3 坡口深度后进行外侧碳弧气刨清根，并焊满外侧坡口，再焊满内侧大坡口，使焊缝成型。

图 5-5 钢管纵缝焊接示例

4）焊前预热。

焊接前必须对焊缝两侧 100mm 范围内进行预热，预热采用陶瓷电加热板进行预热，预热温度 100～150℃，加热时需随时用测温仪和温控仪测量控制加热温度，不得太高，如图 5-6 所示。

5）焊接工艺参数。

按焊接工艺评定的参数调整焊接工艺参数，先进行内侧面的焊接，焊后用碳弧气刨进行反面清根，清除焊道内的杂物并打磨光洁，如此时温度不够，应进行继续加热，然后再进行焊接，焊后进行校正，待 48h 完全冷却后进行焊缝无损检测。

6）防止筒体焊接产生微裂纹的措施。

由于厚板从卷制到成型的过程中，产生的拘束应力非常大，将直接导致钢板的硬度增大，使材料塑性降低，钢材可焊性降低，焊接后在焊缝热影响区易产生微裂纹，为了保证筒体焊缝不致产生裂纹将采取以下措施进行施工。严格按厚板焊接要求进行焊接；进行焊后热处理，用电加热的方法对焊缝进行消氢处理，如图 5-7 所示。

图 5-6 焊接预热示例　　　　　　　图 5-7 焊缝消氢处理示例

　　具体方法为：在筒体外侧面上焊上悬挂电加热器的碰钉，把电加热器均匀地挂在碰钉上，然后采用2层50mm厚硅酸铝保温隔热材料将电加热器包好，外用钢丝网一层将保温材料紧固，进行均匀加热。

　　7）钢管段节焊后的矫正。

　　筒体加工过程中和加工成型及纵缝焊接后均需采用专用样板进行检查筒体的成型，加工样板采用2~3mm不锈钢板制作，每节筒体应用不少于3个部位的检查样板进行检查。筒体加工成型后应直立于水平平台上进行检查，其精度要求应达到下述要求：

　　①上、下端面平面平行度偏差≤2mm。

　　②上、下端面圆心垂直偏差≤2mm。

　　③上、下端面平面椭圆度偏差≤3mm。

　　④上、下端面平面周长偏差≤3mm。

　　⑤筒体高度（长度）偏差≤3mm。

　　⑥圆弧偏差用周长为2m的圆弧样板检验，偏差≤1.5mm，为于纵缝两侧的圆弧偏差只允许外凸，不允许内凹。对接缝板边偏差≤1.5mm。

　　当达不到以上要求时，必须进行矫正，矫正采用卷板机和火焰加热法进行。如误差出现偏大时，采用卷板机用滚压法进行矫正，如图5-8所示。

图5-8　卷板机滚压矫正示例

　　8）立柱筒体装焊公差要求如表5-2所示。

立柱筒体装焊公差要求　　　　　　　　　　　　　表5-2

内　容	允许偏差（mm）
直径偏差	±2.5
立柱长度	±3
管口圆度	2.5
管面对管轴的垂直度	2
弯曲矢高	2
对口错边	2

　　9）钢管段节接长和环缝的焊接。

　　①立柱段节对接接长组装胎架的设置。

胎架制作前必须在地面上划出钢管柱中心线，外形线以及定位尺口线等，并提交专职检查员验收合格后方可进行胎架模板的设置，如图5-9所示。

进行胎架制作，胎架模板采用数控切割，以保证拼接质量。胎架设置后必须牢固，不得有明显晃动状，设置后的胎架水平度1mm必须保证，如图5-10所示。

图5-9 胎架中心线示意图

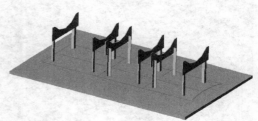

图5-10 胎架安装示意图

② 立柱的拼接。

胎架经验收合格后即可进行立柱拼接，接管前每节小段节必须进行校正，特别是椭圆度必须校正好。拼接时先将下口弧形板进行定位，定位时将其中心线对齐地面定位中心线，同时将其端口对齐地面位置线，如有误差需进行修整，必须保证两端口的椭圆度、垂直度以及直线度要求，符合要求后与胎架进行点焊牢固，如图5-11所示。

进行第二小段的定位，定位时与前相同，但必须注意与第一段间的接口以及焊缝间隙，以利后道工序操作。定位后如图5-12所示。

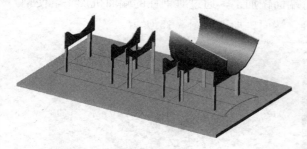

图5-11 立柱拼接第一段钢管安装示意图

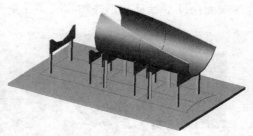

图5-12 立柱拼接第二段钢管安装示意图

进行顶部段节定位，方法与前相同，拼接后在所有筒体上弹出0°、90°、180°、270°母线，以及与上节钢柱对合标记线，并用样冲标记，如图5-13所示。

③ 环缝焊接。

将拼接好的筒体吊入滚轮焊接胎架上用埋弧焊进行环缝的焊接，焊接要求同纵缝要求。环缝焊接顺序：先焊筒体内侧焊缝，外侧清根后再焊筒体外侧焊缝。环缝

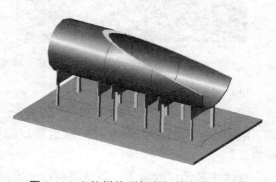

图5-13 立柱拼接顶部段钢管安装示意图

焊接前同样采用陶瓷电加热板进行焊前预热。焊后校正，冷却后探伤，探伤合格后重新吊上拼装胎架进行立柱端口余量的划线，送端铣机加工平台进行端部的铣平。环缝焊接如图5-14所示。

图 5-14　环缝焊接示例

10）立柱端面的加工。

为控制节点的组装精度以及保证节点现场安装的精度，特别是钢柱分段间的对接焊缝间隙要求，钢柱上、下端面必须进行端面机加工，将构件的制作误差控制在最小范围内，保证整个结构的安装精度及现场钢结构的安装进度。

钢柱端面机加工采用机械动力装置进行端面铣加工，通过对钢柱的端面机加工，使钢柱两端面保证平行且与钢柱轴心线相互垂直，端面机加工如图5-15所示。

图 5-15　端面机加工示例

11）外框筒 X 形节点制作细则。

① 组装基准面选择和组装胎架的设置。

组装基准面的选择：节点整体组装以椭圆拉板和楼层牛腿垂直于地面为基准进行卧造。

整体组装胎架的设置：节点组装胎架根据上述基准进行设置，先在平台上划出椭圆拉板和各楼层梁的定位十字中心线，然后按节点的投影位置依次划出钢管立柱和加劲板（楼层）的投影中心线，端面企口线、胎架模板位置线等，划线后进行自检，然后提交专职检查员进行验收，合格后方可进行组装胎架模板的设置，地面划线后如图 5-16 所示。

图 5-16 胎架定位示意图及示例

胎架模板的设置：胎架模板采用数控切割，以保证组装精度，然后严格按平台上的模板设置位置线进行胎架模板的搭设，胎架模板上口标高必须保证不大于 0.5mm，误差必须修正，另外，由于节点重量较大，胎架模板必须保证有足够的刚度和强度，胎架设置后必须验收合格方可使用，胎架设置后如图 5-17 所示。

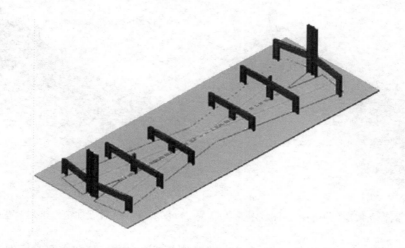

图 5-17 胎架设置示意图

② 各部件的组装。

椭圆拉板的组装定位：

胎架经验收合格后首先进行椭圆拉板的定位，椭圆拉板的折角时应先采用油压机进行折角，定位时将其中心线及边止口线对齐地面定位中心线及企口线，同时保证与地面的垂直度，定位正确后与胎架进行点焊牢固，也可在一侧适当加设支撑进行加强，如图 5-18 所示。

图 5-18　椭圆拉板组装定位示意图及示例

钢管立柱的定位组装：

将已加工合格后的钢管立柱吊上胎架进行定位，定位必须定对平台上立柱中心线和端面企口线以及立柱两端中心标高，同时注意与椭圆拉板间的焊缝间隙及坡口大小，如有误差在立柱上进行修正，保证其开口尺寸和坡口间隙，如图 5-19 所示。

第一根立柱定位后，采用相同的方法将同一侧的另外一根立柱进行组装定位，与已定位的立柱进行对接，修正接口处的对接偏差，进行定位焊。采用同样的方法，组装定位另一侧钢管立柱，进行定位焊，检查合格后，再进行焊接，如图 5-20 所示。

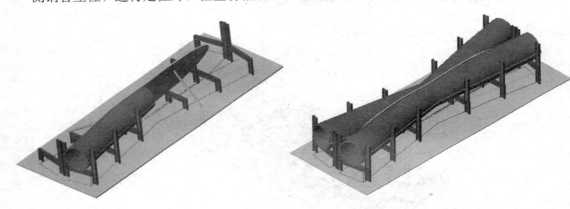

图 5-19　钢管立柱定位组装示意图（一）　　　图 5-20　钢管立柱定位组装示意图（二）

先进行立柱间的对接焊接，为了减小整体焊接变形，焊接采用 CO_2 气保护焊，焊前先进行预热，焊接时先焊内侧，外侧清根后再焊；然后进行立柱与椭圆拉板间的相贯焊接，焊前同样应先进行预热，焊接采用双数焊工进行对称焊接，先焊内侧，后清根出白进行外侧焊接，正面焊接后，将节点翻身，采用同样方法进行另一侧焊接，焊后进行探伤检查，合格后进行局部校正，如图 5-21 所示。

再将节点重新翻身进行定位，进行上口加劲板的组装焊接。

各加强环的定位组装：各加强环定位时，将其板边线对齐地面定位基准线，同时注意与地面的垂直度，加强环应采用分块散装，以利装配，组装示意图及示例分别如图 5-22 和图 5-23 所示。

图 5-21 钢管立柱对接焊接示例

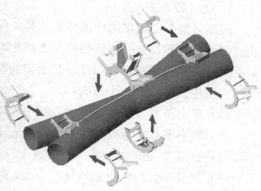

图 5-22 节点加强环定位组装示意图

(a) 加强环组装

(b) 节点层加强环焊接

(c) 节点层加强环翻转焊接完毕

(d) 加强环焊接完毕

图 5-23 节点加强环定位组装示例

(二)实体预拼装与电脑模拟拼装

外框筒整体预拼装过程是利用坐标的转换实现斜交网格结构构件从直立结构到平面卧式拼装的位置变换,通过这一转变实现对加工完成的实物构件的进行工厂模拟安装。主要是检验制作的精度,以便及时调整、消除错误。预拼装的工作量大,占用场地的面积大,周期长,要求高,因此拼装单元的确定和测量方案都是工程的施工难点。

1. 预拼装方法及原理

根据外筒斜交网格结构的特点，其整体预拼装采用分单元交叉拼装来实现，各拼装单元之间相互校验，充分保证各构件之间相对关系及位置的准确性。

为利于预拼装测量和降低拼装胎架的高度，工厂预拼装采用卧式拼装的方式，卧拼单元的定位应满足以下几个原则：

（1）所有节点与楼层主梁的连接牛腿均向上。

（2）所有节点环板及环梁翼缘板垂直于地面。

（3）拼装单元最外侧两 X 形节点中心连线与水平面平行。

（4）拼装单元最低点离地高度 300mm。

工程外框筒整体预拼装过程是利用坐标的转换实现斜交网格结构构件从直立结构到平面卧式拼装的位置变换，通过这一转变对加工完成的实物构件进行工厂模拟安装。

坐标转换时首先按照上述拼装单元定位原则在 CAD 中对拼装单元进行整体建模，将原结构整体坐标系的坐标原点转换到拼装场地表面位置，以平行于环梁且过最下部拼装胎架的直线为 X 轴，以垂直于环梁且过构件轮廓线最左侧点的直线为 Y 轴，定位预拼装单元的坐标系，然后在新的坐标系下确定所有构件控制点的坐标值作为现场预拼装检测及验收的依据。

对现场预拼装构件进行测量，以确定节点与支柱间的坡口间隙是否符合要求，以及钢管立柱的长度是否符合要求；拉线测量上下节点两端中心是否在同一直线上，从而确定节点与钢管立柱的整体直线是否符合要求；通过拉线法和挂线锤的方法检查楼层牛腿是否在同一平面上。另外，通过全站仪进行各控制点坐标采集。预拼装示意图及施工示例如图 5-24 所示。

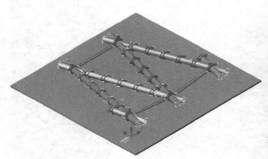

图 5-24 预拼装示意图及示例

2. 预拼装的工艺流程

外框筒的预拼装工艺流程如图 5-25 所示。

3. 预拼装检验标准

外筒管构件预拼装的允许偏差如表 5-3 所示。

4. 电脑模拟预拼装

电脑模拟拼装的实质就是用全站仪进行复测，再用电脑拟合。即节点制作精度的控制,在采用地面放样挂线锤、拉尺等控制手段的基础上,由专门的测量组使用全站仪进行测量控制,在没有实物预拼装的情况下,对保证构件精度起到良好效果。即在组装时和焊接完成后对构件上的重要控制点(如端口圆心位置、牛腿上下翼缘端口中心点、端口安装耳板控制点等)利用全站仪进行控制和测量,采用电脑拟合,分析检查偏差情况,发现问题及时采取纠偏措施,确保定位准确。

电脑拟合的原理是用全站仪测的构件上的重要控制点,在 CAD 软件上把这些点空间坐标输入,以其中 3 个点确定空间坐标,导入模型中检查分析偏差情况。如果出现偏差较大的情况,则以新的 3 个点确定空间坐标,则导入模型再次复核偏差情况,这样可以尽可能减少因确定坐标系的 3 个点本身的偏差导致的其他点偏差过大的情况,对多次复核均偏差过大的点需要采取纠偏措施,使其偏差控制在允许范围内。

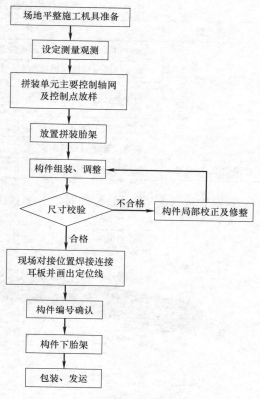

图 5-25 预拼装工艺流程

外筒管构件预拼装的允许偏差 (mm)

表 5-3

项 目	允许偏差(mm)		检 查 方 法
外筒中心坐标水平位移 Δ	$\Delta \not> 10$		全站仪、经纬仪
管柱中心坐标水平位移 Δl	$\Delta l \not> 8$		全站仪、经纬仪
管柱中心顶部标高	± 2		水准仪、钢尺
管柱弯曲矢高 f	$f \leqslant 1/1500$,且$\leqslant 10$		钢尺、直尺、经纬仪、全站仪
支柱管节间弯曲矢高 f_1	$f_1 \leqslant 1/1000$,且$\leqslant 10$		钢尺、直尺
管口错边	$t/10$,且不应大于 3		直尺
坡口间隙	有衬垫	-1.5 $+6$	直尺、焊缝卡尺
	无衬垫	0 $+2$	

5. 实体与电脑模拟拼装对比

在实体预拼装经验下,采用电脑模拟预拼装,通过电脑放样,把各个区域钢柱电脑拟合后,用全站仪对加工完成钢柱控制点坐标进行测量,测量的数据与电脑拟合的数据进行对比,控制偏差范围以满足现场安装的质量要求。

二、X 形节点焊接残余应力消减

采用 VSA 实效振动和局部加热的控制方法进行构件焊接残余应力控制,具体消减方案如表 5-4 所示。

构件焊接残余应力消减方案　　　　　　　　　　表 5-4

构件类型	残余应力类型	消减方案
外筒 X 形节点	节点相贯焊缝与拉板间焊接残余应力	应用 VSR、冲砂进行消减
	相贯焊缝与环板间焊接残余应力	应用 VSR、冲砂进行消减
	钢管成管后焊接残余应力	制管后或节点制作完成后合并一起应用 VSR 进行消减
节点间钢柱	钢管环板牛腿焊接残余应力	制管后或钢柱制作完成后合并一起应用 VSR 进行消减
	钢管成管环向和径向应力	
楼层钢梁、环梁等	翼板与腹板间焊接残余应力	不进行消减

对钢管进行 VSR 时效振动时，方案如图 5-26 所示。

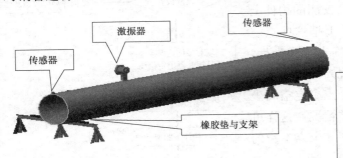

钢管 VSR 实施技术参数：
1. 转数：2000～6000rpm。
2. 稳速精度 1：rpm/min。
3. 激振力： 8～14 kN。
4. 加速度： Max 32G。
5. 时效时间：20～25min，智能化工艺流程

图 5-26　钢管 VSR 时效振动示意图

对于节点的 VSR 时效振动方案，如图 5-27 所示。

对钢管局部烘烤释放应力：构件完工后在其焊缝背部或焊缝两侧进行烘烤。此法过去常用于对 T 形构件焊接角变形的矫正中，无须施加任何外力，构件角变形即可得以校正。由此可见只要控制加热温度与范围，此法对消除应力是极为有效的。我们将利用电加热板对焊缝进行加热到约 650℃ 左右，保温 1～1.5h，缓慢冷却，相关的局部烘烤工作将安排在制管阶段进行，如图 5-28 所示。

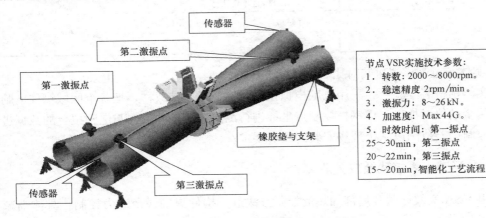

节点 VSR 实施技术参数：
1. 转数：2000～8000rpm。
2. 稳速精度 2rpm/min。
3. 激振力： 8～26 kN。
4. 加速度： Max 44G。
5. 时效时间：第一振点 25～30min，第二振点 20～22min，第三振点 15～20min，智能化工艺流程

图 5-27　节点 VSR 时效振动示意图

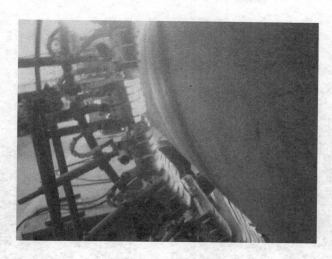

图 5-28 钢管局部烘烤释放应力示例

消残技术参数要求、指标如表 5-5 所示。

消残技术参数要求、指标 表 5-5

序号	构件	消应力前最高应力峰值(MPa)	消应力前平均峰值(MPa)	消应后平均应力(MPa)	消应效果
1	钢管	400～480	300～350	220	25%～45%
2	节点	420～500	330～380	240	25%～50%

三、大型构件双夹板自平衡吊装技术

单根超长、超重斜钢柱安装过程中存在较大的受力弯矩，受施工现场空间限制，传统"缆风绳"现场安装难以满足安装要求，必须对传统"缆风绳"进行优化，以保证施工质量、安全、进度要求。

(一)双夹板自平衡吊装施工工艺

外筒超长、超重巨型斜交网格柱安装，若采用传统的缆风绳、钢支撑对其进行支撑和稳固（图 5-29），需投入较大施工措施和劳动力，增加了施工内容和工作时间，且多工种、多工序的立体交叉作业相互影响，带来施工质量、安全、进度的严重影响。

采用"双夹板自平衡吊装"施工技术，钢管柱吊装就位后不必拉设缆风绳和架设钢支撑，而是专门针对超高层不同高度设计一定强度的对接连接板作临时固定，由螺栓、双夹板和连接耳板组合受力，共同承受构件自重恒载、风荷载、施工荷载产生的重力和弯矩，如图 5-30 所示。"无缆风"施工技术是对传统吊装技术的改进，相对缩短了安装工期，节省了措施成本和人工费，避免了立体交叉作业，提高了施工安全性。

(二)措施耳板与环板相碰时的处理措施

外筒巨型超长、超重斜钢柱措施耳板与楼层环板相碰时，对此部位上环板进行现场焊接，如图 5-31 所示。

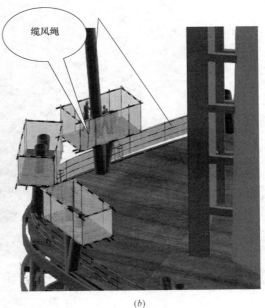

(a) (b)

图 5-29 传统钢管柱安装支撑和稳固措施

（a）临时钢支撑措施；（b）缆风绳措施

图 5-30 "双夹板自平衡吊装"施工技术

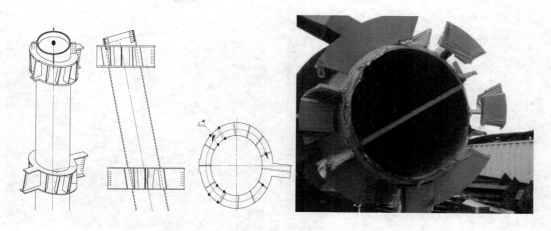

图 5-31 斜钢柱措施耳板与楼层环板相碰处理

（三）"双夹板自平衡吊装"施工技术现场实施流程

（1）首先对钢管柱吊装就位，如图 5-32 所示。

图 5-32 钢管柱吊装就位过程示例

（2）钢管柱的安装固定。采用"双夹板自平衡吊装"技术吊装第一个钢管柱后，马上吊装邻近的一根钢管柱，再安装钢管柱跨间环梁，最后安装钢管柱与核心筒之间的钢梁，并进行校正，如图 5-33 所示。

(a)

(b)

图 5-33 钢管柱安装固定示例

(a) 钢管柱"无缆风"安装固定；(b)"无缆风"固定后吊装楼层钢梁

四、厚板焊接施工技术

厚板焊接面临超高空、临边施工，焊接难度较大，且焊接工作量大。在焊接施工中，要充分控制焊接变形、消除残余应力、防止层状撕裂，以保证焊接质量。

（一）焊前准备及清理

1. 焊接条件

下雨时露天不允许进行焊接施工，如必须施工，则必须进行防雨防护。厚板焊接施工时，需对焊口两侧区域进行预热（图 5-34），宽度为 1.5 倍焊件厚度以上，且不小于100mm。当外界温度低于常温时，应提高预热温度 $15\sim25℃$。若焊缝区空气湿度大于85%，应采取加热除湿处理。焊缝表面干净，无浮锈，无油漆。

2. 焊接环境

焊接作业区域搭设焊接防护棚，进行防雨、防风处理。CO_2 气体保护焊（风力大于2m/s）作业时，未设置防风棚或没有防风措施的部位严禁施焊作业，如图 5-35 所示。

图 5-34 焊前预热

图 5-35 焊接防护棚

3. 焊前清理

正式施焊前应清除定位焊焊渣、飞溅等污物。定位焊点与收弧处必须用角向磨光机修磨且确认无未熔合、收缩孔等缺陷。

4. 电流调试

手工电弧焊：不得在母材和组对的坡口内进行引弧，应在试弧板上分别做短弧、长弧、正常弧长试焊，并核对极性。CO_2气体保护焊：应在试弧板上分别做焊接电流和电压、收弧电流和收弧电压对比调试。

5. 气体检验

核定气体流量、送气时间、滞后时间、确认气路无阻滞、无泄漏。

6. 焊接材料

本工程钢结构现场焊接施工所需的焊接材料和辅材，均应有质量合格证书，施工现场设置专门的焊材存储场所，分类保管。领用人员领取时需核对焊材的质量合格证、牌号、规格。焊条使用前均需要进行烘干处理。

（二）焊接

焊接时采取整体同时焊接与单根柱对称焊接相结合的方式进行。为此，在钢管柱焊接时，1.2m≤柱径<1.8m，组织6组×3人的方式进行焊接施工，0.9m≤柱径≤1.2m，组织6组×2人的方式进行焊接施工，要求对称、同步、分层、多焊道焊接。

1. 厚板焊接

采用CO_2气体保护半自动焊焊接，CO_2气体流量宜控制在40~55L/min，焊丝外伸长20~25mm，焊接速度控制在5~7mm/s，熔池保持水准状态，运焊手法采用划斜圆方法，全部焊段尽可能保持连续施焊，避免多次熄弧、起弧。穿越安装连接板处工艺孔时必须尽可能将接头送过连接板中心，接头部位均应错开。CO_2气体保护焊熄弧时，应待保护气体完全停止供给、焊缝完全冷凝后方能移走焊枪。禁止电弧刚停止燃烧即移走焊枪，使红热熔池暴露在大气中失去CO_2气体保护。

2. 打底层

在焊缝起点前方50mm处的引弧板上引燃电弧，然后运弧进行焊接施工。熄弧时，电弧不允许在接头处熄灭，而是应将电弧引带至超越接头处50mm的熄弧板熄弧，并填满弧坑，在两侧稍加停留，避免焊肉与坡口产生夹角，达到平缓过渡的要求。

3. 填充层

在进行填充焊接前应清除首层焊道上的凸起部分及引弧造成的多余部分，填充层焊接为多层多道焊，每一层均由首道、中间道、坡边道组成。首道焊丝指向向下，其倾角与垂直角成50°左右，采用左焊法时左指约20°，采用右焊法时右指约20°；次道及中间道焊缝焊接时，焊丝基本呈水平状，与前进方向呈8°~85°夹角。坡边道焊接时，焊丝上倾5°。每层焊缝均应保持基本垂直或上部略向外倾，焊接至面缝层时，应注意均匀的留出上部1.5mm下2mm的深度的焊角，便于盖面时能够看清坡口边。

4. 层间清理

采用直柄钢丝刷、剔凿、扁铲、榔头等专用工具，清理渣膜、飞溅粉尘、凸点，卷搭严重处采用碳刨刨削，检查坡口边缘有无未熔合及凹陷夹角，如有必须用角向磨光机除去，修理齐平后，复焊下一层次。

5. 面层焊接

直接关系到该焊缝外观质量是否符合质量检验标准，开始焊接前应对全焊缝进行修补，消除凹凸处，尚未达到合格处应先予以修复，保持该焊缝的连续均匀成型。面缝焊接前，在试弧板上完成参数调试，清理首道焊缝的基台，必要时采用角向磨光机修磨成宽窄基本一致整齐易观察的待焊边沿，自引弧段始焊在引出段收弧。焊肉均匀地高出母材 2～2.5mm，以后各道均匀平直地叠压，最后一道焊速稍稍不时向后方推送，确保无咬肉。防止高温熔液坠落塌陷形成类似咬肉类缺陷。

6. 焊接过程中

焊缝的层间温度应始终控制在 100～150℃，要求焊接过程具有最大的连续性，在施焊过程中出现修补缺陷、清理焊渣所需停焊的情况造成温度下降，则必须进行加热处理，直至达到规定值后方能继续焊接。焊缝出现裂纹时，焊工不得擅自处理，应报告焊接技术负责人，查清原因，确定修补措施后，方可进行处理。

7. 焊后热处理及防护措施

母材厚度 25mm≤T≤80mm 的焊缝，必须立即进行后热保温处理，后热应在焊缝两侧各 100mm 宽幅均匀加热，加热时自边缘向中部，又自中部向边缘由低向高均匀加热，严禁持热源集中指向局部，后热消氢处理加热温度为 200～250℃，保温时间应依据工件板厚按每 25mm 板厚 1h 确定。达到保温时间后应缓冷至常温。

8. 焊后清理与检查

焊后应清除飞溅物与焊渣，清除干净后，用焊缝量规、放大镜对焊缝外观进行检查，不得有凹陷、咬边、气孔、未熔合、裂纹等缺陷，并做好焊后自检记录（图 5-36）。外观质量检查标准应符合《钢结构工程施工质量验收规范》（GB 50205—2001）表 4-7-13 的 I 级规定。

图 5-36　焊缝焊接完成示例

（三）焊缝检测

用焊缝量规、放大镜对焊缝外观进行检查，不得有凹陷、咬边、气孔、未熔合、裂纹等缺陷，并做好焊后自检记录，自检合格后鉴上操作焊工的编号钢印，钢印应鉴在接头中部距焊缝纵向 50mm 处，严禁在边沿处鉴印，防止出现裂源。外观质量检查标准应符合《钢结构工程施工质量验收规范》（GB 50205—2001）表 4-7-13 的 I 级规定。

　　焊缝的无损检测：焊件冷至常温≥24h 后，按设计要求对全熔透一级焊缝进行 100% 的无损检验，检验方式为 UT 检测，检验标准应符合《钢焊缝手工超声波探伤方法及质量分级方法》（JGB 11345）规定的检验等级并出具探伤报告。

第二节　斜交网格钢管混凝土施工工艺

一、斜交网格钢管混凝土施工方法的选择

　　钢管混凝土施工目前行业内常用的工艺主要有泵送顶升、高抛自密实和人工振捣三种，如表 5-6 所示。但是，这三种工艺面对特定的施工条件都会呈现不同的缺陷。泵送顶升工艺因超高泵送需求的泵送压力过大，且顶升需要在每节钢管底部设置进料口，后期补强工作太多；高抛自密实工艺针对倾斜的钢管结构，钢管壁会成为混凝土下料的通道，并不能实现严格意义上的高抛；人工振捣工艺在钢管外径太小或钢管底部距离上口太远时，工人则不能或不宜进入钢管内部，而无法实施振捣。

三种钢管混凝土施工方法的比较　　　　　　　　　　　　　　表 5-6

序号	方法名称	原理及特点	方法缺陷
1	泵送顶升法	利用泵送的压力将混凝土由底到顶注入钢管，由混凝土自重及泵送压力使混凝土达到密实的状态	对于大直径及浇筑高度较大的钢管混凝土，一次浇筑高度很大，混凝土的自重也很大，对输送泵的压力要求很高；而且浇筑一旦出现紧急情况中断后将无法继续顶升
2	高抛自密实法	通过一定的抛落高度，充分利用混凝土坠落时的动能及混凝土自身的优异性能达到振实的效果	针对斜交钢管柱，且节点处需进行隔开处理，混凝土从漏斗落下后沿直段钢管壁流入底部，混凝土沿管壁的动能损失很大，不能达到高抛效果
3	人工振捣法	利用人工和振捣器械对混凝土实施振捣，以达到密实的效果	钢管外径太小时，工人则无法进入钢管内部实施振捣；钢管底部距离上口太远时，常规通风设备难以达到施工作业要求，钢管底部内作业环境恶劣，工人不能或不宜进入钢管内部过深，只有通过机械式的振动棒伸入钢管内部方能实现对混凝土的振捣

　　因此，如果在进行斜交网格钢管混凝土施工时，出现如表 5-6 中所述的施工条件，则单独使用上述三种方法将不再可行，需要对上述方法进行搭配使用，而且在特定施工条件下，还需对上述方法进行改良，如"准高抛＋人工振捣"的施工工艺。

二、斜交网格钢管混凝土浇筑工艺

（一）施工总体流程
斜交网格钢管混凝土施工总体流程如图 5-37 所示。

（二）振捣系统布置
斜交网格钢管混凝土浇筑时振捣系统应区分直管段与节点段、不同管径直管段，而分

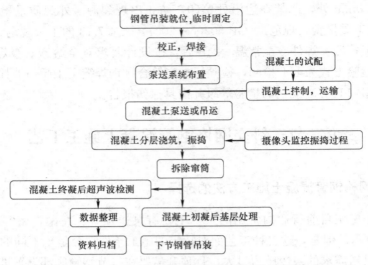

图 5-37 斜交网格钢管混凝土施工总体流程

别布置。图 5-38~图 5-41 分别示出了管径大于 1700mm、在 1100~1700mm 之间、在 700~1100mm 之间的直管段和节点段的振捣系统布置详图。

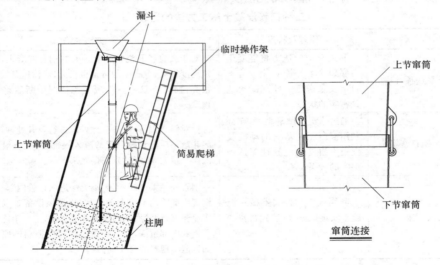

图 5-38 管径大于 1700mm 的直管段混凝土浇筑振捣系统布置详图

（三）施工分区及浇筑顺序

根据现场混凝土输送泵的数量的选择，综合考虑钢管柱的吊装与钢管混凝土施工之间的工序协调、减少施工中间环节、减少各工序间产生矛盾，有效地保证工程工期，应合理划分钢管混凝土柱的施工分区。

钢管柱混凝土浇筑顺序与钢管柱吊装顺序相反。奇数构件区时，钢管柱采用顺时针方向吊装，混凝土采用逆时针方向浇筑；偶数构件区时，钢管柱采用逆时针方向吊装，混凝土采用顺时针方向浇筑。

每个区分别配备一台混凝土输送泵，为减少混凝土侧压力对结构变形的影响，各个分

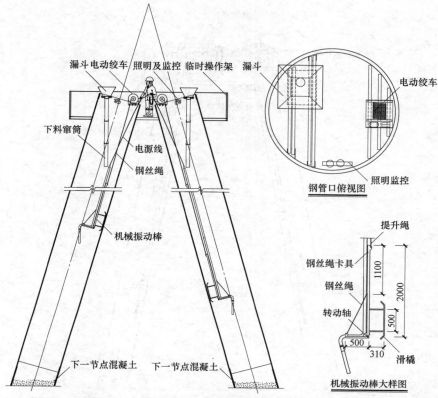

图 5-39 管径为 1100～1700mm 的直管段混凝土浇筑振捣系统布置详图

区钢管混凝土柱必须同时浇筑。

（四）单根柱混凝土浇筑

每两根钢管柱斜段在节点区相交成 X 形，为防止单根钢管柱连续浇筑混凝土冲击力产生的累积误差，每一个节点下的两根钢管柱之间采取对称连续浇筑，两根柱之间以 2m 为一个浇筑高度交替连续进行。

（五）施工注意事项

斜交网格钢管混凝土施工时的主要注意事项如表 5-7 所示。

斜交网格钢管混凝土施工主要注意事项 表 5-7

序号	项 目	注 意 事 项
1	浇筑顺序	钢管混凝土柱分两个区同向浇筑,节间相反;每一个节点下的两根钢管柱之间采取对称浇筑
2	节点处混凝土面处理	钢管内混凝土浇筑完成面标高低于钢管接驳面400mm以上,待混凝土初凝后将节点处混凝土凿毛露出石子,用清水将混凝土碎块冲洗干净
3	钢管混凝土施工监控	为保证对钢管混凝土质量的监控,在钢管内安装摄像头,对混凝土施工过程进行全面控制
4	管径大于1700mm的直管段区混凝土浇筑	管径大于1700mm的直管段区混凝土是人工进入钢管内进行振捣,故在施工过程中必须做好钢管内通风,使工人处于一个良好的施工环境
5	浇筑速度	要合理控制混凝土的浇筑速度,以保证混凝土的振捣质量。同一根钢管柱混凝土浇筑应该连续,分层间不得出现冷缝

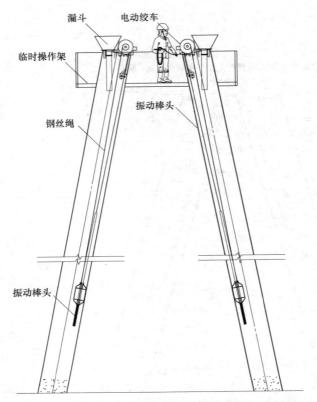

图 5-40 管径为 700~1100mm 的直管段混凝土浇筑振捣系统布置详图

三、斜交网格钢管混凝土超声波检测

(一)检测的构件部位和数量

根据建设工程质量监督站有关规定选取一定数量的构件进行检测,检测时应考虑施工分区合理分配检测构件的部位和数量。

(二)检测方法

1. 声管埋设

超声波检测采用埋设声测管的方法通过水的耦合,超声脉冲信号从一根声管中的换能器发射出去,在另一根声管中的换能器接收信号,超声仪测定有关参数并采集记录储存。声管埋设具体做法如图 5-42 所示。

检测注意事项:现场检测时使用同一台仪器,使用同一对收发换能器,发射电压不能改变,选择测试参数相同,换能器耦合要一致。同时记录声时、幅值和频率等参数。

在吊装钢管柱之前先将镀锌钢管安装好,镀锌钢管底面均平钢管柱,顶面低于钢管柱面 50mm(即镀锌钢管长度=钢管柱长度-50mm),连接采取配套连接卡,下端应封闭,上端使用塞子塞紧。

2. 检测准备

(1)按设计要求浇筑完钢管混凝土,混凝土面低于接驳面 400mm。

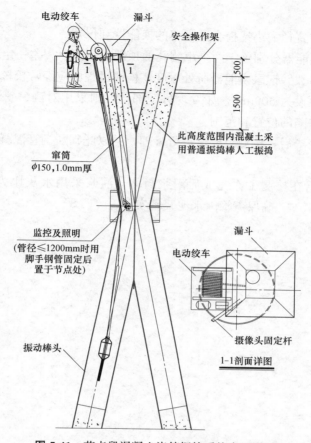

图 5-41　节点段混凝土浇筑振捣系统布置详图

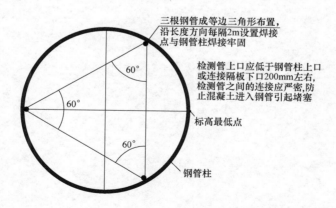

图 5-42　钢管柱内声管埋设示意图

（2）拔除塞子，向管内注满清水，采用一段直径略大于换能器的圆钢作疏通吊锤逐根检查声测管的畅通情况及实际深度。

（3）用钢卷尺测量同根桩顶各声测管之间的净距离。

（4）混凝土浇筑完毕 7d 后进行检测。

3. 现场检测

（1）根据钢管柱直径大小选择合适频率的换能器和仪器。

（2）将 T、R 换能器分别置于两个声测孔的顶部或底部以相差一定高度等距离同步移动，逐点测读声学参数并记录换能器所处深度，检测过程中应经常校核换能器所处高度。

（3）检测点间距设为 500mm，如发现可疑部位，则采用对测、斜测、交叉斜测及扇形扫测等方法确定缺陷的位置和范围。

（4）数据收集完毕后，按规范要求进行整理，并以此判断钢管混凝土质量情况。

4. 声管处理

$\phi 48 \times 3.5$ 的声管在检测工作完成后灌浆封堵，灌浆采用水灰比为 0.5 的纯水泥浆，注浆压力 $1.0 \sim 2.0$MPa，确保声管内水泥浆密实。

第六章　超大超深基坑施工技术

第一节　超大超深基坑施工技术总述

根据原建设部印发的《危险性较大的分部分项工程安全管理办法》，开挖深度超过 3m（含 3m），或虽未超过 3m 但地质条件和周边环境复杂的基坑（槽）的土方开挖、支护、降水工程，施工单位应当在施工前编制专项方案；开挖深度超过 5m（含 5m），或虽未超过 5m 但地质条件、周围环境和地下管线复杂，或影响毗邻建筑（构筑）物安全的基坑（槽）的土方开挖、支护、降水工程，施工单位还应当组织专家对专项方案进行论证。由此可见深基坑工程施工具有较大的复杂性和危险性，施工过程中具有较大的风险性，工程实践经验也说明如此。

目前，对于超高层建筑结构施工来说，由于结构形式和地下空间设计需求等原因，基坑深度往往超过几十米，基坑周长则超过几百米，且规模日益增大，成为超大超深基坑。

由以往工程实践经验可知，超大超深基坑工程施工主要涉及支护体系设计与施工、土石方开挖和基坑监测三方面技术。基坑支护体系设计与施工和土石方开挖是在超高层建筑结构施工中比较重要的关键技术；而基坑监测是通过对基坑支护结构、相关自然环境、施工工况、地下水状况、基坑底部及周围土体、周围建（构）筑物、周围地下管线及地下设施、周围重要的道路等对象进行监测，以确保基坑工程施工顺利进行和施工安全。

一、超高层建筑深基础常用的形式

目前超高层建筑深基础主要采用箱形基础、筏形基础、桩基础、桩-筏基础和桩-箱基础等形式。

（一）箱形基础和筏形基础

箱形基础和筏形基础整体刚度比较大，结构体系的适应性强，但是对地基的要求高，因此较适合于地表浅部地基承载力比较高的地区，如北京地区一般超高层建筑多采用箱形基础或筏形基础。桩-筏基础和桩-箱基础由于可以通过桩基将荷载传递至地下深处，不但具有整体刚度比较大，结构体系适应性强的优点，而且使用条件也比较宽松，能适合各种地基条件的地区，因此在超高层建筑工程中应用非常广泛。在超高层建筑基础工程中，桩-筏基础应用最广，近年来建设的世界著名超高层建筑大都采用了桩-筏基础，如中国上海环球金融中心、金茂大厦、台北 101 大厦、香港国际金融中心二期、马来西亚吉隆坡石油大厦基础都为桩-筏基础。

（二）桩基础

在超高层建筑基础工程中，桩基础占有相当重要的地位，桩基不但是荷载传递非常重要的环节，而且是设计和施工难度比较大的结构部位。目前超高层建筑采用的桩基础形式主要有钢筋混凝土灌注桩、预应力混凝土管桩和钢管桩。其中，钢筋混凝土灌注桩具有地层适应性强、施工设备投入小、成本低廉、承载力大、环境影响小等优点，因此在超高层建筑中应用非常广泛。预应力混凝土管桩具有成本比较低、施工高效、质量易控等优点，但是也存在挤土效应强烈、承载力有限等缺陷。因此仅在施工环境比较宽松、承载力要求比较低的超高层建筑中应用。钢管桩具有质量易控、承载力大、施工高效等优点，但是存在成本较高、施工环境影响大等缺陷，因此在超高层建筑中应用不多，只有特别重要的、规模巨大的超高层建筑才采用钢管桩作桩基础，如上海环球金融中心、金茂大厦等。

（三）新型桩基础

近年来，为应对超高层建筑发展对桩基础大承载力的要求，工程技术人员致力于发展承载力更大的新型桩基础，如壁式桩基础和沉箱桩基础。壁式桩基础形如地下连续墙，其施工设备和方法与地下连续墙也基本相同。但由于壁式桩基础横断面大，深度达 100m 以上，因此承载力非常大。马来西亚吉隆坡石油大厦就采用了 208 幅（104 幅/塔）、墙体横断面为 2.8m×1.2m 的壁式桩基础，桩基础深度随基岩埋深在 40～125m 之间变化。香港环球贸易中心（118 层，484m 高）也采用了 240 幅 2.0m×1.5m 的地下连续墙壁式桩基础，桩长 80～120m。至于沉箱桩基一般应用于卵砾石层等特殊土层中。由于沉箱桩基础横断面一般都比较大，如果配合扩底措施，其承载力远较一般桩基础大得多。新加坡外联银行中心（62 层，280m 高）就采用了直径分别为 5m 和 6m 的扩底式沉箱桩基础，扩底坡度为 3∶1（$V∶H$），取得了良好效果，试验表明沉箱桩基础容许承载力可达 3500～4600t/m^2。

二、深基础工程施工工艺

深基坑工程施工关键是确定合理的深基础工程施工工艺，这是因为基坑工程属临时工程，是为深基础工程施工服务，深基础工程施工工艺对深基坑施工影响极大。在研究深基坑工程施工技术路线时，必须重点解决深基础工程施工工艺问题。

目前超高层建筑深基础工程施工工艺主要有三种：顺作法、逆作法和顺-逆结合法，三种施工工艺各有优缺点和适用范围。尽管超高层建筑深基础工程施工工艺变化不多，但是深基础工程施工工艺的选择还是非常困难的，必须在详细了解场地地质条件、环境保护要求的基础上，深入分析超高层建筑工程特点（规模、高度、结构体系和工期要求等），遵循技术可行、经济合理的原则，借鉴类似工程经验，经过充分论证慎重决策。

（一）顺作法

顺作法是超高层建筑深基础工程施工最传统的工艺，深基坑工程施工完成后，再由下而上依次施工基础筏板和地下主体结构。顺作法施工工艺具有以下优点：

（1）施工技术简单。除围护结构施工技术含量比较高外，土方工程和临时支撑施工及拆除施工工艺都比较成熟，施工技术简单。

（2）土方工程作业条件好。土方工程露天作业，作业空间比较开阔，能够发挥大型机械的优势，施工效率比较高，不存在逆作法所遇到的照明和通风问题。

（3）基础工程质量易保证。结构工程由下而上施工，工艺合理，属成熟工艺，而且施工缝比较少，结构工程的施工质量和完整性易保证。因此绝大部分超高层建筑采用该工艺施工深基础工程。

但是当深基础工程规模大，特别是地质条件比较差，需要设置临时支撑时，顺作法施工工艺的缺点凸显：

（1）环境影响显著。为节约成本，顺作法深基坑工程临时支撑断面受到限制，因此临时支撑刚度较永久结构支撑刚度要小得多，约束基坑变形的能力比较弱。另外顺作法施工存在临时支撑与永久结构的转换，施工步骤比较多，也会增加基坑变形。因此与逆作法工艺相比，采用顺作法工艺施工深基础工程时，深基坑变形比较大，环境影响显著。

（2）临时支撑投入大。深基坑工程临时支撑承受的土压力荷载大，随着深基坑工程规模的不断扩大，钢筋混凝土用量达数千立方米，甚至上万立方米，临时支撑投入非常大，增加了建设成本。

（3）施工工期比较长。采用顺作法施工工艺时，由于深基坑工程与深基础工程施工采用依次施工流水方式，有支护顺作情况下，竖向上实行依次施工，先基坑工程，后基础工程，且基础工程施工往往齐头并进，施工速度受到限制，难以突出关键线路，施工工期比较长。

（二）逆作法

所谓逆作法，就是将常规的深基础工程施工工序颠倒过来，待基础工程桩及围护结构施工完成以后，即由上而下逆向施工超高层建筑地下主体结构及基础筏板。1933年，日本首先提出深基础工程逆作法的设想，并于1935年应用于东京都千代田区第一生命保险互助会社本社大厦工程。

逆作法施工工艺具有以下优点：

（1）施工工期短。当地质条件良好，桩基础承载力足够高时，采用逆作法施工工艺可以实现地下主体结构与地上主体结构同步施工，上部结构开工时间大大提前，为超高层建筑施工总工期缩短创造了良好条件。

（2）环境影响小。采用逆作法工艺施工时，深基坑支撑为永久结构梁板，刚度比较大，而且减少了临时支撑与永久结构之间的转换，因此深基坑变形比较小，深基坑工程施工的环境影响能够控制在比较小的范围内。

（3）临时支撑投入少。在逆作法施工中，主要采用永久结构梁板代替临时支撑，仅在结构缺失区域需要临时支撑。较顺作法工艺，临时支撑投入大大减少。因此，深基础工程逆作法施工工艺一经提出，就很快推广应用到超高层建筑施工。

但是，逆作法也存在一定不足：

（1）作业条件比较差。所有施工作业都在结构覆盖的情况下进行，照明和通风条件比较差。

（2）施工效率比较低。作业空间狭小，无法使用大型施工机械，土方开挖、土方和材料运输困难，模板拆除不便，施工效率比较低。

（3）临时立柱投入大。在逆作法施工中，由于巨大的永久结构荷载需要临时立柱承担，故临时立柱投入较大，因此有必要探索临时立柱与永久结构柱合二为一。

（三）顺-逆结合法

鉴于顺作法和逆作法各有优缺点，工程技术人员积极探索综合运用两种工艺解决超高层建筑深基础工程施工难题，形成了顺-逆结合法施工工艺。顺作法与逆作法一般采用两种方式结合，一种是按建筑区域分别采用顺作法和逆作法工艺施工深基础工程，如塔楼深基础工程顺作，其他区域深基础逆作，另一种是地下室主体结构不同构件分别采用顺作法和逆作法工艺施工，如框架梁逆作，楼板和柱、剪力墙顺作。第一种顺-逆结合方式应用比较广，后一种顺-逆结合方式应用虽不多，但比较适合框架结构体系超高层建筑的施工。

三、超大超深基坑施工的特点与难点

（一）超大超深基坑工程特点与难点

在超高层建筑项目不断发展的背景作用之下，城市地下空间应当也必须得到充分且高效的利用，由此导致深基坑施工逐步向着规模化方向发展，传统意义上的放坡开挖作业，呈现出与新时期超高层建筑项目较大的不适应性，由此引发对超大超深基坑开挖及支护作业的关注。新时期超高层建筑超大超深基坑工程呈现出以下几个方面的难点：

（1）基坑开挖面积较大，长度、宽度均有所提升，支撑系统所面临的难度较大。

（2）基坑开挖作业在软弱土层施工作业中所产生的沉降及位移反应明显，由此可能对周边建筑物及市政基础设施基本结构造成严重影响。

（3）高层建筑深基坑整体建设周期较长，长时间且持续性的重物堆放势必会对基坑整体结构的稳定性造成不利影响。

相较于其他分部分项工程，超大超深基坑工程具有以下特点：

（1）临时性深基坑工程是为深基础工程施工服务的，深基础工程施工结束后，深基坑工程的历史使命就完成了，深基坑工程属施工措施性工程，具有较强的临时性。因此在深基坑工程实践中，要在确保安全的前提下突出经济性，尽量降低深基坑工程的造价。

（2）区域性深基坑工程处于岩土体中，其工作状况受岩土工程特性影响极为显著，而岩土工程条件具有显著的区域性。我国幅员辽阔，不同地区岩土工程条件差异极大，沿海地区岩土工程条件较差，如上海、天津软土工程问题特别突出，而广大内陆地区岩土工程条件较好，如北京等地区，地下水位埋深大，土体强度高。因此从事深基坑工程实践时，必须因地制宜，根据工程所在地的岩土工程条件选择安全可靠、经济合理的深基坑工程技术。

（3）风险性深基坑工程的安全受场地岩土工程条件影响极为显著，但是受技术和经济条件所限，人们对岩土工程的了解还是极为有限的，还不可能全面掌握地下岩土工程的变化规律，深基坑工程实践的不确定性因素比较多，安全风险性高，深大基坑工程尤其如此。因此在深基坑工程实践中要高度重视安全风险问题，采取的各项技术措施要留有足够的安全储备，以规避安全风险。

（二）超大超深基坑工程施工特点

超高层建筑深基坑工程规模庞大、环境复杂、工期紧张，施工具有非常鲜明的特点：

（1）规模庞大。超高层建筑深基坑工程占地面广，面积超过 5 万 m² 的深基坑工程已不鲜见。为了结构稳定和开发地下空间的需要，超高层建筑的基础埋置都比较深，基坑开挖深度达 20 余米，有的甚至超过 30m。深基坑工程施工技术含量高、施工安全风险大。

（2）环境复杂。超高层建筑多处于城市繁华地段，周边建筑密集，地下管线交错，甚至还紧邻城市生命线工程如地铁等，施工环境复杂，环境保护要求高，深基坑工程施工不但要确保自身安全，而且要将变形控制在环境可承受的范围内，施工控制标准高。

（3）工期紧张。超高层建筑的显著特点是投资大、工期长、成本高。因此，必须突出工期保证措施，采取有力措施缩短工期。由于深基坑工程施工任务比较单一，牵涉面比较小，因此在超高层建筑施工中，往往将压缩工期的任务落实在深基坑工程施工阶段，深基坑工程施工工期往往极为紧张。

四、超大超深基坑工程常见的支护与开挖形式

超大超深基坑工程的支护体系一般有放坡、排桩和地下连续墙等方式。放坡支护一般结合土钉墙支护，较为经济，但受施工场地限制较大；排桩一般结合悬臂支护、锚固支护和内撑支护结构，地下连续墙一般结合内支撑支护及逆作法、半逆作法施工，排桩和地下连续墙支护比较适用于周边有建筑物且场地狭窄的情况。

土石方开挖根据工程规模与特性，地形、地质、水文、气象等自然条件，施工导流方式和施工条件等，选择开挖方式和施工组织。开挖方式一般有全面开挖、分部位开挖、分层开挖和分段开挖等；施工组织必须合理，不合理的开挖方式、开挖顺序和开挖速度可能导致主体结构桩基变位、支护结构过大的变形，甚至引起支护体系失稳而导致破坏。

超大超深基坑施工过程中支护体系设计与施工和土石方开挖，不仅与工程地质水文地质条件有关，还与基坑相邻建（构）筑物和地下管线的位置、抵御变形的能力、重要性，以及周围场地条件等有关，一般会采取上述多种方式的组合，不同工程会有不同的施工技术体系，具有很强的个性，一般不具备统一标准的技术体系。

第二节　超大超深基坑施工案例之一——广州西塔基坑工程

一、基坑工程概况

广州西塔基坑工程土石方开挖约 47.8 万 m³，开挖面积约 25162m²，开挖周长约 686.5m，开挖深度约 19.5m。基坑东侧临近珠江大道，北侧临近花城大道，西边毗邻富力中心，南边为第二少年宫，西北角与地铁出入口相接。基坑工程周边及现场情况分别如图 6-1 和图 6-2 所示。

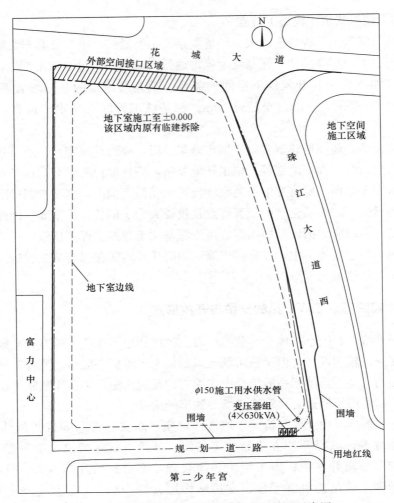

图 6-1　广州西塔基坑工程周边及现场情况示意图

图 6-2　广州西塔基坑工程周边及现场情况实图

二、基坑支护体系与施工组织设计

（一）基坑支护体系

根据广州西塔主体工程施工需要，地下施工采取先开挖支护，再进行地下室施工的方式进行；再结合基坑周边情况与地质特点，基坑工程采用"人工挖孔桩＋预应力锚杆"的排桩支护体系，局部采用少量搅拌桩。其中，人工挖孔桩共 432 根，桩径 $\phi1200$，间距 1400，桩长 21～23m；预应力锚杆共 432 根，即一桩一锚，锚杆采用 1860 级钢绞线、OVM 锚具，载面 $\phi150$，锚索 $\phi j15$；搅拌桩为 $\phi550@400$，桩长 9.5m，总长约 242m，共 4512.5m，在邻珠江大道的东北角和东面局部设双排止水搅拌桩。

（二）基坑工程施工组织

1. 施工区域和施工阶段划分

总体的施工区域在不同的施工阶段，有着不同的施工区域。施工阶段划分如表 6-1 所示。

广州西塔基坑工程施工阶段划分　　　　　　　　　　　　　　　　　表 6-1

序号	施工阶段	施工内容
1	施工准备	(1)施工准备； (2)搅拌桩两侧场地平整； (3)人工挖孔桩两侧场地平整
2	人工挖孔桩	(1)人工挖孔桩的施工； (2)基坑中心岛土方的开挖(挖至−9.00m 相对标高)
3	基坑土方岩方开挖	(1)基坑内土方开挖； (2)基坑内岩方爆破及外运
4	锚杆施工	三道预应力锚杆的施工
5	混凝土垫层施工	基坑底标高处混凝土垫层的施工

2. 施工顺序

广州西塔基坑工程支护及土石方开挖整体施工顺序如图 6-3 所示。

三、基坑支护施工

（一）人工挖孔桩

1. 工艺流程

根据设计要求，相邻两圆形桩之间采用腰鼓形断面。两挖孔桩接角面不小于 1m，桩底入微风化岩不小于 2.0m，入中风化不小于 3.0m，入强风化不小于 4.0m。为保证工程进度，支护的人工挖孔桩沿基础四周同时全面开工，由于各桩之间距离紧密相连，为确保施工安全，桩挖孔采用按跳桩分为两批进行。因此，采用间隔挖孔、分组施工的方案，每组 3 人施工。具体施工工艺流程如图 6-4 所示。

2. 施工主要技术措施

桩孔定位放线后，要经建设、设计及监理等有关人员共同复线，定好桩位后才可开

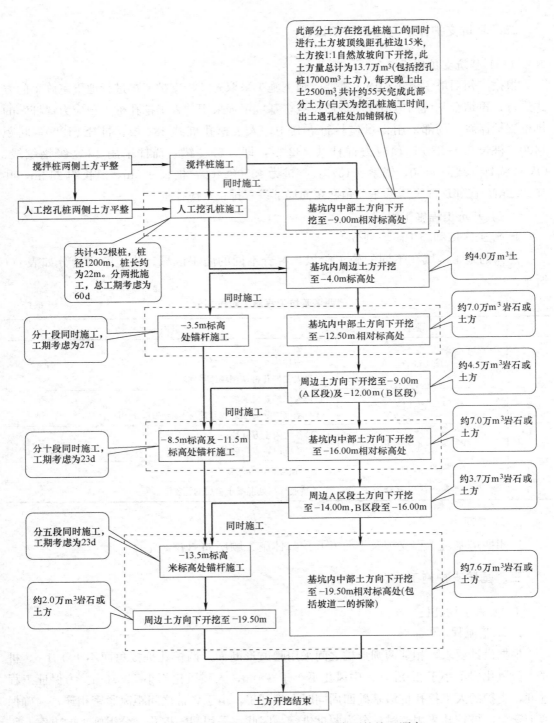

图 6-3 广州西塔基坑工程支护及土石方开挖施工顺序

挖。按桩孔平面图进行编号和顺序挖桩,为保证垂直度每下挖一节,要用线锤调校护壁模板,待第一节护壁完成后,要及时复线,并把建筑物轴线,桩中心线、标高和编号用红油

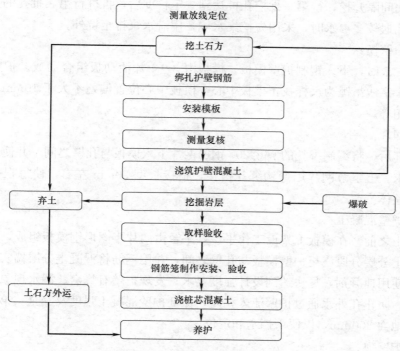

图 6-4 人工挖孔桩施工工艺流程

漆标注在护壁内侧。

桩孔的施工容许偏差要控制在设计及规范要求的范围内，即桩心直径 $D+50$，桩中心位移偏差为 50mm，垂直度容许偏差为 1/200，桩顶设计标高为 ±50mm。

搅拌机搅拌护壁混凝土时，要专人开机、专人落料，所用砂均要过磅并经常检查配比的合理性，严格按配比配混凝土。做好混凝土的留样试件，及时记录、排队，按时进行试压。确保混凝土的质量达到设计要求。

对钢筋、水泥、焊条和沙石等主要材料要有出厂合格证和试验合格后才能使用，对进场材料要专人负责验收，不合格的不允许使用。

桩孔持力层验收扩大后，应立即吊装钢筋进行桩芯混凝土的浇筑，若因条件所限不能浇筑桩芯混凝土时，则应浇筑封底混凝土以保证基岩不被水泡而降低强度。

（1）测放桩位：

由专职测量人员根据甲方提供的控制点和施工图纸测放各施工桩位，用钢筋作标识，经监理和甲方验收后，由桩位钢筋引测出相互垂直方向上的四个方位桩，并保持方位桩不被破坏。在每一节的施工中，均用四点连线的交点对桩位进行校核，使控桩中心与桩位中心偏差不大 10mm。

（2）挖土（岩）：

采取分段分节开挖，每节以 1m 为一施工段，挖土由人工从上到下逐段进行，遇坚硬土层时用风镐破碎，遇岩石用爆破法破碎。同一节内挖土次序为先中间后周边。挖（凿）出的土用桶或箩筐垂直吊至井口，再用小推车倒运至指定地点。

挖孔采用间隔开挖，待第一批挖孔桩达到一定长度后，再进行第二批孔的开挖。

当开挖孔遇较多渗水时，采用先挖集水坑，用潜水泵排至坑外。

（3）支护壁模：

挖土至一节时，下入钢制护壁模板，模板由3～4片活动板组合而成。护壁支模的对中，用井口十字线吊锤为尺杆找正模板中心，模板中心位置偏差不大于10mm。使四周护壁间隔基本相等。

（4）下网片：

模板支好后，将编制绑扎的$\phi 6@200$钢筋网片下入模板与孔壁之间，并使保护层厚度满足规范要求，上下节网片用弯钩绑扎搭接，搭接长度50mm左右，使每根桩的护壁网片形成一个整体。

（5）浇护壁混凝土：

浇混凝土之前，在模板上架设工作平台，平台由两片半圆形钢模板组成，将掺有早强剂商品混凝土分层分段浇至护壁模板与孔壁之间，并用钢筋将混凝土分层捣实。根据土质情况，尽量使用速凝剂，尽快达到设计强度要求。发现护壁有蜂窝、漏水现象，及时加以堵塞或导流，防止孔外水通过护壁流入孔内，保证护壁混凝土强度及安全。第一节护壁混凝土宜高出地面200mm，以便于挡水和定位。

（6）拆护壁模：

护壁模的拆除宜在24h后进行，以便护壁混凝土达到一定强度，等待拆模期间，可以挖下一节的中间部分土，拆模后再挖除周边部分土。然后连续支模和浇筑护壁混凝土，如此循环，直到挖至设计要求的深度。

当第一节护壁混凝土拆模后，即把轴线位置标定在护壁上，并用水准仪把相对水平标高画记在第一圈护壁内，作为控制桩孔位置和垂直度及确定桩的深度和桩顶标高的依据。

（7）钢筋笼制作与安放：

桩用钢筋按规格的品种进场后，首先检查合格证明及挂牌是否与要求相符，检查无误后按规定要求取样送检，检验合格后，方可用于钢筋笼制作，钢筋笼制作偏差如下：截面偏差±10mm，主筋间距±10mm，箍筋间距±20mm，笼长度±50mm。钢筋笼的定位采用混凝土垫块保证保护层厚度，钢筋笼长度定位偏差±50mm。

1）钢筋笼按设计图纸制作，主筋采用双面焊接，搭接长度不小于$10d$。加强筋与主筋点焊要牢固，制作钢筋笼时在同一截面上搭焊接头根数不得多于主筋总根数的50%。

2）发现弯曲、变形钢筋要作调直处理，钢筋头部弯曲要校直。制作钢筋笼时应用控制工具标定主筋间距，以便在孔口搭焊时保持钢筋笼垂直度。为防止提升导管时带动钢筋笼，严禁弯曲或变形的钢筋笼下入孔内。

3）钢筋笼在运输吊放过程中，严禁高起高落，以防弯曲、扭曲变形。

4）每节钢筋笼用焊3～4组钢筋护壁环，每组4只，以保证混凝土保护层均匀。

5）钢筋笼吊放采用活吊筋，一端固定在钢筋笼上，一端用钢管固定于孔口。

6）钢筋笼入孔时，应对准孔位徐徐轻放，避免碰撞孔壁。下笼过程中如遇阻，不得强行下入，应查明原因处理后继续下笼。

7）每节钢筋笼焊接完毕后应补足接头部位的缠筋，方可继续下笼。

8）钢筋笼吊筋固定以使钢筋笼定位，避免浇筑混凝土时钢筋笼上浮。

（8）浇筑桩芯混凝土：

1）桩孔挖至孔底设计标高或持力层时，经验收后应迅速扩大桩头，清渣抽水，随时浇灌桩芯混凝土。

2）按有关规定桩芯混凝土使用商品混凝土，为了保证桩芯混凝土能连续灌注而不发生中途停顿，必须预先做好每条桩用混凝土量计划，并与经审定供应混凝土站交底，据有车辆、路程制订供应措施。为确保混凝土质量和方量，现场派专人对每车混凝土进行坍落度验证，并做好记录，监控每车混凝土使用部位，便于追溯。并且每根桩留置 1 组试块。

3）每条桩终孔验收后，必须将有漏水的护壁，及时修补堵塞，彻底清理沉渣和抽干积水，不准在有积水和沉渣的情况下勉强灌注桩芯混凝土，从而影响桩混凝土的质量。

4）为保证灌注时的混凝土不产生分离现象，必须用串筒捣混凝土，出料口离混凝土面不得大于 2m。为了便于套筒随桩芯混凝土的升高而逐节拆除，最好采用上拆方式，其吊点及筒壁大小均应考虑能适应深部桩芯混凝土的需要，而且拆装都要方便。

5）浇筑第一步混凝土时待下料高出扩孔部分顶标高 300mm 左右再振捣，以后每浇筑 1～1.5m 后，即派工人进入井内，用高频插入式振动棒在桩芯四周充分振动一次，以保证桩芯混凝土均匀密实。捣至桩顶混凝土时浮浆高度控制在高出桩顶 300～500mm 范围内。

6）桩芯浇筑前要做好渗水测定，当涌水量不超过 0.3L/s 时可采用普通方法浇筑。若涌水量较大（＞1m³/h）或混凝土面积水大于 50mm 时，应采用水下混凝土施工方法。

7）采用水下混凝土施工方法时，混凝土强度等级比桩表所要求的混凝土强度提高一级，坍落度应控制为 10～12cm，须严格检查各导管接头，有无漏气现象，隔水栓用预制混凝土塞。

（9）桩芯混凝土的养护：

根据施工现场实际，在桩芯混凝土浇筑 12h 后进行蓄水养护，养护时间不少于 7d。

3. 爆破方案

（1）方案选择：

根据爆区周边环境、地质条件、岩石硬度等情况，对于人工挖孔桩入岩决定采用严格控制周边界限的光面爆破方法进行施工。爆破参数和炮孔布置分别如表 6-2 和图 6-5 所示。

（2）装药：

考虑个别炮孔有水因而选用防水乳胶炸药，浅眼爆破选直径 ϕ32mm 药卷深孔爆破药卷选用 ϕ60mm，装药方法为不耦合柱状装药，剩下不装药部分全部采用硬泥密实堵塞，雷管选用毫秒差电雷管，单孔装药及单位耗药量见爆破参数确定部分。

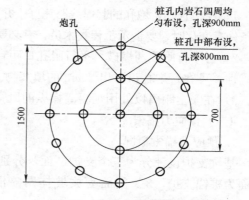

图 6-5　ϕ1.2m 孔桩炮孔布置

φ1.2m孔桩爆破参数表 表6-2

参数 类别	布孔 直径(m)	孔数 (个)	炮孔 编号	孔深 (m)	单孔 药量(g)	爆破断 面(m²)	单耗 (kg/m³)	总装药量 (kg)
掏槽眼	0.7	4	1~4号	0.9	400	1.8	3.8	5.6
周边眼	1.5	10	5~14号	0.8	300			

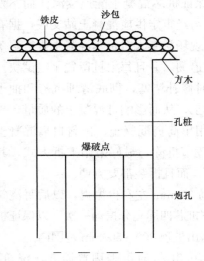

图6-6 孔桩爆破飞石控制
安全防护覆盖措施

（3）飞石的控制：

为了严格控制个别飞石，采用了三层严密覆盖措施，即先在每个孔口盖一沙包，然后再在沙包上加盖薄钢板，最后在薄钢板上压足够数量的沙包，如图6-6所示。

（4）有毒气体：

每次放完炮后，清渣队要揭开井盖，用高压风管进行通风，彻底将有毒气体吹散并用小鸟进行测试0.5h，确认安全后，才允许工人下井清渣，防止中毒。

（5）噪声：

为防止放炮时噪声过大，影响附近居民的工作、生活，人工挖孔桩应逐个分开放炮，并在每个孔口覆盖物上加盖一些吸声效果好的材料（如麻袋等）降低噪声，做到既要正常施工，又要不扰民。

（6）警戒范围：

爆破点周边50m为警戒范围，现场部分设备由现场技术人员临时商定。

（7）事故的预防和处理技术：

每次爆破后，爆破员要认真仔细检查爆破现场，对于怀疑有盲炮时，要用电雷管专用测试仪检测，或根据爆破结果进行分析盲炮存在的可能性，发现盲炮要及时处理，防止发生意外事故。

处理盲炮可采用下列方法：

1）经检查确认炮孔的起爆线路完好，并没有破坏原有爆破条件的情况下，可重新起爆，如条件有变化时，要请示工程技术员，有必要时，要加强覆盖，确保重新起爆的安全。

2）打平行眼装药爆破，平行眼孔口距盲炮孔口不应小于30cm，为确保平行眼方向的准确性，可在盲炮孔口取出20cm的填塞物。

3）在安全距离以外用远距离操纵的风管吹出盲炮填塞物及炸药，并回收雷管。

（二）预应力锚索

1. 预应力锚索概况

基坑支护设计分为三个支护剖面，分别为1-1、2-2和3-3支护剖面，其中1-1和2-2剖面为桩锚支护，3-3剖面为放坡挂网喷混凝土，各剖面具体支护施工工程量统计如表6-3和表6-4所示。

基坑支护施工工程量统计　　　　　　　　　　　　　表 6-3

剖面号	60mm 厚喷混凝土	M 锚索		钢筋混凝土腰梁	φ550 搅拌桩	人工挖孔桩	岩方
	m²	条	m	m	m	条	m³
1-1(A 区)		714.00	19516.0		2251.50		
2-2(B 区)		374.00	9724.0				
3-3(放坡)	1877.05						
合计	1877.05	1088.00	29240.0	604.80	2251.50	432.00	126837.0

预应力锚索施工工程量统计表　　　　　　　　　　　表 6-4

剖面编号	锚索道号	特征值（kN）	锁定值（kN）	每道长度（m）	水平间距（m）	倾角（°）	条数（条）	进尺（m）
1-1	M1	500	500	34	1.4	25	238	8092.0
	M2	500	500	28	1.4	25	238	6664.0
	M3	500	500	20	1.4	20	238	4760.0
2-2	M4	500	500	32	1.4	25	187	5984.0
	M5	500	500	20	1.4	20	187	3740.0
合计	5						1088	29240.0

2. 施工技术要求和施工要点

（1）技术要求：

1）挖土速度要与预应力锚索施工速度相协调，清土至各排预应力锚索孔位标高下 500，严禁超挖。

2）预应力锚索检验荷载为设计承载力的 1.2 倍。

3）钢绞线强度等级为 $1860N/mm^2$。

4）锚索须采用二次高压注浆工艺施工，锚固段水泥用量不少于 60kg/m。

5）锚索锁定前，施工单位应会同有关单位对锚索进行质量验收，通过验收后方可进行锚索张拉锁定。

6）锚索采用 32.5R 普通硅酸盐水泥，水泥浆水灰比 0.5。

7）锚索采用套管跟进成孔工艺施工。

8）质量检验：锚索抗拔应按 5% 锚索总量检验验收，拉至设计承载力的 1.2 倍。

9）施工图中单根锚索设计长度为暂定值，实际锚索长度将根据现场锚索基本试验及抗拔力检验数据另行确定。

（2）施工要点：

1）钻孔要保证位置正确，要随时注意调整好锚孔位置（上、下、左、右及角度）防止高低参差不齐和相互交错。为此，机械（人工）填（压）实平整出作业面，确保钻机安放稳定可靠，保持水平，钻杆角度，满足设计。钻孔过程中，必须真实地填写好钻孔记录表，以备查用。

2）钻进后要反复提插孔内钻杆，并用水冲洗直至水清，再接下节钻杆，若遇有粗砂、碎卵石土层，在钻杆钻至最后一节时，应比要求深度深 300～500mm，以防粗砂、卵石堵塞管子。

3）钢绞线使用前检查各项性能，检查有无油污、锈蚀、缺股断丝等情况，如有不合格的应进行更换和处理。断好的钢绞线长度要基本一致，偏差不得大于 30mm，端部要用钢丝绑扎牢，不得参差不齐或散架。钢绞线与导向架要绑扎牢固，导向架间距要均匀。

4）注浆管使用前，要检查有无破裂堵塞、接口处要处理牢固，防止压力加大时开裂跑浆。

5）常压灌浆压力不做要求，灌满为止，若遇砂层时要进行常压补浆。二次压力注浆压力应大于 2.5MPa。

6）若孔位处在砂层中，根据设计交底应进行孔口第三次常压补浆。

7）注浆前用水引路、润湿，检查输浆管道，注浆后及时用水清洗搅浆、压浆设备及灌浆管等。

8）注浆后自然养护不少于 7d 待强度达到设计强度的 70% 后，且大于 15MPa，始可进行张拉工艺。在灌浆体硬化之前，不能承受外力或由外力引起的锚索移动。

9）张拉前要校核好千斤顶，要对张拉千斤顶设备进行标定，检验锚具硬度，清擦孔内油污、泥沙。

10）各区段上排锚索孔位在冠梁处，可先施工锚索后施工冠梁。

（3）成孔机具设备和成孔方法：

1）成孔机具设备的选择。

选用 SM3000 型水电锚杆钻机、WMZ4000 多功能锚索钻机和德国 HD-76 改装型油压式履带钻机，钻孔成孔孔径不得小于 150mm，以全套管跟进保护孔壁方式施工，过程中记录钻孔之地质情况及回水、漏水现象，作为灌浆参数。

2）成孔方法。

按施工图中各区段各排锚孔位置准确测放孔位，用小木桩标记，水平方向应通线拉平，保证锚头在同一平面上。

根据本工程场地情况应用水作业钻进法成孔工艺，施工时在钻杆外设有套管，钻出的泥渣用水冲刷出孔，至水流不浑浊时为止。此方法的优点是把成孔过程中地钻进、出渣、成孔等工序一次完成，可防止塌孔，不留残土，适用于各种软硬土层，特别适于有地下水或土的含水率大及有流沙的土层。

成孔质量是保证锚索质量的关键，直接影响锚索的锚固能力。孔壁要做到顺直，以便安放锚索和灌水泥浆，孔壁不得塌陷和松动，否则影响锚索安放和土层锚索的承载能力。

① 钻机就位后，按设计倾角 20°～25°钻孔，选用相应合金钻头先钻进数米后提起钻头，放入护壁套管，再用相应口径钻头冲水钻进。

② 在自由段成孔时，钻杆钻速可稍快，一般约为 220r/min，钻进锚固段时速度可减为自由段速度一半左右，下钻速度 300～400mm/min 为宜。钻孔时如遇地下管网或障碍物应立即停止施工，请设计、业主、监理现场确定处理方案。

③ 钻进中遇流沙，应适当加快钻进速度，减慢钻杆回转速度，减低冲孔水压，保持孔内水头压力。

④ 接长钻杆、套管、钻头或其他原因停止下钻时，应保持继续向孔内注水，维持孔内一定水压。

⑤ 若遇岩层（中微风化）钻不动时，改用在套管内潜孔锤气动冲击成孔工艺，入岩深度由设计确定。

⑥ 清孔：用钻机成孔后，须用清水冲孔，直到孔口流出清水为止。

⑦ 锚索施工偏差控制如表 6-5 所示。

锚索施工偏差控制　　　　表 6-5

项　目	允许偏差	项　目	允许偏差
长度	超过 50～1.0m	水平间距	+50mm
钻孔偏斜率	1%	垂直间距	+50mm

（4）锚索安装和灌浆：

1）锚索安放。

安排专人按标准结构构造制作，要求顺直。钢绞线如涂有油蜡，在其锚固段要仔细加以清除，以免影响与锚固体的粘结，从而降低锚索与锚固件之间的握裹力。

为将锚索安置于钻孔的中心，防止非锚固段产生过大的梳度，在锚索表面上要设置定位器，定位器还可保证各束钢绞线不致缠绕，并使之有足够的水泥浆保护层，本工程设计选用 φ70 对中隔离架@2000，隔离架、一次、二次注浆管宜于杆体用钢丝绑扎牢固，与隔离架错开每隔 2000mm 用钢丝绑牢钢绞线线束。

插入锚索时应浆注浆管与锚索绑在一起，同时插入孔内一次注浆管距孔底宜为 100～200mm，二次注浆管的出浆孔应进行可灌密封处理。

为保证非锚固段拉杆可以自由伸长，可在每根锚索的自由部位套波纹管，两端用钢丝扎牢。

清孔验收后，应立即安放锚索，安放时，应防止杆体扭转，弯曲，并插入设计深度。

2）灌浆。

灌浆是土层锚索施工中的一个关键工序，施工时对有关数记录下来，以备查用。

灌浆材料设计一次注浆采用 M30 水泥砂浆，二次注浆采用纯水泥浆，采用 32.5R 普通硅酸盐水泥，水灰比 0.5，其流动要适合泵送，为防止泌水、干缩和降低水灰比，可掺加 0.3% 的木质素硫酸钙。

水泥砂浆抗压强度应满足设计要求，可用时间应为 30～60min，为加快凝固，提高早期强度，可掺速凝剂，也须经业主（设计）同意，尤其是在砂层中注浆时，应适量多加一些，但使用时要拌均匀，整个浇筑过程须在 4min 内结束。

根据地质情况，为提高承载力，设计采用二次高压注浆预应力锚索。锚索杆件为多股钢绞线；在自由段只是理顺扎紧，并外套波纹管；锚固段的钢绞线绑扎在支架上，每 2m 设一个，注浆管从中间穿入。二次注浆管为在测壁底下一定长度范围内每隔 500mm 开有

8 个小孔的弹性很强的塑料管，开孔处的外部用胶布或胶纸盖住。

注浆采用注浆泵配以搅拌机进行。注浆泵的最高压力为 5MPa，水泥砂浆的强度为：1d 为 4MPa，2d 为 11.3MPa，7d 为 21MPa。

注浆管选用硬质 PVC 管，一次注浆管为 6 分管，其底端部管口用两层黑胶布封口；二次注浆管也是 6 分管，其底端部 1.5～3.0m 范围制成花管形式，出浆口直径 $\phi6\sim8mm$ 间距 100mm 梅花型排列，其出浆孔和端头用黑胶布封口。

注浆管宜与锚索同时放入孔内，一次注浆管端头到孔底距离宜为 100～200mm 进行一次常压注浆，浆液从钻孔底部向上返回，随着浆液的注入，钻孔孔口处有水徐徐溢出，待孔口出现纯水泥浆时一次常压注浆结束，并立即拔出护壁套管。

二次高压注浆浆液压力按设计要求应控制在 2.0～3.0MPa 之间，注浆时间根据气候环境和注浆工艺宜在一次常压灌浆浆液初凝后终凝前进行，以便能冲开一次常压灌浆所形成的具有一定强度的锚固体。

二次高压注浆当压力稳定后，稳压 1.5～2.0min 并立即用灰袋塞孔，湿黏土封孔，二次注浆结束后，应冲刷注浆设备管路。

（5）锚索腰梁的制作和安装：

1）腰梁钢筋制安。

开挖至腰梁底设计标高 50～100mm，在施工水泥砂浆垫层后，按设计图纸将腰梁钢筋安装完成，并与纵向钢筋焊接牢固。腰梁钢筋安装要求平直，不发生扭曲现象。

2）制模板。

按设计图纸的尺寸切割好模板并安装底模和侧模板，锚头部位采用 $\phi50PVC$ 管套住保护，确保钢绞线与混凝土隔离。

3）混凝土浇筑。

采用商品混凝土浇筑，在浇筑过程中应做到以下两点要求：

① 尽量避免振动棒直接触动预应力筋。

② 确保预应力筋锚垫板周围混凝土密实、不漏浆。当预应力筋端部的混凝土质量不好，出现蜂窝时，必须进行处理，必要时凿掉该部分混凝土，重新浇筑后，方可进行预应力张拉。

混凝土浇筑过程中，派专人进行跟班，以便及时发现问题并做出处理。

③ 清理锚垫板。在混凝土浇完 48h 后，总包单位拆除池壁侧模即进行张拉端的清理，清理时注意不要破坏混凝土。发现张拉端出现蜂窝，应及时通知总包进行补强处理，以免影响预应力张拉时间。

（6）锚索的张拉和锁定。

张拉设备可根据各区段各排锚索设计确定的荷载值选择穿心式千斤顶和油泵型号，锚固段强度大于 15kPa 并达到设计强度等级的 75% 方可进行张拉。锚索宜张拉至设计荷载的 1.10 倍后，再按设计要求锁定。

张拉时宜用千斤顶预拉，使横梁与托架贴紧，然后进行整排锚索的正式张拉。宜采用跳拉法或往复式拉法，以保证钢绞线与横梁受力均匀。

锚索分级张拉：按 0.10Nt（设计抗拔力）→0.50Nt→1.10Nt→锁定荷载的荷载等级张拉，最后张拉至 1.10Nt 保持 10～15min，当变位稳定时，然后卸载安装锚具夹片至锁定荷载锚索。每级加压后，测读油压表读数及锚索伸长量并做好记录。

（三）喷射混凝土

工程位于基坑西南侧与富力中心基坑相连接的地段，设计采用分级放坡挂网喷设 60mm 厚混凝土，总计施工工程量 2006.15m^2。

采用 2 台套喷射混凝土设备（12m^3 空压机、喷射机等），日完成工程量 100m^3，10d 可以完成，喷射混凝土的施工与土方分层开挖同步进行。

1. 工艺流程

分层开挖土方→修面→打入钢筋土钉→喷射混凝土。

2. 质量控制要点及相应技术质量保证措施

（1）喷射细石混凝土 C20。

1）喷射混凝土所用的水泥、水及砂子的规格要求与注浆材料相同；爪子石（细石）的最大粒径不应大于 15mm；速凝剂必须采用国家鉴定合格的产品；

2）喷射混凝土配比根据设计要求确定，一般采用水泥∶砂∶石重量比为＝1∶2∶2（或 1∶2.5∶2.5）；喷射混凝土的水灰比一般采用 0.4～0.5；粉状速凝剂的掺量为水泥重量的 3% 左右，特殊情况下可减小或增大比例；

（2）喷射混凝土作业具体要求。

1）混合料应搅拌均匀，颜色一致，随拌随用，不掺速凝剂时，存放时间不超过 20min。

2）喷射混凝土时，喷头处的工作风压以保持在 0.1～0.12MPa 为宜，喷头与受喷面应尽量垂直，并保持在 0.8～1.0m 的距离。

3）喷射顶部混凝土时应注意操作安全，戴好安全帽、口罩、防护眼镜，必要时搭 φ48 钢架；喷射侧面时应自下而上进行，喷头运动一般按螺旋式轨迹一圈压半圈均匀缓慢地移动；底部（水平面）可采用喷射混凝土或现浇混凝土，但后者需用振棒振实。

4）喷射混凝土接茬，应斜交搭接，搭接长度一般为喷射厚度的 2 倍以上。

5）回弹物应及时回收利用，但不宜作为喷料重新喷射。

6）喷射混凝土终凝后 2h 应浇水养护，保持混凝土表面湿润，养护期不小于 7d。

（四）搅拌桩施工

1. 搅拌桩施工概述

搅拌桩施工主要在基坑东北角和东侧中部，设计采用单排直径 φ550 搭接 150mm，施工长度均为 9.50m，总计工程量 2251.5m。

施工机械采用 3 台深层搅拌桩机，单机日完成工程量为 350m，8d 可以完成所有工程量；配合使用 2 台灰浆泵和 2 个搅拌桶，如表 6-6 所示。

2. 工艺流程

搅拌桩施工采用搅拌桩机钻孔，然后进行喷浆搅拌土体，其工艺流程如图 6-7 所示。

搅拌桩施工所需机械列表　　　表 6-6

序号	名称	规格	单位	数量	单机功率(kW)	用途
1	深层喷射搅拌机	PH-5A 型	台	3	37	搅拌桩施工
2	灰浆泵	Ub3c	台	2	5	输送压力浆液
3	搅拌桶	2m³	个	2	5	调制水泥浆

3. 施工方法

（1）定位

启动搅拌机移到指定桩位，对中。同时应调整四只支腿的高低，使井架垂直度在桩的设计要求内。一般对中误差不宜超过 2.0cm，搅拌轴垂直度偏差不超过 1.0%。

（2）浆液配制：

1）严格控制水灰比，配比为 0.5:1～0.6:1。

2）水泥浆必须充分拌和均匀。

3）为改善水泥和易性，可加入适量的外加剂。

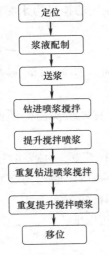

图 6-7　搅拌桩施工工艺流程

4）送浆：将制备好的水泥浆经筛过滤后，倒入贮浆桶，开动灰浆泵，将浆液送至搅拌头。

（3）钻进搅拌：

证实浆液从钻头喷出，启动桩机搅拌头向下旋转钻进搅拌，并连续喷入水泥浆液，以防堵塞钻头。

（4）提升搅拌喷浆：

将搅拌头自桩端反转匀速提升搅拌，并继续喷入水泥浆液，直至地面。证实浆液从钻头喷出并具有一定压力（0.4～0.6MPa）后，启动桩机搅拌头向上提升搅拌，并连续喷入水泥浆液。

1）调整灰浆泵压力档次，使喷浆量满足设计要求。

2）在设计桩长或层位后，应原地喷浆搅拌 30s。

（5）重复（3）、（4）的步骤。

（6）移位：

成桩完毕，清理搅拌叶片上包裹的土块及喷浆口，桩机移至另一桩位施工。

四、土石方工程施工

（一）场地平整

按设计要求的标高平整场地，场地平整分两块进行，先行平整搅拌桩两侧的土方，再平整挖孔桩两侧的土方，并将其堆至场地中部，然后开挖基坑中部土方时运出。场地的平整拟投入推土机、铲运机、装载机、压路机等大型的施工机械进行施工，以加快施工进度。

（二）土石方开挖施工程序

土方分层开挖，同时土方开挖和锚杆施工交叉进行，土方开挖分以下几个步骤（参见图 6-3）：

（1）人工挖孔桩与基坑中心部位的土方同时开始，人工挖孔桩施工完毕，基坑中部土方开挖至−9.00m，开挖边距人工挖孔桩边 15m，放坡 1∶1。人工挖孔桩的土方倾倒于基坑中部，并随中部土方一起外运出场外。

（2）待人工挖孔桩施工完毕，基坑中部土方的开挖转至基坑四周土方开挖至−4.00m 标高处后，此时−3.50m 基坑四周锚杆插入施工。

（3）基坑四周第一道锚杆施工完毕，基坑中部土方开挖施工转入基坑四周土方开挖施工，四周土方由−4.00m 相对标高向下开挖至−9.00m 相对标高（A 区段）及−12.00m 相对标高处（B 区段）。

（4）基坑四周标高开挖至−9.00m 及−12.00m 标高后，基坑土方开挖转入中部进行，此时土方在中部向坑底标高开挖。

（5）中部土方向坑底开挖的同时，四周进行第二道锚杆的施工。第二道锚杆施工完毕，中部土方开挖又转入四周土方开挖，此时，四周土方开挖 A 区段（三道锚杆处）由−9.00m 标高向−14.00m 标高处开挖，B 区段（两道锚杆处）由−12.00m 标高处向坑底开挖。

（6）第三道锚杆施工同时，基坑中部及 B 区段基坑周边继续向坑底标高开挖。

（7）第三道锚杆施工结束，基坑内土方全部向基坑底标高处开挖直至结束。

（8）土方开挖时从自然地面标高向−16.00m 标高处开挖时，基坑内设运土坡道 4 个，均布在沿珠江大道边上。在土方挖至−16.00m 标高后，挖除基坑内的 2 个坡道，留 2 个坡道作为出土坡道。

（9）基坑挖至近坑底，先拆除南边出土坡道，最后拆除中部的出土坡道。在出土坡道拆除时，坡道处锚杆施工同时跟上。

（三）放坡处土方的开挖

放坡处土方开挖随同基坑中部的土方同时开挖，其开挖分 2m 一层进行，2m 一层挖完即进行钢筋土钉施工及喷射混凝土施工，喷射混凝土施工完毕随中部土方向下开挖。

对于此部分土方，其边坡坡度必须按施工方案或设计要求所确定的大小进行施工，不能任意加大，土方开挖前，必须将边坡的上边缘线、下边缘线均用石灰线标出，采用机械挖土时，在边坡位置宜浅挖，再由人工配合修整至所需要的边坡坡度。

（四）出土坡道三处基坑支护的加固

出土坡道三最后分层挖除，坡道挖除后挖掘机需用汽车吊从坑内吊运出坑上，此时坡道三部位的基坑支护需要加固，以确保基坑的安全。加固方法为：此部分孔桩配筋按原设计增加 50%，并于第一道锚杆上 500mm 处增加 4 根预应力锚杆。

（五）土石方运输和组织

（1）土石方运输采用机械挖土，自卸汽车运土的方式进行。

挖土运土机械设备如下：

挖机的配置：每台挖机按 $800m^3/d$，最高峰共需 $5000 \div 800 = 6.6$ 台，考虑转土等其他因素按 12 台配置。

装载汽车配置：高峰日均出土量按 $5000m^3$，装载汽车 1d 按 2 个台班 16h 考虑，每辆汽车从装土至第二次装土需 2.0h，一辆汽车每次运土 $13m^3$，每天一辆汽车可运土 $16 \div 2.0 \times 13 = 104m^3$。

需装载汽车：$5000 \div 104 = 48$（台）。

按 4 个出口，每出口按 20 台车配置，共需自卸汽车 80 辆左右。

（2）场地平整时设南、北 2 个出土坡道出土。

（3）平整后的场地标高向下挖至 $-16.00m$，此部分土方由基坑内 4 个临珠江大道边的出口坡道出土。

（4）$-16.00m$ 至坑底标高，由南、北 2 个出土坡道出土。

（5）至坑底设计标高后，先利用南面的坡道拆除北坡道，然后再拆除南坡道。

（6）土方的组织：

土方依据不同的坡道组成不同的运输组，场地平整期间，分为两组进行。由平整后的场地标高向下挖至 $-16.00m$ 的土方分 4 组进行，其中 2 组负责北片区的土方，另外 2 组负责南片区的土方。每一小组走各自的坡道，大家做到相互不干扰。$-16.00m$ 以下的土方分 2 组进行，其中一组负责北片区土方，一组负责南片区土方，为了使坡道利用效率高，根据出土地点确定一个坡道为出车坡道，一个坡道为进车坡道。

（六）基坑内岩石爆破

1. 爆破参数

浅眼爆破：

1）孔径 $d = 40mm$。

2）$h \leqslant 3.5m$，对于不够 3.5m 的地方按实际高度超深 20cm。

3）孔距 $a = 1.2m$。

4）排距 $b = 1.0m$。

5）单位耗药量 $q = 0.45kg/m^3$。

6）单孔装药量，对于 $h = 3.5m$ 的炮眼装药量为：$Q = qabh = 0.45 \times 1.2 \times 1.0 \times 3.5 = 1.90kg$。

7）对于孤石爆破，其打眼深度为孤石厚度 2/3，其单位耗药量 $q = 0.2kg/m^3$。

8）炮孔布置采用梅花形布置，炮眼角度为垂直炮眼

9）起爆顺序为排式起爆，前排为低段，后排依次加大，各段延期时间取 $50ms \leqslant t \leqslant 200ms$。

2. 爆破网路设计

爆破网路采用大串联接法如图 6-8 所示，爆破器材选用辽宁省营口市防爆器件厂生产的 MFd-200 型发爆器起爆，电雷管及网路则选用上海电工仪器厂生产的 QJ41 型电雷管测试仪检测，起爆能源选用毫秒差电雷管，正向起爆。

3. 安全距离

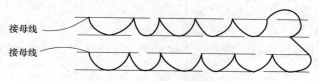

接母线
接母线

图6-8 大串联接法爆破网路设计

（1）爆破地震波的安全距离：

国家标准《爆破安全规程》（GB 6722）规定，对于钢筋混凝土框架结构，其允许的最大振速为5cm/s，对于砖混结构，其允许的最大振动速度为3cm/s，为安全起见确定安全距离时应以2cm/s来限制最大一段装药量。

（2）飞石的控制：

为了严格控制个别飞石，采用了3层严密覆盖措施，即先在每个孔口盖一沙包，然后再在沙包上加盖薄钢板，最后在薄钢板上压上足够数量的沙包，如图6-9所示。

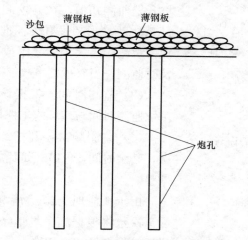

沙包　薄钢板　薄钢板
炮孔

图6-9 基坑爆破飞石控制安全防护覆盖措施

（3）空气冲击波：

采用城市中爆破噪声不应大于90dB为标准，来计算冲击波安全距离。

（4）警戒范围：

爆破点周边50m为警戒范围，现场部分设备由现场技术人员临时商定。

五、基坑监测

（一）围护桩沉降观测

在压顶梁上布置沉降观测点14个，间距40m，作为基坑观测点的永久基准。沉降点相对于基准点的沉降差就为基坑该段土体或建筑物的沉降量。水准测量采用环形闭合方法，每次观测均当场进行误差检查，闭合误差满足要求，且同一观测点两次观测误差不大于1mm。所有沉降点可统一纳入一个观测系统，由3个公用基准点共同组成封闭水准网。

（二）围护桩水平位移观测

用经纬仪观测基坑顶水平位移、在基坑四周影响范围外且易于保护的地方埋设4个基准点，沿基坑顶面设置水平位移观测点 14 个。测点采用钢筋桩预埋在支护桩顶，钢筋上刻十字丝作为点位观测之用。在测点混凝土灌注终凝之后，即开始观测，并记录初始值。水平位移测量采用小角法施测。按照一级变形测量等级施测，变形点的点位中误差不大于±1.5mm。

基坑顶面沉降和位移观测，每项各设观测点 20 个。

邻近建筑物、地下管线沉降和位移，地面沉降共设观测点 16 个。

（三）基坑外水位监测

沿基坑边缘四周设 9 个观测孔。水位监测仍采用钻孔测水井高程方法，先在设计点位钻孔，管底生伸至强风化面或基坑底，然后用 PVC 管护壁，用测探仪定期测量孔内水位高程。水位孔埋设示意图如图 6-10 所示。

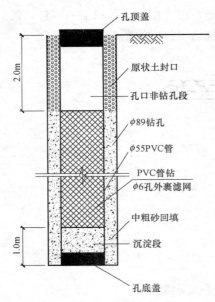

图 6-10　水位孔埋设示意图

孔顶盖
原状土封口
孔口非钻孔段
$\phi89$钻孔
$\phi55$PVC管
PVC管钻
$\phi6$孔外裹滤网
中粗砂回填
沉淀段
孔底盖

（四）监测时间与频次

（1）观测周期、次数确定的原则：各项目在基坑开挖前测初值，在开挖卸载急剧阶段，间隔不超过 2d，当变形超过有关标准或场地变化较大时，应加密观测；当大雨、暴雨或基坑荷载条件改变时应及时监测；当有危险事故征兆时，应连续观测。

（2）监测时间：根据该工程的工期进度安排，基坑监测时间与基坑施工保持同步。

（3）监测频次：开挖卸载急剧期间大约 3d 一次，其余时间 5～10d，间隔时间根据工程需要适当调整。

由于工地现场施工情况变化，具体测量时间、测量次数将根据施工场地条件、现场工程进度和测量反馈信息做相应调整。

（五）监测设备

（1）南方经纬仪仪一台，精度 2"。

（2）WT90 电阻水位仪，量测精度 1mm。

（3）精密水准仪（DSZ-3 或 N3）和不伸缩铟瓦水准尺。

（六）安全监测的信息化处理及监测流程

工程监测的目的主要是为施工安全提供准确、快速的信息，以便及时对可能出现的险情做出预测、预报，并及时将成果反馈给决策层，进而改进施工方案和采取处理措施，以避免事故的发生，因而监测的数据要求必须准确和迅速，为达到这个目的，现场监测仪器必须采用高精度设备，并由经验丰富的专业测试人员完成，测量结果应及时送入计算机进行处理。在监测期及时对各类测量数据进行计算处理，对重要的监测点设定安全报警值：

（1）基坑外水位：基坑开挖引起坑外水位下降不得超过 2000mm，每天发展不得超过 500mm。

（2）煤气管道的变化：沉降或水平位移均不得超过 10mm，每天发展不得超过 2mm。

（3）自来水管道的变化：沉降或水平位移均不得超过 30mm，每天发展不得超过 5mm。测量完毕，将实际测值与允许值进行比较，绘制各种变形—时间关系过程线，预测变形发展趋向，及时向有关部门汇报。若发现位移变化较大，立即向有关部门报告，并提供报表。测量结果正常，则在测量结束后 1d 内提供报表，测量工作结束后提交完整的观测报告，以达到信息化施工的目的。

监测工作进行一段时间或施工某一阶段结束后，都要对量测结果进行总结和分析。

（1）数据整理。把原始数据通过一定的方法，如大小的排序，用频率分布的形式把一组数据分布情况显示出来，进行数据的数字特征值统计，离群数据的取舍。

（2）数据的曲线拟合。寻找一种能够较好地反映数据变化规律和趋势的函数关系式，对下一阶段的监测数据进行预测，防患于未然。

（3）插值法。在实测数据的基础上，采用函数近似的方法，求得符合测量规律而又未实测到的数据。

日常基本监测和数据处理工作，按照以下程序进行监测反馈：现场监测信息→监测工程师→监测总工程师→项目经理→监理工程师及业主。

第三节　超大超深基坑施工案例之二
——广州东塔（二期）基坑工程

一、基坑工程概况

（一）东塔深基坑简介

广州东塔（二期）基坑支护与土方开挖施工范围为裙楼工程所在处，占地面积约 1.62 万 m²，基坑支护施工总周长约 608m（图 6-11）。±0.000 相当于绝对标高 10.100，基坑开挖底标高为 -28.300m，基坑顶面标高为 -1.700m，开挖深度为 26.60m，土石方量约为 43.7 万 m³。

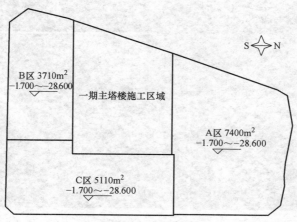

图 6-11　基坑分区示意图

（二）特殊地理条件简介

1. 周边道路现状

本工程位于珠江东路东侧、冼村路西侧，北望花城大道，南帖花城南路；与对面已经封顶的西塔一起形成双子塔，分别位于新城市中轴线两侧，中间由地下空间连通双塔的地下室；场地北、西侧市政道路已投入使用，南侧花城南路正在进行管线及道路施工，东侧靠北段为合景房地产公司用地（基坑开挖完成，工程桩正在施工）、靠南段为富力房地产公司用地，中间为规划道路，周边地势平整（图 6-12、图 6-13）。

图 6-12　场地周边总体情况照片

图 6-13　西南侧西侧（珠江东路）北侧（花城大道）东侧（J2-2 和 J2-5 地块）

2. 周边建筑概况

场地位于珠江新城中心区，周边环境非常复杂：

（1）基坑西侧为珠江东路，珠江东路下为已建的地下城市空间（深约 7.5m），地下室距地下空间约 2～23m，项目西北角负一层将与地下空间接通；

（2）基坑北侧为花城大道，花城大道下为一层已建地下城市空间（深约 7.5m），城市空间下有已建在使用地铁五号线，五号线埋深约 15.3～18.4m，距拟建地下室约 9.2～12.6m；

（3）基坑东侧分别为合景 J2-2、富力 J2-5 项目，其中北侧 J2-2 项目基坑挖深约 21m，距本工程地下室约 6～15m，J2-2 基坑已开挖到底，主要采用桩撑及桩锚支护；南侧 J2-5 规划地下室深 18m，距本工程地下室约 16.5m，J2-5 项目还在方案设计阶段；

（4）基坑南侧为花城南路，路对面为广州市图书馆，图书馆主体已完工，正在进行装修工程施工，其基坑深约 14m，已回填，基坑支护采用桩锚及桩撑支护。

（三）特殊地质条件简介

场地地形较平坦，地貌单元属珠江冲积平原，据钻探资料显示，场区内覆盖层自上而下依次为第四系人工填土层（1）、冲积层（2）、残积层（3），下伏基岩为白垩系大朗山组黄花岗段沉积岩（4），参见图 6-14。

1. 人工填土（层号 1）

该层主要为杂填土，全部钻孔均有分布。杂色，由黏性土、碎石、砖块及混凝土碎块等建筑垃圾堆填而成，稍湿，结构松散，为新近填土。

（1）冲积层：冲积层主要为粉质黏土夹砂层，局部夹淤泥质土透镜体，根据其工程特性，可分为四个亚层：

淤泥质土：局部钻孔分布，深灰、灰色，饱和，流塑，有腥臭味，局部夹腐木，含粉细砂。

粉质黏土：场地普遍有分布，棕红、红褐、灰白、灰、浅灰等色，局部呈花斑状，可塑为主，局部硬塑或软塑，黏性较好，土质不均匀，手捏有砂感，局部夹砂层及淤泥质土透镜体。

砂层：主要为中粗砂，局部夹粉细砂，仅在场地中东部的部分钻孔中钻遇。浅黄、灰白、浅灰、灰黄、黄、褐黄等色，饱和，稍密～中密，级配差～一般，次棱角状，局部级配良好，含黏粒，稍具黏性，砂质成分以石英为主。

淤泥质土：该层仅在局部钻孔钻遇，深灰、灰等色，饱和、流塑，有腥臭味，局部夹腐木，含粉细砂。

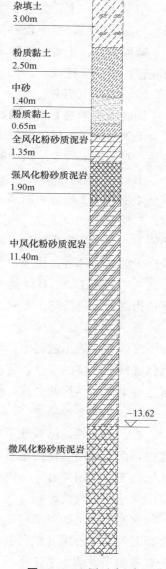

杂填土
3.00m

粉质黏土
2.50m

中砂
1.40m

粉质黏土
0.65m

全风化粉砂质泥岩
1.35m

强风化粉砂质泥岩
1.90m

中风化粉砂质泥岩
11.40m

−13.62

微风化粉砂质泥岩

图 6-14 土层示意图

（2）残积层

粉质黏土：该层在场地断续分布，仅在部分钻孔中钻遇。红褐、褐红、棕黄等色，可塑～硬塑，黏性一般～好，为泥岩风化残积土，湿水后易软化。

（3）黄花岗段沉积岩

全风化岩：主要为粉砂质泥岩，在场地分布不连续，仅在部分钻孔中钻遇。红褐色，风化剧烈，岩石结构已基本破坏，岩芯呈坚硬土柱状，湿水后易软化。

强风化岩：主要为粉砂质泥岩，局部夹砂岩，在场地分布不连续，在大部分钻孔中有钻遇。红褐色，岩石风化强烈，岩石结构大部分已破坏，岩芯呈半岩半土状、碎块状，风化不均匀，夹中风化岩。

中风化岩：主要为粉砂质泥岩，局部夹砂岩，在场地分布普遍，各孔中均有钻遇。红褐色，泥质胶结，裂隙较发育，岩石较破碎，岩芯呈柱状及块状，风化明显，色泽暗淡。

微风化岩：主要为粉砂质泥岩，局部夹砂岩，红褐色，泥质胶结，裂隙不发育，岩石较完整，岩芯呈柱状，节长3～60cm，柱面光滑，风干后易开裂。

2. 水文地质条件

场区内所遇地下水为第四系孔隙承压水和基岩裂隙水。第四系素填土、粉质黏土及淤泥质土为相对隔水层，砂层主要为含水层，厚度较小，分布广，地下水对混凝土结构无腐蚀性，对钢筋混凝土结构中的钢筋无腐蚀性，对钢结构具弱腐蚀性。

（四）总体施工部署

业主将本工程分为两期进行，一期施工主塔楼基坑、底板和主塔楼核心筒负五层墙体，二期施工剩余工程。一期已经由我们在指定的工期内顺利完成，在此基础上，开始二期施工。为保证主塔楼地下室和上部结构施工的有效堆场和施工的持续进行，我们采用分区施工的总体部署，将项目分为塔楼区域和非塔楼区域，非塔楼区域又分为A、B、C三个区域，先施工A、B区基坑支护与土方开挖工程，利用C区作为堆场；待A、B区地下室结构封顶后再行施工C区。

1. A区基坑支护部署

A区基坑施工过程中，东面相邻的J2-2项目同时也在进行基坑开挖作业（图6-15）。为保证两个基坑的安全，将内支撑设计的位置对应J2-2的内支撑，实现相邻基坑与我项目已有土体和结构的对撑，保证了两个基坑的稳定性。

（1）北侧支护部署

A区北侧临近已有地下空间及地铁五号线，项目采用不破除原有A区北侧地下空间老桩，而是利用其作为东塔基坑支护桩，将地下室外边线外扩，并在老桩下部进行人工挖孔桩施工，采用复合桩＋内支撑支护形式，很好地解决深基坑支护及土方开挖施工对地下空间及地铁运营的影响（图6-16）。

为避免因结构外墙紧邻支护桩，造成后期外墙防水及回填施工困难，项目采用将裙楼A区北侧结构外墙边线外扩，使结构外墙紧邻支护桩，并在结构外墙施工前，在已有支护桩表面布设新型纳基膨润土防水毯，作为外墙防水，施工方便快捷（图6-17）。防水毯施工完后，采用单边支模完成外墙浇筑，即解决了狭小空间内结构外墙防水问题，同时外

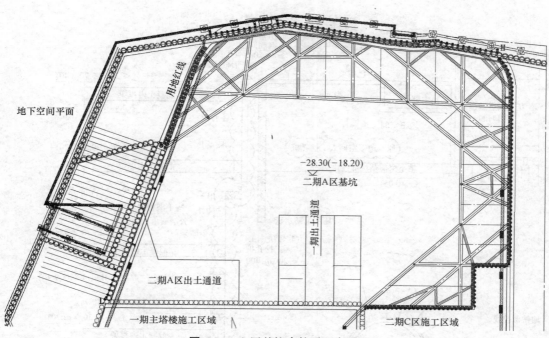

图 6-15 A区基坑支护平面布置图

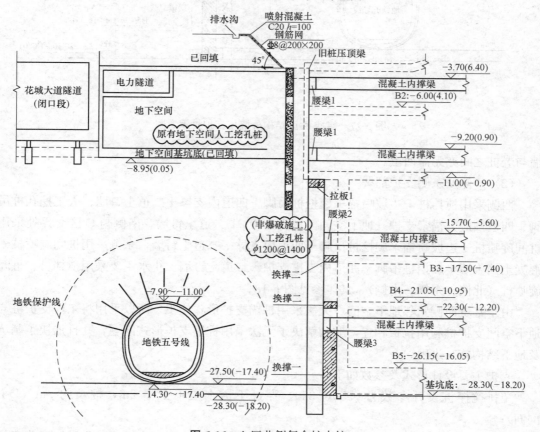

图 6-16 A区北侧复合桩支护

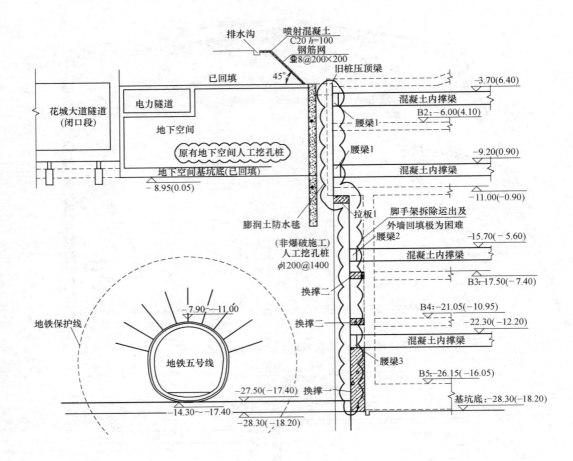

图 6-17 裙楼 A 区结构外墙与支护桩示意图

墙与老桩之间亦无需回填。

（2）西侧及东侧支护部署

西侧采用搅拌桩＋边坡喷锚＋旋挖桩吊脚＋四道内支撑＋二道土钉墙、人工挖孔桩吊脚＋四道预应力锚索支护（地下空间区域为拉板）＋二道土钉墙，南侧与 C 区交界处采用桩间旋喷桩＋边坡喷锚＋旋挖桩吊脚＋四道内支撑＋二道土钉墙，东侧采用桩间旋喷桩＋混凝土挡土墙＋旋挖桩吊脚＋四道内支撑支护＋二道土钉墙。止水主要采用搅拌桩、桩间旋喷桩（北侧、东侧、南侧）。具体参见图 6-18。

由于基坑西侧紧邻地下空间，无法采用桩锚支护形式施工，所以采用将东塔支护桩与地下空间支护桩利用拉板相连，顺利解决了无法采用桩锚支护形式问题，并且加快了基坑及地下结构施工进度。

支护主要设计形式及参数如下：

单排搅拌桩设计参数为 $\phi 550@350$，穿过不透水层不少于 2m，桩长约 9m（D-D 剖面）；

双管旋喷桩设计参数为 $\phi 600@400/$ 桩间，穿过不透水层不少于 2m，北侧桩间旋喷桩

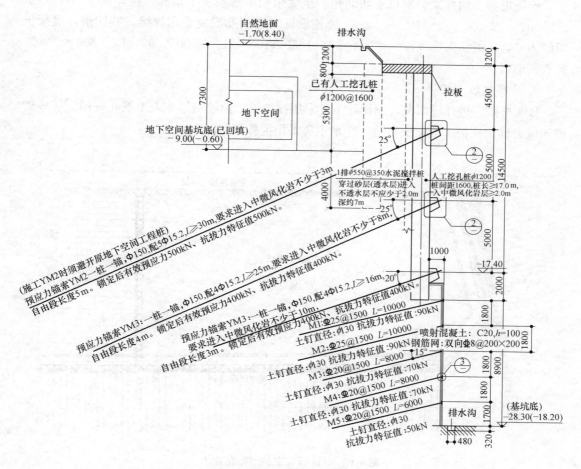

图 6-18　西侧基坑支护示意图

长度约为 13m（C-C 剖面）、东侧桩间旋喷桩长度约为 12m（B-B 剖面）、南侧桩间旋喷桩长度约为 10m（B2-B2 剖面）、西侧桩间旋喷桩长度约为 9m（D1-D1 剖面，地下空间接口处以外）；

　　旋挖桩设计参数 ϕ1000@1200，混凝土强度 C30，桩长约 20.6m（B-B、B2-B2、D-D 剖面）；

　　人工挖孔桩设计参数 ϕ1200@1400（1600），混凝土强度 C30，桩长约 13.1m、17.6m、21m（C-C、D1-D1 剖面）；

　　钢格构柱采用旋挖桩设计参数为 ϕ1200、桩长约 28.6m（标高为 $-1.7\sim-30.3$m）、实桩长 2.0m（混凝土为 C30）；钢柱尺寸为 700×700，支撑梁尺寸为 1000×1000、800×800、600×600，混凝土强度为 C40；

　　预应力锚索设计参数 3/4/6ϕj15.2@1600，设计长度 25m、20m，成孔直径 150；

　　锚杆设计参数为 ϕ20 钢筋杆体@1500，设计长度为 8m、6m，成孔直径为 130；

　　吊脚桩挂网喷锚，设计参数为 ϕ8@200×200 钢筋网，混凝土为 ϕ20 厚 100mm；

钢筋混凝土内撑梁分别位于西北角、东北角和东南角三个角部，整体成 U 字形，于 -3.00、-9.20、-15.70、-22.30 处各设置一道钢筋混凝土内撑梁，共四道，混凝土等级为 C40，钢筋为Ⅲ级，内撑梁有 L1：1000×1000、L2：800×800、L3：600×600 三种截面形式。

2. B 区基坑支护

B 区根据周边环境情况，原设计主要采用搅拌桩＋边坡喷锚＋人工挖孔桩吊脚桩＋四道预应力锚索支护＋五道土钉墙，止水主要采用搅拌桩（图 6-19）。

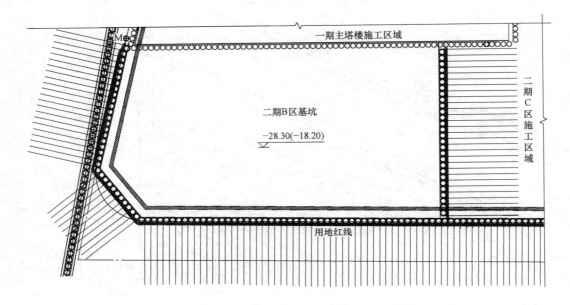

图 6-19 B 区基坑支护平面布置图

支护主要设计形式及参数如下：

单排搅拌桩设计参数为 $\phi550@350$，穿过不透水层不少于 2m，桩长约 7m（A-A、A1-A1、E-E、E1-E1 剖面）；

人工挖孔桩设计参数 $\phi1200@1500$（1600），混凝土强度 C30，桩长约 16m（A-A、A1-A1、E-E、E1-E1 剖面）；

预应力锚索设计参数 3/4/5ϕj15.2@1500（1600），设计长度 25m、20m、16m，成孔直径 150、200；

锚杆设计参数为 ϕ25、20 钢筋杆体@1500，设计长度为 10m、8m、6m，成孔直径为 130；

吊脚桩挂网喷锚，设计参数为 $\phi8@200\times200$ 钢筋网，混凝土为 C20 厚 100mm；

但由于基坑表层地质条件不理想，原设计锚索锚固力不足，为解决这一问题，同时保证工期，如期实现堆场转移，将支护设计改为破除 B 区与 C 区交界处局部支护桩，采用桩锚＋放坡的复合支护形式；此外，将 B 区、C 区普通锚索改为直径 500mm 的侧旋喷锚索，并在 B 区已完成的第一道锚索下面新增一道侧旋喷锚索，而基坑底部留存反压土的

形式，

3. C区基坑支护

C区南面临近花城南路，主要采用人工挖孔桩＋双管旋喷桩止水帷幕＋岩石锚杆墙；东南侧出土坡道主要采用人工挖孔桩＋预应力锚索＋岩石锚杆墙；东北侧采用人工挖孔排桩＋预应力锚索＋内支撑＋岩石锚杆墙（图6-20）。

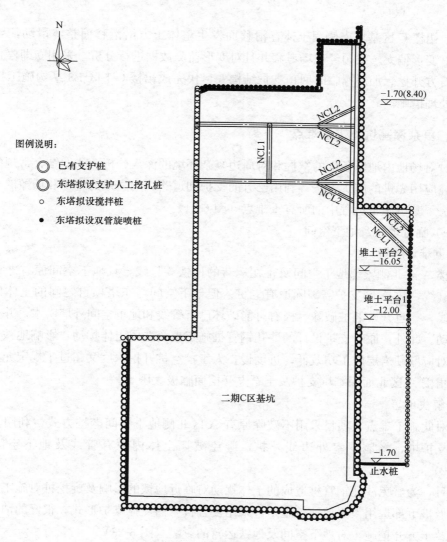

图例说明：
○ 已有支护桩
◎ 东塔拟设支护人工挖孔桩
· 东塔拟设搅拌桩
● 东塔拟设双管旋喷桩

图 6-20　C区基坑支护平面布置图

支护主要涉及形式及参数如下：

（1）双管旋喷桩穿过砂层（透水层）设计参数为 $\phi600@1500$，穿过砂层（透水层）进入不透水层不应小于2000mm，桩长约7000mm（A-B段、B-C段）；

（2）人工挖孔桩设计参数 $\phi1200@1600$，混凝土强度C30，桩长约14000mm；

（3）预应力锚索设计参数 $\phi15.2$，一桩一锚，锚索设计长度18m、16m，成孔直径

150mm，其中部分土体达不到抗拔承载力要求，采用侧旋喷成孔以加大与周围土体接触面和摩阻力，抗拔承载力也更大，成孔直径为 500mm；

（4）锚索设计参数为 $\phi20$、$\phi25$ 杆体@1500mm，设计长度为 10m、8m、6m，成孔直径为 130mm；

（5）支护桩见及放坡挂网喷锚，设计参数为 $\phi8$@200×200 钢筋网，100mm 厚 C20 混凝土；

（6）裙楼 C 区基坑南侧因土体存滑移面发生整体土方沿滑移面整体滑动，导致了基坑支护桩变形偏大。我司经现场考察并且对变形监测数据进行分析，采用立即停止相应位置的土石方开挖、加斜撑临时回顶支护结构、尽快完成裙楼 C-1 区 B3 结构施工抵撑支护结构等处理措施。

二、复杂深基坑施工重难点

通过对场地内地质条件的掌握和对周边复杂环境的深入分析，我们结合常规的施工工艺、研究应用先进的施工方法、利用已有的支护和道路，用高效的施工和低廉的成本，成功地解决了基坑施工过程中的所有重难点（图 6-21）。

（一）临近地铁及地下空间

1. 重难点解析

裙楼 A 区北侧紧邻地下空间及正在运营的地铁 5 号线，且地下空间原有老桩侵入东塔项目红线，故 A 区支护需破除原有老桩。但地下空间与东塔项目之间的土体内埋设有大量管线，一旦开始老桩破除，极有可能破坏已有管线和地下空间外墙防水，并且会造成土体扰动。此外，原有支护设计的冲孔钢管桩施工也会造成土体扰动，影响地铁安全；而旋挖桩对应厚硬岩层施工功效低，进度慢；人工挖空桩开挖深度又超过了规定允许的 25m 深度。裙楼 A 区北面深基坑支护及土石方开挖面临极大困难。

2. 解决部署

针对此施工难点，项目采用不破除原有 A 区北侧地下空间老桩方式，利用其作为东塔基坑支护桩，将地下室外边线外扩，避免破坏土体内原有管线及地下空间外防水（图 6-22）。

并且，为避免冲孔钢管桩造成的土体扰动对临近地铁的影响及旋挖桩对施工进度的影响，在老桩下部选用人工挖孔桩施工，采用复合桩＋内支撑支护形式，很好的消除了深基坑支护及土方开挖施工对地下空间及地铁运营的影响（图 6-23）。

（二）外墙与支护桩间距过窄

1. 重难点解析

根据广州珠江新城东塔项目图纸，裙楼 A 区地下室北侧结构外墙与支护桩间距仅为 300mm～1000mm，如此狭小的空间对后期外墙防水及回填施工造成了极大的施工难度，并且地下室 B2 层以上地下室结构外边线外扩，外墙外侧模板支设，及脚手架搭设、拆除、周转极为困难。

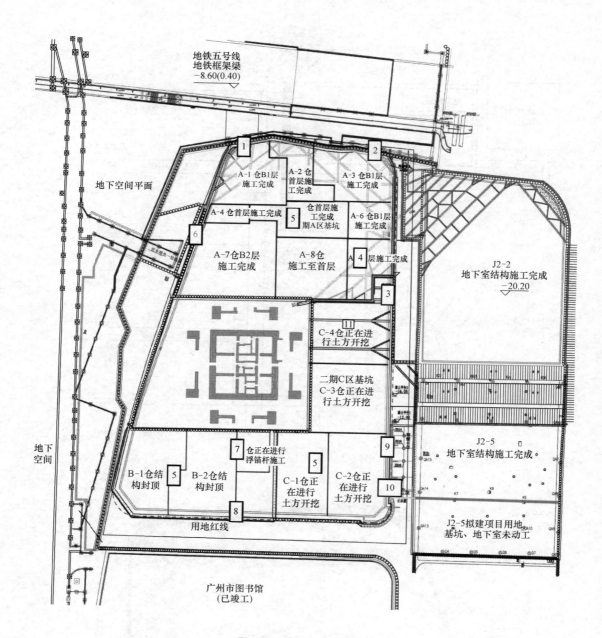

图 6-21 重难点示意图

2. 解决部署

将裙楼 A 区北侧结构外墙边线外扩,使结构外墙紧邻支护桩,并在结构外墙施工前,采用单边支模,对已有支护桩表面进行凿毛,并在支护桩间空隙内浇筑混凝土,最后在其表面布设新型纳基膨润土防水毯,作为外墙防水,施工方便快捷。防水毯施工完后,采用单边支模完成外墙浇筑,既解决了狭小空间内结构外墙防水问题,同时外墙与老桩之间亦无需回填(图 6-24～图 6-26、表 6-7)。

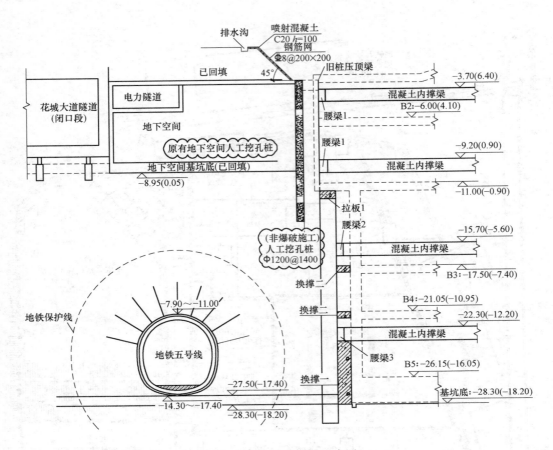

图 6-22　复合桩支护示意图

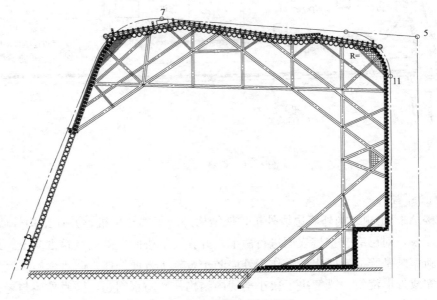

图 6-23　内支撑支护示意图

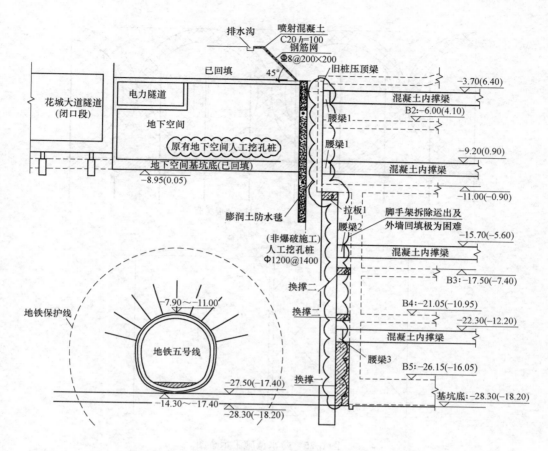

图 6-24　裙楼 A 区结构外墙与支护桩防水毯施工示意图

覆膜钠基膨润土防水毯性能参数　　　　　　　　　　　　　　　　表 6-7

覆膜钠基膨润土防水毯	
物理技术性能	指标
膨润土单位面积含量(kg/m²)	≥5.5
膨润土膨胀指数(ml/2g)	≥26
吸蓝量(g/100g)	≥30
抗拉强度(N)	≥900
延伸率(%)	≥12
剥离强度(N/100mm)	≥75
渗透系数(m/s)	≤5×10⁻¹²
滤失量(ml)	≤18
抗净水压,0.6MPa/60min	无渗漏现象
抗净水压(搭接部位),0.6MPa/60min	无渗漏现象
穿刺强度(N)	≥600
低温柔韧性	−32℃无影响
PE 膜厚度(mm)	≥0.2 黑色
PE 膜与无纺布剥离强度,N/10cm	≥65

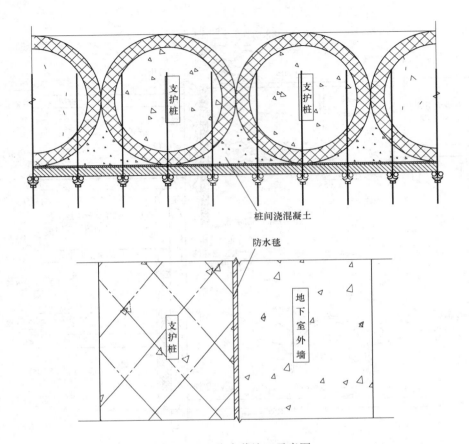

桩间浇混凝土

防水毯

支护桩

支护桩

地下室外墙

图 6-25 防水毯施工示意图

图 6-26 防水毯施工现场实例

(三) 相邻项目在建基坑施工影响

1. 重难点解析

广州东塔东侧，相邻 J2-2 项目基坑支护施工时，其锚索伸入东塔项目地下室结构边线内，导致我项目裙楼东侧地下室外墙无法施工。

2. 解决部署

为避免基坑支护及后续外墙施工时对相邻 J2-2 项目锚索影响，针对此处位置基坑施工采用支护结构内收方式，对该部位进行甩项，待 J2-2 项目地下结构施工完成后，我项目进行裙楼 C 区基坑施工时再进行施工（图 6-27）。

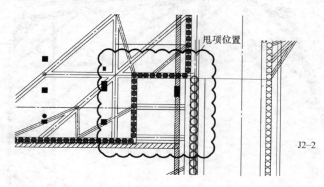

图 6-27 平面示意图

（四）相邻项目在建基坑安全影响

1. 重难点解析

我项目裙楼 A 区基坑施工过程中，基坑东侧分别为合景 J2-2、富力 J2-5 项目，其中北侧 J2-2 项目基坑已挖深约 21m，距本工程地下室约 6～15m，J2-2 基坑已开挖到底，主要采用桩撑及桩锚支护；南侧 J2-5 规划地下室深 18m，距本工程地下室约 16.5m，因此如何保证相邻项目在施工过程中的基坑安全尤为重要。

2. 解决部署

为保证两个基坑的安全，我项目将内支撑设计的位置对应 J2-2 的内支撑，实现相邻基坑与我项目已有土体和结构的对撑，保证了两个基坑的稳定性。

内支撑施工部署参见图 6-28。

（1）土方开挖部署

A 区土方在支护桩达到设计强度后，根据内撑道数分五次 9 层开挖土方，土方量共计约 20 万 m³，其中石方量约为 12.3 万 m³，需 240 天完成土方及坑内周边支护工程（具体的以施工总进度计划为准）。因 A 区北侧临近地铁五号线，土方工程不采用爆破施工。

为了便于北侧第二道内支撑下的人工挖孔支护桩钢筋笼安放，经设计沟通，将第一道内支撑标高提高 700mm，与北侧旧压顶梁顶标高相平（−3.0m），内支撑范围内的压顶梁高度改为 1700mm，内支撑钢构柱接长 700mm。

（2）土方开挖原则

本工程采用分层大开挖的方式进行土方开挖，支护与土方开挖同步进行，边挖边撑，遵循对称均衡、先撑后挖，"分层、分段、对称、平衡、限时"的原则，保证基坑施工安全。

（3）开挖工况

1）第一次土方开挖

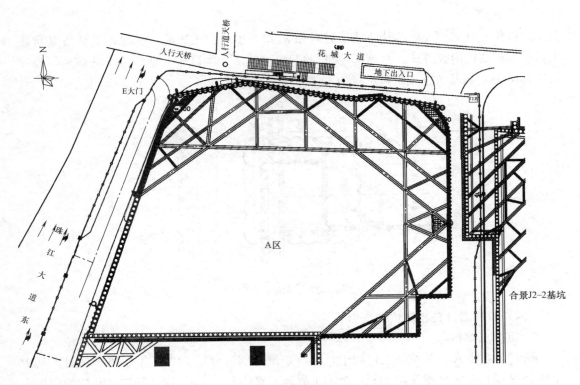

图 6-28 基坑内支撑示意图

第一次土方开挖到－4.0m。首先进行西北侧 N-1 区内支撑处的土方开挖，该处土方开挖完后清理桩头，而后施工支撑梁、腰梁等。同时开挖本层其他位置（N-2、N-3 区）土方。本层土方量约为 1.7 万 m^3，土方开挖量 2000m^3/天，工期约为 10 天（含交叉施工时间）。考虑每道混凝土支撑施工及养护时间为 18 天；在施工等待期，锚索及内支撑位置留一道土台，开挖中部下一层土方；另对基坑内原旧承台进行破除工期 7 天。此次土方开挖与基坑支护施工时间为 35 天。西侧锚索段处，先在支撑梁附近作为第一道土方开挖临时坡道，靠近塔楼处开挖至－4.7m，施工此处的压顶梁及锚索（后张拉），然后坡道移至永久出土坡道处位置，施工此处的第一道锚索。

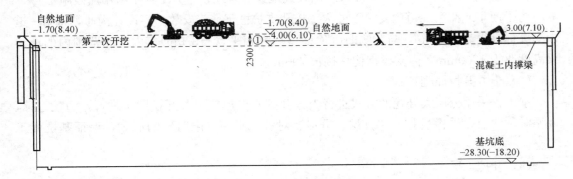

图 6-29 剖面示意图

2）第二次土方开挖

第二次土方开挖到第二道内支撑底位置（－10.20m，分两层开挖第一层 3.1m、第二层 3.1m，含一期北侧支护桩拆除）。在第一道支撑梁养护等待期间，开挖支撑范围外 5m 土方，挖掉一层土后，支撑梁达到强度后，底部土方用小型挖掘机掏挖，直至挖至下一道支撑梁底。然后对北侧长短支护桩进行施工，分两批共 45 天完成，完成后进行第二道内支撑施工。在出土坡道处的土方分两批开挖至第二道锚索处，施工完成后锚索、腰梁后回填土方（后张拉）。本次土方量约为 4.6 万 m³，开挖深度 6.2m，分两层开挖，按 3000m³/天，工期约为 14 天。考虑每道混凝土支撑施工及养护时间为 15 天；同时施工拉板等。此次土方开挖与基坑支护施工时间为 70 天。北侧支护桩分批施工时，第三方监测单位（两家）、项目部测量部加密对 A 区基坑的监测，特别是北侧区域（1 次/天）。

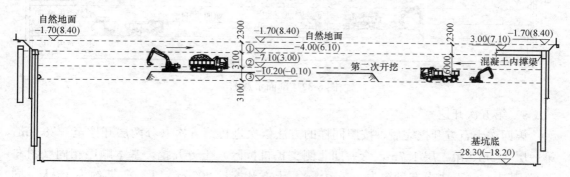

图 6-30　剖面示意图

3）第三次土方开挖

第二次土方挖完后，按照同样的方法依次进行第三次（分 2 层挖至－16.7m，第一层 3.1m、第二层 3.4m，含一期北侧支护桩拆除）土石方开挖，基本顺序相同（图 6-31）。第三次土方量约为 4.81 万 m³，土方开挖量 3000m³/天，工期约为 16 天。考虑每道混凝土支撑施工及养护时间为 19 天；在施工等待期，锚索位置留一道土台，并开挖中部下一层土方。此次土方开挖与基坑支护施工时间为 35 天。

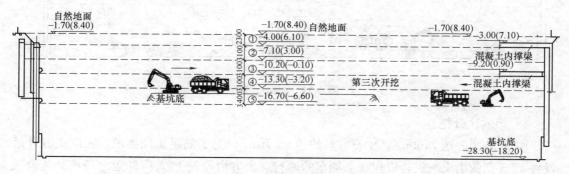

图 6-31　剖面示意图

4）第四次土方开挖

第三次土石方开挖完后，按照同样的方法依次进行第四次（分两层挖至－23.3m，第一层 3.3m、第二层 3.3m，含一期北侧支护桩拆除）土石方开挖，基本顺序相同（图 6-32）。其中第四次土方量约为 4.884 万 m³，土方开挖量 2500m³/天，工期约为 20 天。考虑每道混凝土支撑施工及养护时间为 18 天；在施工等待期，锚索位置留一道土台，施工桩间喷锚、土钉墙并开挖中部下一层土方。此次土方开挖与基坑支护施工时间为 35 天。

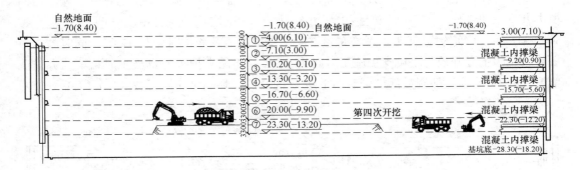

图 6-32　剖面示意图

5）第五次开挖

第四次土石方开挖完后，按照同样的方法依次进行第五次（分两层开挖至 −28.3m，第一层 3.3m、第二层 1.7m，含一期北侧支护桩拆除）土方开挖，基本顺序相同（图 6-33）。其中，第五次土方量约为 3.7 万 m³，土方开挖量 2000m³/天，工期约为 15 天。同时分层开挖至土钉墙标高下 300mm，进行土钉墙、喷锚的施工，此次土方开挖与基坑支护施工时间为 20 天。

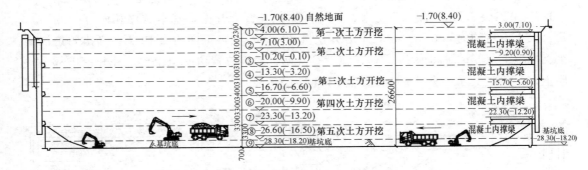

图 6-33　剖面示意图

6）第六次开挖

由于 A 区占地 7400m²，土石方量约达 20 万 m³。为了满足工期要求，A 区土方外运设置 12m 宽的出土坡道，以保证 2 辆车的通行，土方由西侧 D 大门外运出场地。其余区域开挖至基坑底后，对出土坡道进行退挖，同时施工坡道处预留的基坑支护及剩下的一期北侧支护桩拆除。A 区出土坡道的土石方量约为 3 万 m³，最后土石方用 18m 臂长及塔吊或者汽车吊进行转运土方，再加上其他的支护施工，最后剩余坡道需 35 天完成。

（五）超大体积混凝土底板施工困难

1. 重难点解析

东塔项目裙楼（A区、B区、C区）地下室底板厚1.2m，属大体积混凝土，底板收缩裂缝成为最大问题，且地下室结构工期紧张，按正常施工方法无法满足节点要求工期。

2. 解决部署

由于本工程基础底板钢筋及混凝土工程量大，基坑较深，工程难点多，鉴于基础底板的重要性，方案编制准备阶段我们仔细分析底板结构特点、混凝土配合比设计等内容，以确保本工程底板施工组织、技术方案的科学性和先进性，从而保证底板施工质量。

同时，经与国内相关专家顾问协商沟通，采用新型跳仓法施工工艺，有效的消除底板的后浇带、并很好地解决了裙楼地下室底板裂缝的问题，同时通过地下室结构的跳仓施工，实现了地下室按工期要求的顺利封顶。

（六）底板施工规划

1. A区底板施工规划

裙楼A区共分9个仓（图6-34），分别为1~9仓，在裙楼A区底板基础浇筑时，先浇筑A5（A区负五层）的2、4、6、8仓底板，后浇筑A5（A区负五层）的1、3、5、9、7底板。

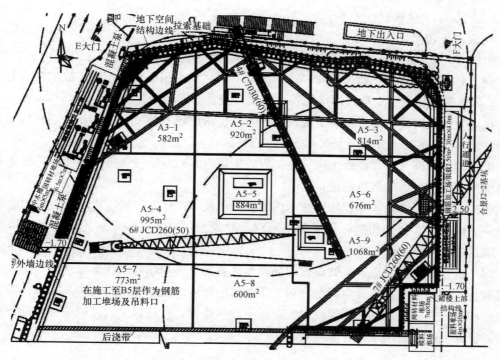

图6-34　A区底板浇筑跳仓法施工布置图

2. B区底板施工规划

裙楼B区共分2个仓，分别为1~2仓，在裙楼B区底板基础浇筑时，先浇筑1仓底板，后浇筑2仓底板（图6-35）。

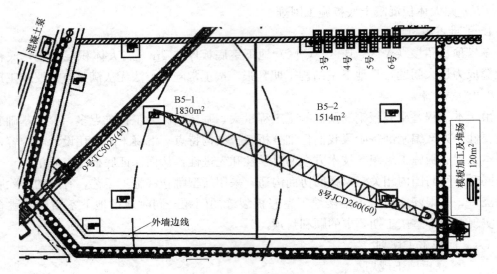

图 6-35　B区底板浇筑跳仓法施工平面布置图

3. C区底板施工规划

裙楼C区共分4个仓，分别为1～4仓，在裙楼C区底板基础浇筑时，先浇筑2仓底板，后浇筑1、3仓底板（图6-36）。

4. 混凝土浇筑施工组织

裙楼A区、B区、C区基础底板混凝土总量约18067m³（A区8727m³、B区3992m³、C区5349m³），由于裙楼A区、B区、C区均采用跳仓法施工，故裙楼A区、B区、C区基础底板混凝土均分两次浇筑，且先后浇筑时间间隔为7～10天。

在混凝土浇筑时，由于混凝土浇筑量较大，现场计划A区布置4台地泵、B区布置3台地泵、C区布置3台地泵（图6-37～图6-39）。

本工程为基础工程，混凝土浇筑是工程的主要内容，所以浇筑施工时计划采取如下组织措施来保证混凝土的浇筑质量：

（1）选择实力雄厚，生产能力技术能力强的混凝土供应商；特别要求在浇筑的混凝土只能采用同一个配合比和同一种混凝土原材。混凝土供应商要编制合理的混凝土供应方案，满足工程需要。

（2）合理布置混凝土泵车的位置，场内车流方向，选择场外最佳运输路线，场外设专职混凝土车调度人员，负责混凝土车和泵车之间的调度，做好场内外的协调工作；确定混凝土的浇筑方向及浇筑方式，保证浇筑过程不产生冷缝；做好施工人员的值班安排和现场调度，保证混凝土浇筑工作有序进行。

（3）原材料

本工程底板混凝土浇筑量大，时间紧，混凝土的强度等级和抗渗要求较高，既要减少混凝土的收缩，保证混凝土的强度，又要降低混凝土内部水泥水化反应产生的巨大热量。因此混凝土供应商提供混凝土供应方案时，应在水泥以及外加剂的选择上制定相关的措施。

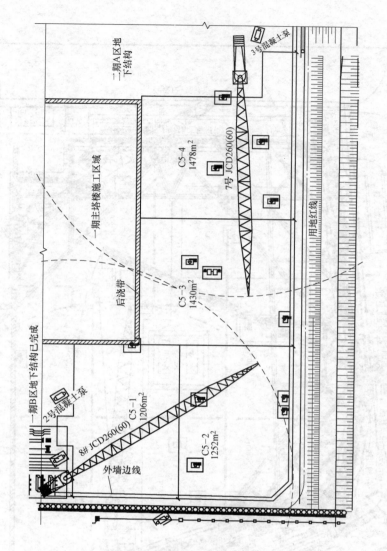

图 6-36 C区跳仓法施工平面布置图

水泥：混凝土供应商必须采用同一水泥生产厂家同标号的水泥，所有水泥必须采用密封容器运送至搅拌站。水泥应为通用硅酸盐水泥并符合国标《通用硅酸盐水泥》规范要求。

粗骨料：混凝土供应商必须采用同一石场、同一产地的石子。并满足工程混凝土技术要求。

细骨料：混凝土供应商必须采用同一砂场、同一产地的河砂，砂子的采用需满足设计的技术要求。

水：必须干净没有污染，如果没有自来水必须使用其他水源，须向总包单位提交审批进行水质化验，其化验结果报甲方批准后，方可使用。

外掺材料掺和料：外加剂必须有混凝土供应商向总包单位提交申请，总包单位审核后

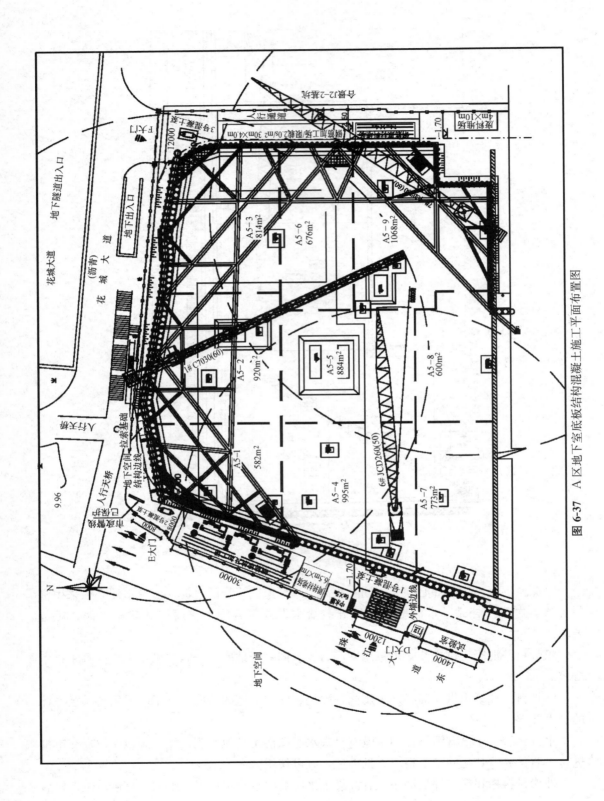

图 6-37 A区地下室底板结构混凝土施工平面布置图

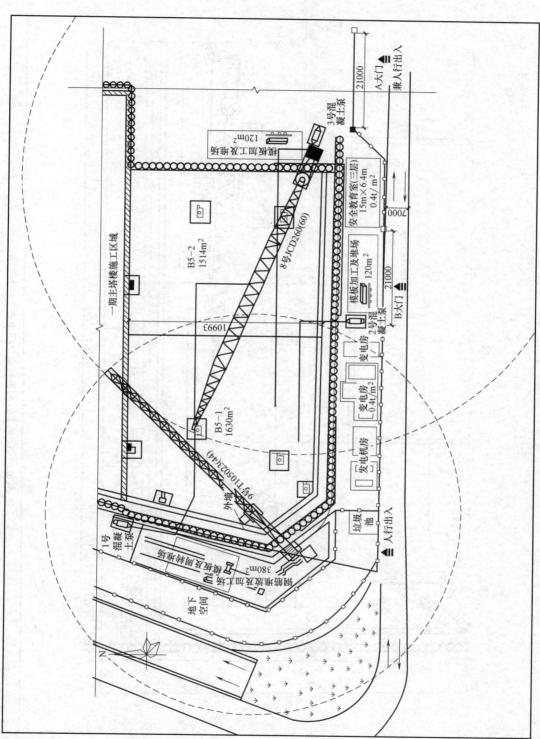

图 6-38　B 区地下室底板结构混凝土施工平面布置图

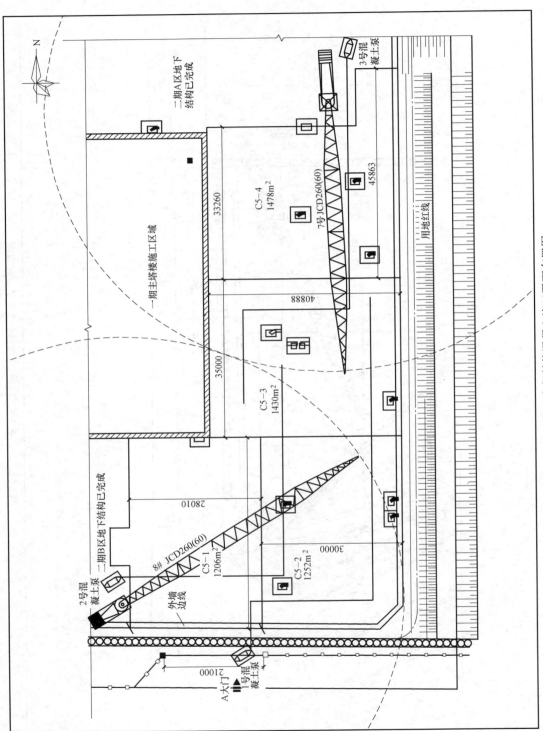

图 6-39 C 区地下室底板结构混凝土施工平面布置图

报甲方批准，甲方同意后，混凝土供应商才可以使用获批准的外加剂，但配合比和试拌结果要预先获得甲方批准。

粉煤灰：选用Ⅰ级粉煤灰（替代部分水泥，降低水化热；搅拌站在选定后，不能随意改变粉煤灰种类）。掺和料粉煤灰磨细的细度达到水泥细度标准，通过 0.08mm 方孔筛的筛余量不得超过 15%，SO_3 含量小于 3%，烧失量小于 8%。

缓凝剂：与减水剂复配，调整混凝土的凝结时间，通过缓凝的方法即可以为大体积混凝土施工争取时间，减少混凝土冷缝，又可以延缓混凝土水化热的释放，推迟混凝土热峰出现的时间及峰值。

（4）配合比设计方案

根据工程特点和设计要求，由搅拌站分别提交混凝土配合比，混凝土配合比必需符合相关规范及设计技术要求，经总包单位审核后报甲方批准。在得到甲方批准后，选择甲方认为合适的混凝土配合比由搅拌站进行模拟生产和实验。所有的试拌结果必需在工地开始进行混凝土工程之前交给甲方审核并通过认可。

混凝土试拌应在与实际供货相同的混凝土搅拌站和供货的混凝土搅拌站进行 5 次试拌，每次试拌在不同日进行，每次生产不小于 3 方混凝土，每次试拌开始、中间、结束时分别进行下列并取样：

1）温度；

2）坍落度；

3）6 个立方体试块，立方体试块用于测试 7 天、14 天和 28 天的抗压强度。

4）底板混凝土配合比

底板混凝土配合比参数　　　　　　　　　　　　　　　　　　　表 6-8

名称	水	水泥	砂	石	掺合料 1	掺合料 2	外加剂	水胶比
品种规格	饮用水	42.5R	中砂	5-25 mm	二级粉煤灰	矿渣粉	ZOB—3001缓凝高效减水剂	
材料用量（kg/m³）	163	230	740	1042	100	75	6.28	0.4

地下室基础筏板混凝土强度等级为 C40 P10，其中原材料选择水泥（强度等级 42.5R）、砂（含泥量 0.6%，细度模量 2.6，表观密度 2640kg/m³，堆积密度 1550kg/m³）、石（花岗岩 5～25mm，针状颗粒含量 5%，含泥量 0.1%）。

（七）临近地下空间

1. 重难点解析

广州珠江新城东塔地块西邻花城广场地下空间，地下室距地下空间约 2～23m，项目西北角负一层将与地下空间接通，因此，若采用桩锚支护形式进行施工，势必会影响地下空间的正常使用及结构安全。

2. 解决部署

将东塔支护桩与地下空间支护桩利用拉板相连，解决无法采用桩锚支护形式问题，从而加快基坑及地下结构施工进度（图 6-40）。

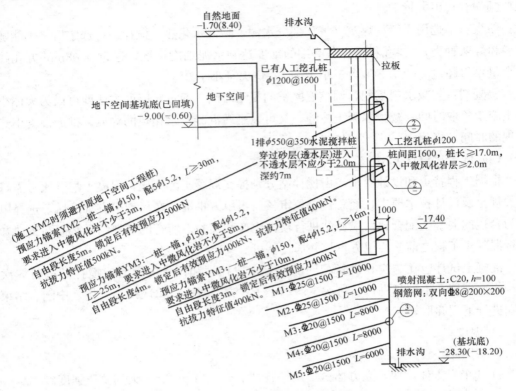

图 6-40　A 区西侧基坑支护示意图

（八）表层地质存在未勘测显示的砂层

1. 重难点解析

在东塔项目开工前，根据勘测院地勘报告显示主塔楼东侧、南侧裙楼基坑地质条件良好，但在现场实际施工时，发现基坑表层地质并不理想，在 $-9.2m$ 位置遇到砂层，使原设计锚索锚固力不足以满足基坑施工要求，对现场基坑施工带来极大安全隐患，并且应南邻新建广州市图书馆，对图书馆结构安全也会造成极大隐患。

2. 解决部署

为同时克服锚索锚固力不足的问题，同时保证工期，如期实现堆埋转移，将支护设计改为破除 B 区与 C 区交界处局部支护桩，采用桩锚＋放坡的复合支护形式；此外，将 B 区、C 区普通锚索改为直径 500mm 的侧旋喷锚索，并在 B 区已完成的第一道锚索下面新增一道侧旋喷锚索，而基坑底部留存反压土的形式（图 6-41、图 6-42）。

（九）中、微风化岩层存在断层

1. 重难点解析

主塔楼东南侧裙楼基坑土方开挖过程中，当施工至 $-20m\sim-23m$ 时，我项目部在进行例行监测是发现基坑出现水平位移过大情况，经研究发现中、微风化岩层出现断层，对现场基坑施工带来极大安全隐患。

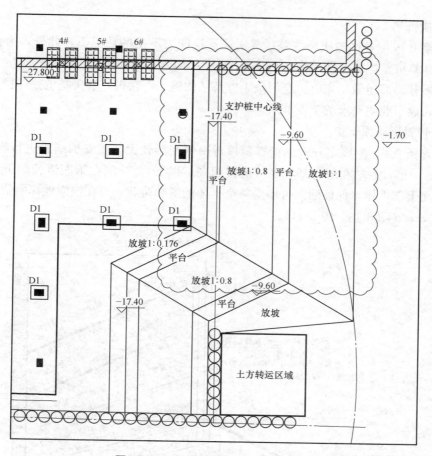

图 6-41　B、C 区软弱砂层支护示意图

图 6-42　B、C 区软弱砂层支护现场实例

2. 解决部署

在裙楼B区与C区地质条件差，普通锚索锚固力不足的情况下，此外，为克服断层问题，保证基坑整体稳定性，将C区1仓B3层结构梁、板提前施工，实现基坑与已有结构的回顶，并局部逆做，完成1仓剩余土方及结构施工，在很好解决基坑整体稳定性的同时，提前完成了业主要求的工期节点。

3. 钢管斜撑回顶支护

采用直径600，壁厚12mm的钢管斜撑对南侧变形较大区域支护结构进行临时回顶，间距为4m一根，一端在现有基坑底（滑移面高度以下），一端在第四道腰梁下口，撑住岩层滑移面上部土体。保证回顶可承受整个土体的滑动荷载，可在锚索破坏的情况下，能保证基坑安全（图6-43、图6-44）。

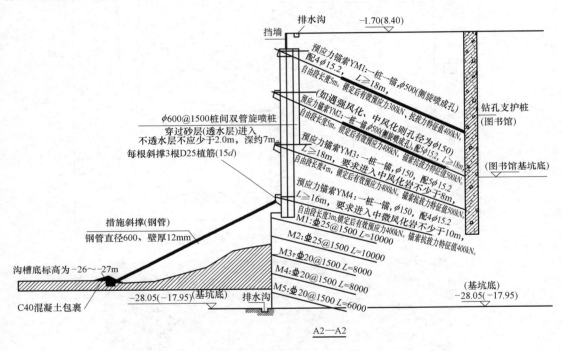

图6-43 钢管斜撑支护大样图

4. 永久结构提前施工支护

一般情况下，遇到支护桩底岩体存在软弱夹层的情况，可采取在靠近支护桩位置内排补做一排支护桩穿过软弱夹层，并增加锚索排数加固支护体系的方法处理。考虑本工程实际，支护桩内侧土石方已经完全挖除，在当前的工况下如再增加一排支护桩，桩成孔作业、锚索成孔作业及锚索灌浆作业均有可能破坏当前支护体系与土体的脆弱平衡，影响基坑安全。另外，从工程工期角度来说，增加一排支护桩及锚索（桩成孔、锚索强度发展等工艺关键线路工序时间长）将严重影响裙楼施工进度。因此不考虑采用该方法。

当前临时支撑底部的土石方尚未开挖至底板地面标高，但临时支撑杆已经受力，无法进行土石方开挖施工及后续施工。综合考虑基坑安全与工程进度，决定采取提前施工B3

图 6-44　钢管斜撑现场实例

层结构楼板，由其抵住整南面滑动土体后拆除临时钢构斜撑，继续后续工程施工的方案（图 6-45、图 6-46）。

5. 柱施工

B3 层楼板提前施工必须有柱作为支撑，根据现场工况，我司将该区域柱分为如下 3 类。

1 类柱位置开挖深度小（至基坑底还有 4-5m）、距离支护桩较近，土石方量大而又不适合大型机械开挖破土。不适合采用提前施工结构柱支撑 B3 层梁板结构的形式。我司拟在原结构位置布置 4 根钢管格构柱，每根格构柱 8 根钢管柱（127mm×8），在当前土石层位置直接钻孔至底板底以下 1m。格构柱上端承托 B3 层结构梁。结构柱 B5-B3 段待 B4 层

图 6-45 结构提前施工现场实例

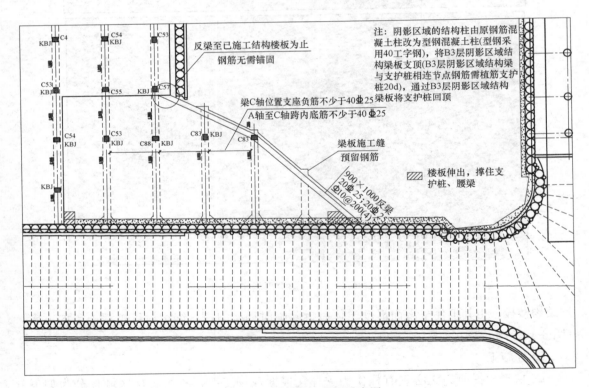

图 6-46 结构施工部署示意图

梁板同时施工。

2 类柱暂不施工，根据相应节点大样预留 B3 板向下柱钢筋。

3 类柱位置土石方局部已开挖至底，拟采取先施工柱底底板，作为结构柱基础，并直接施工上述 4 根结构柱至 B3 层，作为 B3 层梁板支撑。

完成 B3 层结构梁板施工，混凝土强度实现后，B3 层以上 1、3 类柱随上部梁板正常施工，2 类柱及其附近梁板暂不向上施工。

6. 梁板施工

为满足传递支护桩水平侧压力的要求，B3 层南北向框架梁（1200mm×800mm）需全部外伸，以放大头的形式连接在支护桩上传递水平力。完成 B3 层梁板施工，混凝土强度达到设计值后，方可往上正常施工 B2-L1 层梁板结构。

结构底板及 B4 层梁板需待 B3 梁板施工完成，混凝土强度达到要求，拆除临时钢管斜撑，土石方开挖完成后方可进行施工。

7. 外墙施工

B3-L1 层外墙：待 B3 层梁板施工完成，混凝土强度达到设计值，方可进行 B3-L1 层外墙施工，采取与 B2-L1 梁板同步施工的方式。

B5-B3 层外墙：为保证 B3-L1 层外墙与其楼板同步施工，B3 层外伸框架梁需承担 B3-L1 层外墙全部荷载，其中约一半荷载会传递至支护桩及桩底微风化岩体。为保证支护桩下岩体的完整性，避免施工开挖、打凿作业带来对岩体的不利影响，B5-B3 层土方开挖边线调整到齐外墙边。并对 B3 层以下已经开挖打凿边线超出外墙边线位置的岩体采用 C35 混凝土填实。相应地，外墙防水需改用防水毯施工。

（十）超长出土坡道

1. 重难点解析

裙楼 C 区狭长，原设计的基坑出土坡道为 1:6 放坡，坡道总长度大，且坡道位于红线内，影响开挖和施工进度。

2. 解决方案

利用拉板将相邻地块支护桩与东塔项目支护桩相连，稳固基坑间土体（东塔红线外），同时利用此土体放坡作为出土坡道，成功将出土坡道转移至基坑外，采用放坡＋拉板＋相邻地块支护桩＋转移出土坡道的方法，节省出土坡道开挖的时间，保证工期，解决狭长形基坑出土难度大的问题（图 6-47～图 6-49）。

3. 开挖部署

C 区位于工程东南侧、占地 6290m²、土石方量约为 17.3 万 m³。C 区采用分层开挖土方，土方主要从南侧大门外运，根据支撑梁位置及预应力锚索位置共分为五次进行开挖、第六次退挖坡道。

4. 开挖原则

本工程采用分层大开挖的方式进行土方开挖，支护与土方开挖同步进行，边挖边撑，遵循对称均衡、先撑后挖，"分层、分段、对称、平衡、限时"的原则，保证基坑施工安全。

（十一）与相邻在建基坑支护体系矛盾

1. 重难点解析

项目东南角基坑支护采用桩锚无内撑的形式，与相邻 J2-5 项目即将开挖区域的东西向内支撑方案相矛盾，土体内力无法传递；项目用地红线与 J2-5 支护桩间距离仅有 3m，

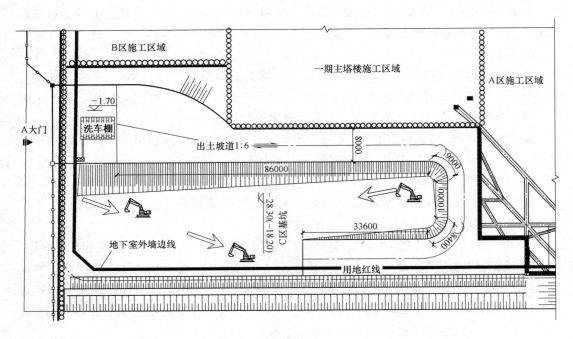

图 6-47　原设计出图坡道示意

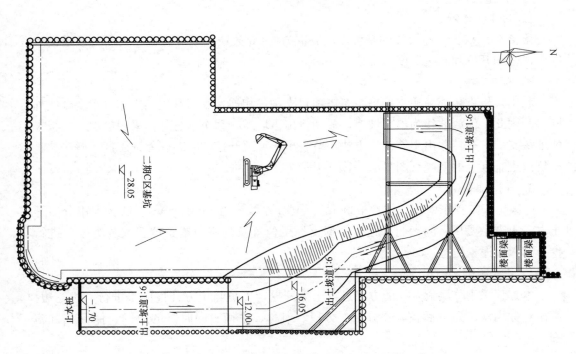

图 6-48　放坡＋拉板＋相邻地块支护桩

若采用桩锚支护，则无法解决两基坑间 3m 土体的稳定问题；此外，若采用从 J2-5 基坑边开始放坡的形式，又无法保证 J2-5 基坑开挖后的稳定性。

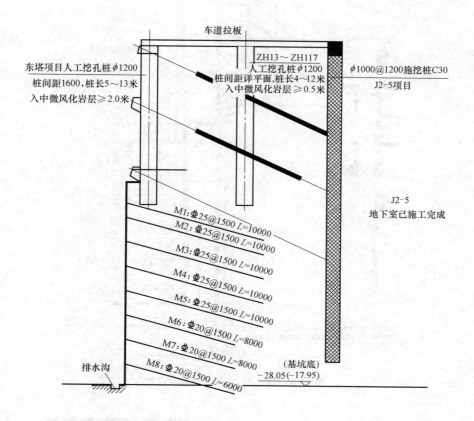

东塔项目人工挖孔桩φ1200
桩间距1600，桩长5～13米
入中微风化岩层≥2.0米

车道拉板

ZH13～ZH117
人工挖孔桩φ1200
桩间距详平面，桩长4～12米
入中微风化岩层≥0.5米

φ1000@1200施挖桩C30
J2-5项目

J2-5
地下室已施工完成

M1：Φ25@1500 L=10000
M2：Φ25@1500 L=10000
M3：Φ25@1500 L=10000
M4：Φ25@1500 L=10000
M5：Φ25@1500 L=10000
M6：Φ20@1500 L=8000
M7：Φ20@1500 L=8000
M8：Φ20@1500 L=6000

排水沟

（基坑底）
−28.05（−17.95）

图 6-49　放坡＋拉板＋相邻地块支护桩

2. 解决方案

将 J2-5 原有内支撑设计改为对拉锚索的设计形式，即东塔项目保持原有锚索支护，而 J2-5 在土方开挖过程中，采用基坑两边对锁的形式，稳固两基坑间的土体（图 6-50、图 6-51）。

（十二）与相邻在建项目工期冲突

1. 重难点解析

裙楼 C 区开挖过程中，因 J2-2 项目已经完成主体结构与支护桩间的回填，若采用放坡形式，需由相邻项目结构边线开始放坡，会对 J2-2 项目造成影响。

2. 解决部署

为保证本项目与相邻项目基坑稳定性，并结合工期及成本综合考虑，我项目在裙楼 C 区设置一道桁架式内支撑及两道预应力锚索、五道土钉的复核支护形式，解决此区域的基坑稳定性问题（图 6-52～图 6-55）。

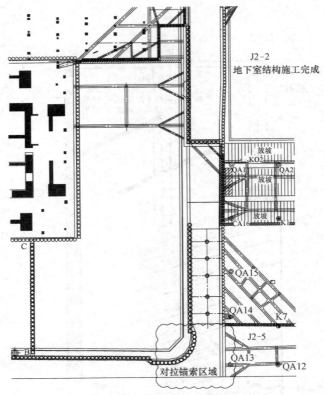

图 6-50 对拉锚索区域平面示意图

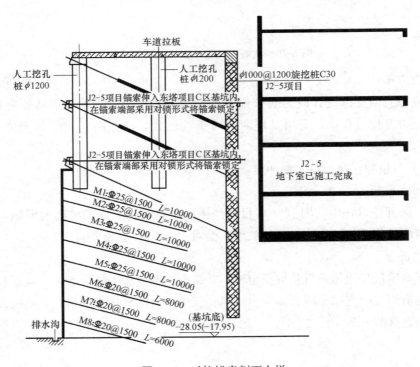

图 6-51 对拉锚索剖面大样

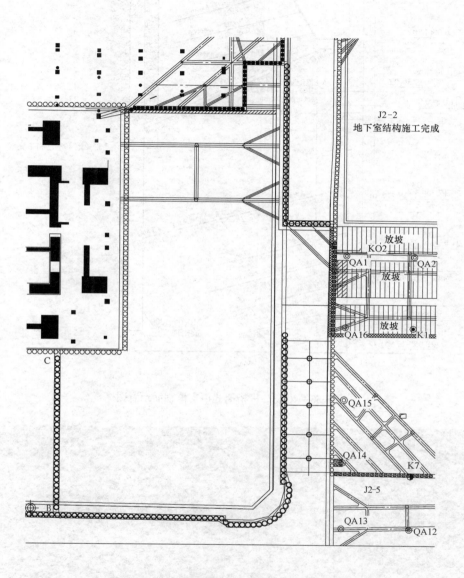

图 6-52　裙楼 C 区桁架式内支撑基坑支护示意

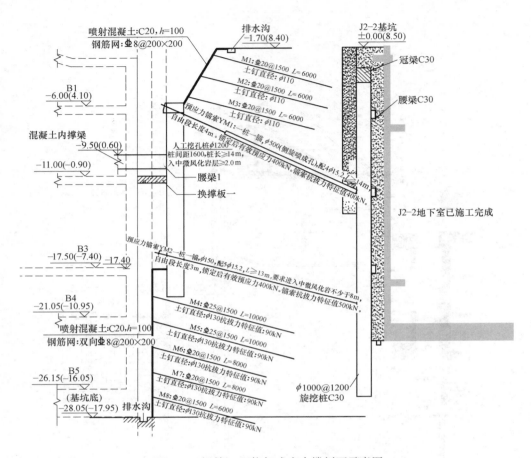

图 6-53　裙楼 C 区桁架式内支撑剖面示意图

图 6-54　裙楼 C 区桁架式内支撑现场实例

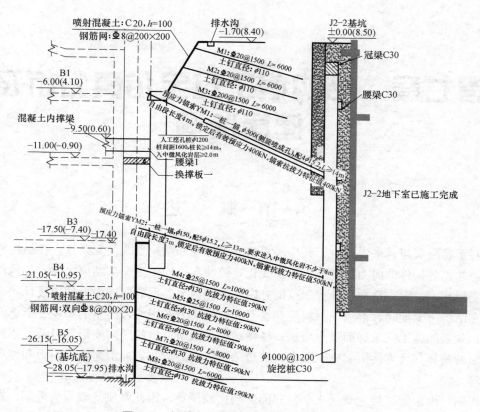

图 6-55 裙楼 C 区桁架式内支撑剖面示意图

第七章 结构施工安全仿真分析及健康监测

第一节 概　　述

对于超高层建筑来说，由于其功能需求的多样性和结构形式的复杂性，在结构施工过程中，建筑各构件的内力及变形不断在变化，致使在结构施工全部结束之前，各构件的受力及变形并不一定完全在设计控制范围之内，有些甚至是反方向或内力超出设计状态。比如，在结构施工期间，混凝土材料受到徐变和收缩应力的影响，产生的弹性变形会有附加变形，并会随施工的进展而逐步增加；楼体结构荷载所产生的竖向变形，以及承重构件竖向变形的差异都会直接影响施工质量；建筑结构形式的变化，会引起结构内力和变形发生变化等。

再则，由于超高层建筑受水平荷载的影响比较严重，因此对风荷载较为敏感。在风荷载的作用下，常常会出现裂缝或残余变形，建筑外部装修部分如玻璃幕墙、装饰的损坏，严重影响建筑结构的质量和施工；而且在风振作用下建筑会产生摆动，引起人体不适，从而引发施工安全等问题。除了风荷载，日照温差和地震作用也是影响超高层建筑结构内力变化及结构变形常见的环境因素。

因此，对于超高层建筑不仅在设计时进行理论分析，还必须在结构施工过程中，进行全面的安全仿真分析及健康监测，实时掌握所有构件的内力与变形及其变化情况，并将其控制在设计规范要求范围内，从而避免产生不可逆的变形或损伤，降低建造完成后的使用功能，或者在建造过程中发生质量安全事故。

另外，我国住房和城乡建设部不久前发布了《建筑工程施工过程结构分析与监测技术规范》（JGJ/T 202—2013），规定建筑高度不小于300m的高层建筑应进行施工过程结构监测。对于需要监测的内容，也给出了如下建议：①应力变化显著或应力水平高的构件；②结构重要性突出的构件或节点；③变形显著的构件或节点；④施工过程中需准确了解或严格控制结构内力或位形的构件或节点；⑤具有代表性的其他重要受力构件或节点（"代表性"是指结构变形监测需要的监测数据或原设计需要在施工过程中跟踪监测的监测数据；对于特殊结构，应根据结构或施工过程特点选择确定，如某些异形结构的关键节点等）。

针对上述情况，结合实际工程经验，在超高层建筑结构施工过程中，应对楼体结构荷载的沉降、关键构件与节点的应力应变、承重构件竖向变形差异、结构整体位移与变形、结构所处环境条件等结构状态参数与环境参数进行安全仿真分析和跟踪监测，通过结构分析及采取相应措施，确保结构施工过程安全。

当然，目前对于超高层建筑的健康监测已更多地着眼于建筑全寿命周期的监测，即不仅包括施工阶段的监测，还包括整个运营期间的监测。因此，在进行结构施工监测时，有条件的项目亦可以联合业主单位或物业单位，综合考虑建筑全生命周期的监测，这样既可以为施工单位分摊施工监测成本，又可以提高结构施工监测效果。

第二节　结构施工安全仿真分析

一、仿真分析方法

由于超高层建筑结构具有复杂、超限等特点，在施工期间，其结构的形状、材料的物理特性、结构的荷载、环境的荷载等都随时间不断发生变化；同时，还会受到施工荷载的影响，因此在满足设计要求的同时，还需要在施工过程中进行必要的应力-应变结构分析，从而更加真实地反映建造过程中的状态，以确保施工安全。

施工期间构件的应力是无法通过结构设计理论计算控制的，因为混凝土构件会发生徐变和收缩，上部荷载不断增加，混凝土浇筑前后结构构件内力不断变化，建筑结构的构件应力都处于相对复杂的状态。因此，在施工期间对楼体和构件的结构分析一般采用实验和模拟的分析方法。随着技术的进步和理论的不断完善，目前较为先进且成熟的结构分析方法是基于有限元理论的仿真分析方法，而且也已经开发了相关的有限元软件。利用这些软件，可以完全模拟施工的过程，其仿真结果与实际工程相比有很高的精确度，利用仿真结果可以很好地分析施工过程结构应力应变情况。

当然，在仿真分析过程中，还有一点需要注意，就是要考虑风荷载、日照温差和地震作用等环境荷载的影响。考虑风荷载和地震作用时，关键是选取合理的荷载组合；考虑日照温差作用时，需要获取精确的气象资料。

二、仿真分析案例

本节以广州西塔施工过程仿真分析为例，进行说明结构分析过程。

（一）仿真分析过程

将整个西塔的结构施工过程划分为 19 个施工步，其中外框筒每个节段作为 1 个施工步，主体结构在第 19 步完工；另外，幕墙等荷载也在第 19 步一起施加完毕。在主体结构的施工过程中，每个施工步完成时所对应的实际时间、外框筒和核心筒的高度如图 7-1 所示。

主体结构完工之前在每个施工步中新加结构的施工情况为：核心筒内的梁板与剪力墙同时施工，内外筒之间的梁与外框筒同时施工，内外筒之间的楼板滞后外框筒一个施工步浇筑。

采用的有限元模型是由设计单位提供的 ANSYS 模型。

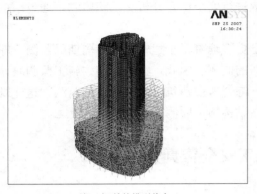

(a) 施工步3结构模型状态

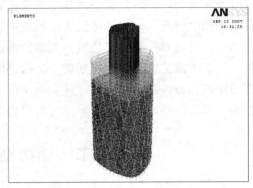

(b) 施工步6结构模型状态

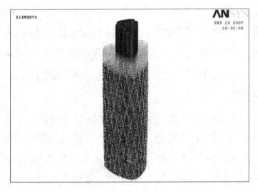

(c) 施工步9结构模型状态

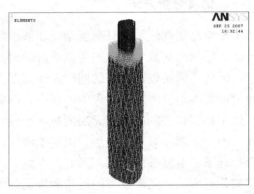

(d) 施工步12结构模型状态

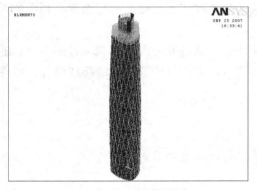

(e) 施工步15结构模型状态

(f) 施工步19成型结构模型

图 7-1 每个施工步完成时的结构模型状态

模型中的构件分为六部分：外框筒、核心筒、核心筒中的楼面梁、核心筒中的楼面板、外框筒与核心筒之间的楼面梁、外框筒与核心筒之间的楼面板。

模型中共使用了三种单元：Beam44 单元、Shell181 单元、Mass21 单元。其中，外框筒、所有的梁和核心筒上半部的框架均采用 Beam44 单元；楼板、核心筒下半部的剪力墙均采用 Shell181 单元；而 Mass21 单元为质量点单元，与静力计算无关，以下计算中均将其删除。

采用 ANSYS 的单元生死技术，按照施工步依次激活各部分结构，依次施加各项荷载。并在施工过程中，考虑混凝土核心筒的收缩徐变效应对结构竖向变形的影响。可得到结构在施工过程中内力发展和变形变化的过程，以及各道环向张拉索的索力变化过程。

采用正装迭代法，得到外框筒构件安装预调值以及核心筒施工预调值。

（二）施工过程结构内力分析情况

由核心筒计算应力云图可以看出，随着施工的进行，核心筒的应力不断增大，最终可达 20MPa 左右。核心筒的应力在结构底部最大，随着高度的增加而逐渐减小。

由外框筒计算应力云图可以看出，随着施工的进行，外框筒的应力总体上呈增大趋势。但外框筒的应力最大值随施工步增加有一些波动，并非绝对增大。

外框筒的最大拉应力和最大压应力（分别为"轴压应力＋弯曲应力"和"轴压应力-弯曲应力"）大都出现在水平环梁上，最大约为－190MPa 和 140MPa。考察斜柱的轴应力，其最大值出现在结构底部的斜柱上，约为 10MPa。斜柱的应力大都在 20MPa 以内；而环梁的应力从几兆帕到近 200MPa，变化较大，但这些值仍在 Q345B 钢材的允许应力值范围内。

（三）施工过程结构变形分析情况

1. 外框筒竖向漂移＋位移分析

分别提取核心筒施工完成时刻（531d）、外框筒施工完成时刻（567d）、主塔封顶时刻（594d）、竣工验收时刻（991d）外框筒的竖向漂移＋位移，其随结构高度的变化如图 7-2 所示。

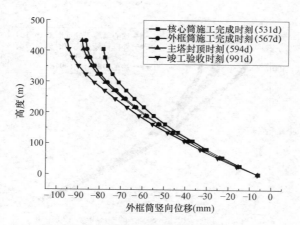

图 7-2　外框筒竖向位移随结构高度变化图

2. 外框筒竖向变形分析

外框筒的竖向漂移＋位移减去其在激活前发生的漂移，即可得到外框筒在实际施工过程中所发生的竖向变形，其随结构高度的变化如图 7-3 所示。

随着结构高度的增加，外框筒竖向变形先变大后变小。从定性角度分析，高层结构上某个楼层节点在施工过程中的竖向位移与其离地面的高度和其下部结的应变大小有关。处于顶部的节点，由于施工时间晚、承受荷载小，所以其位移较小；处于底部的节点虽然施

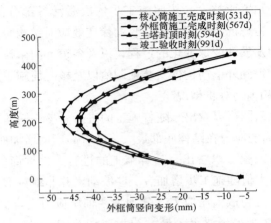

图 7-3　外框筒竖向变形随结构高度变化图

工时间早、承受荷载大、应变较大，但是其离地面的高度较小，所以其位移较小；而中间部分的节点在其上荷载作用下的位移最大。

随着时间的增加，结构变形增加，曲线向外侧移动。结构越往上的位置，变形增加越快。结构最大变形发生在189m左右的高度上（约在结构高度的1/2处），达47mm。

3. 核心筒竖向漂移＋位移分析

分别提取核心筒施工完成时刻（531d）、外框筒施工完成时刻（567d）、主塔封顶（594d）和竣工验收时刻（991d）核心筒的竖向漂移＋位移，其随结构高度的变化如图7-4所示。

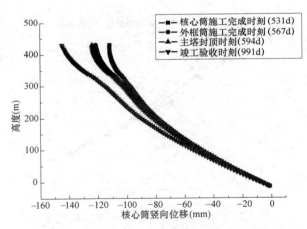

图 7-4　核心筒竖向位移随结构高度变化图

4. 核心筒竖向变形分析

核心筒的竖向漂移＋位移减去其在激活前发生的漂移，即可得到核心筒在实际施工过程中所发生的竖向变形，其随结构高度的变化如图7-5所示。

由图7-5可以看出，曲线并不是平滑的，而是出现了很多折线段，这些折线段是由于施工模拟分析中假设多楼层核心筒同时施工而造成的。

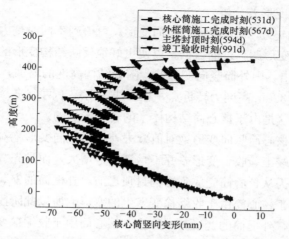

图 7-5 核心筒竖向变形随结构高度变化图

为了消减这种计算误差，对图 7-5 做如下处理：同一个折段中取各点的高度和位移的平均值，由此得到的 18 个点作为标志点；然后，各个高度的点的位移由这 18 个点插值得到。这样，就得到了较为平滑的曲线，表示核心筒的位移随结构高度的变化情况。

经过调整，不同时刻核心筒竖向变形随结构高度的变化，如图 7-6 所示。

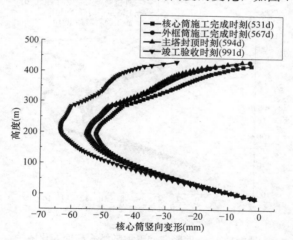

图 7-6 经过调整不同时刻核心筒竖向变形随结构高度变化图

从图中可以看出，核心筒的竖向变形与外框筒的竖向变形趋势大体相同，上下小中间大。

另外，核心筒竖向变形随结构高度的变化有其自身的特点，大概从 320～330m 高度开始，曲线上又出现一个波。这是由于在此高度上，核心筒从剪力墙体系转化为内框架体系。内框架体系的刚度弱于下部的剪力墙，因此变形增大，导致第二个波的出现。

随着时间的增加，核心筒变形增加，曲线向外侧移动；并且，结构越往上的位置变形增加越快。结构最大变形发生在 200m 左右的高度上（约在结构高度的 1/2 处），可达 63mm。

5. 内外筒不均匀变形差分析

利用外框筒的竖向变形和核心筒的竖向变形，可得到不同时刻内外筒的变形差值。在此利用核心筒的竖向变形调整过的数据，以便更好地反映结构变形的规律。

由图 7-7 可以看出，内外筒竖向变形差，随着结构高度的增加，呈现出上下小中间大的外凸趋势。以结构 320m 高度为转折点，在曲线中出现了两个波，正如在核心筒竖向变形差一节所分析的，这是由于核心筒结构体系的转变造成的。

内外筒变形差由核心筒竖向变形绝对值减去外框筒竖向变形绝对值得出。从核心筒施工完成时刻到最终的竣工验收，变形差并不是简单地增大，而是先减小，在结构封顶之后才逐渐增大。这是因为从核心筒完成到结构封顶之前，外框筒的安装仍在继续，外框筒在自重作用下的变形大于核心筒由于收缩徐变发生的变形，所以此阶段内外筒变形差有所减小；而结构封顶之后，外框筒的变形基本停止，核心筒由于收缩徐变导致竖向变形仍在发生，所以此阶段内外筒变形差又开始增大。

结构封顶前，内外筒变形差最大值出现在结构 200m 左右的高度上，大概为 10～12mm；竣工验收时，内外筒变形差最大值不仅出现在 200m 左右的高度上，还出现在结构顶部 400m 左右的高度上，约为 16～18mm。

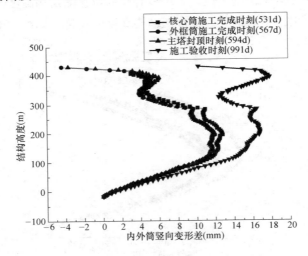

图 7-7 内外筒竖向变形差随结构高度变化图

根据上述分析数据，可见在施工过程中最大的内外筒竖向变形差仅有 12mm，而且是累计变形，相对层间变形基本可以忽略。根据理论计算外框筒与核心筒的结构预调值，每层只有 1～2mm，局部最大楼层预调也不超过 5mm。考虑到现场施工精度因素，因此在建造过程中对于该变形差从构件加工上（如起供预调值调整、连接形式调整等）可不予考虑，安装时以理论标高控制即可。但为避免因此增加的附加应力过大，与设计充分沟通后，确定内外筒之间所有主连接构件在建造过程中仅用螺栓连接，待整体结构封顶后铰接的节点形式可以释放掉大部分的附加应力，此后再逐层进行焊接，有效地解决了上述问题。

第三节　结构施工监测

一、竖向变形监测

（一）竖向变形的产生

超高层建筑在施工期间承受竖向荷载较大，会产生弹性变形；随着时间的增加，混凝土构件会出现徐变和收缩变形，建筑结构标高与设计标高会产生一定的差异，处理不当会成为安全隐患，影响施工质量。

竖向变形可以分为施工前变形和施工后变形。施工前变形是指施工至某层时下部结构已经产生的变形；施工后变形是指无论施工时结构是否达到设计标高，在施工完某层后该层及其下部结构在整体结构竣工前所产生的变形。一般所指的竖向变形，是施工前变形和施工后变形的总和，即施工总变形。

施工中为保证施工层的标高达到设计标高，需要进行施工平差或抛高处理，以补偿已经发生的变形。平差根据施工具体情况可以逐层进行或分阶段进行，对已施工的楼层设计标高调整，调整值参考施工前变形。抛高是提高楼层的施工高度，调整值根据施工后变形确定。可以同时进行平差和抛高调整，使楼层实际高度与设计高度误差趋近于零。控制标高主要有绝对标高控制和相对标高控制两种。施工中，一般采用绝对标高控制，该方法操作简单、便于控制，施工测量人员不必精确知道补偿值的大小，只需使施工层满足设计标高即可，其补偿部分是施工本阶段前完成的结构竖向变形。绝对标高控制虽然弥补了部分竖向变形（施工前变形），但是随着上部结构层的施工，下部结构层的竖向变形（施工后变形）仍在继续，不断累积。这部分不断累积的竖向变形将会对结构的受力状况产生一定影响。因此，在结构分析中考虑施工阶段，以累加的概念施加竖向荷载，再将结果相加，这种方法更接近于实际情况。

（二）竖向变形的监测

根据楼体或竖向构件等监测对象的特点，沿着竖向方向每间隔一定距离设置一道监测点，每一道监测点再根据监测对象特点布设监测位置。根据监测结果数据，分析绝对标高差等竖向变形数据，找出每一道监测点的最大竖向变形量，然后综合其他因素，确定变形补偿或调整的方法。

（三）竖向变形调整

竖向变形的调整，可以从材料和结构两个方面着手解决。材料方面就是尽量减少混凝土收缩和徐变；而结构方面主要是在超高层结构中设置伸臂桁架层和环桁架层，或者使用柔性节点，还可以使用设置后浇带等方法，减少竖向变形差。

变形调整的方法也可分为两类：一类称为被动适应法；另一类称为主动补偿法。被动适应法是先施工徐变量较大的构件，待这些构件完成大部分徐变后再施工与之相连、相邻的构件。主动补偿法是指墙柱在下料时考虑到由于钢结构、混凝土的弹性压缩以及混凝土徐变而产生的竖向变形差，以若干层为一段调整墙柱的长度，将各层的竖向变形差控制在很小的范围内，不至于给结构安全造成影响。

二、摆动监测

（一）CCD动态监测系统

由于地球自转、日照、大气温度等外界因素影响，超高层建筑会发生长周期偏摆，影响激光垂准仪竖向投点的精准度，进而影响楼体的整体垂直度及施工质量。CCD动态监测系统是目前监测超高层建筑楼体摆动较为可行的一种方法。

CCD动态监测系统主要由硬件和软件两部分构成。硬件部分包括垂准仪、接收靶及工业相机等，软件部分包含了光环中心自动提取软件与数据处理软件。系统组成结构如图7-8所示。

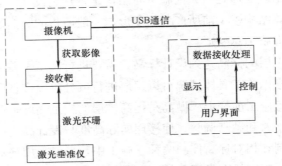

图7-8 CCD动态监测系统组成结构

（二）数据采集与拟合

在整个观测过程中，按照预先设定的数据采样率，采集一定时间内的数据，观测楼层之间的高差数据和预设坐标系统数据，采用合理的方法对数据进行处理，并进行拟合。

根据数据拟合的结果，分析楼体摆动的最大偏移量及偏移方向，综合考虑人眼识别能力、投点标定误差及测量系统误差等因素，以判别楼体偏移的幅度以及是否会对测量控制点的传递和楼体垂直度产生影响等。

三、沉降观测

超高层建筑结构施工过程中沉降观测的内容一般涉及两个方面：一是由于超高层建筑体量庞大，在楼体本身结构荷载作用下，楼体在施工过程中和完工后的一段时间内会出现一定程度的沉降；二是由于超高层建筑的复杂结构形式或多功能用途的要求，如筒中筒结构形式、主楼附带裙楼等，导致因差异化的地基承载力，而出现如内外框筒沉降量的差异以及主裙楼之间沉降量的差异等沉降不均。这些沉降问题都直接关系着主体结构的安全稳定性，是保证工程质量重要的一环。

（一）监测内容及要求

1. 沉降观测点布设

沉降观测点应依据图纸设计的要求布设，常见的是布设在地下室最底层和地面首层。

2. 观测周期

观测周期根据地质情况和图纸设计要求设定，一般地下室施工阶段观测周期比主体施工层短，据工程需要而定。但如遇特殊情况，应及时增加观测次数；而且，若发现沉降有异常，应立即通知工程师及监理，并进行每日连续观测。

（二）观测过程

1. 观测顺序和方法

基准点联测、工作基点稳定性检测，采用往返测或单程双测站观测，首次观测、复测、各周期观测进行闭合环观测。因仪器特点，在进行水准观测时，往测返测，奇数站偶数站均采用"后—前—前—后"的观测顺序。

观测的时间、气象条件：水准观测应在标尺分划线成像清晰而稳定时进行。

下列情况下不应进行观测：

（1）日出后与日落前 30min 内。

（2）太阳中天前后各约 2h 内。

（3）标尺分划线的影像跳动而难于照准时。

（4）气温突变时。

（5）风力过大而使标尺与仪器不能稳定时。

2. 观测过程中应注意的因素：

（1）观测前 30min，应将仪器置于露天阴影下，使仪器温度与外界气温趋于一致。

（2）在连续各测站上安置水准仪的三脚架时，应使其中两脚与水准路线的方向平行，而第三脚轮换置于路线方向的左侧与右侧。

（3）除路线转弯处外，在每一测站上仪器与前后标尺的三个位置，应接近一条直线。

（4）在同一测站上观测时，不得两次调焦。

（5）每一测段的往测与返测，其测站数均应为偶数。由往测转返测时，两根标尺必须互换位置，并应重新整置仪器。

（三）沉降观测成果及结论

根据预设的观测次数和观测周期，准确记录观测数据，着重分析最大沉降量、日均下沉量、不均匀沉降差、速率波动值等指标，并及时采取措施解决因沉降而产生的标高和质量等问题。

第八章　BIM建造技术的应用与创新

第一节　BIM应用的基础

一、BIM团队的组建

(一) BIM实施团队组建模式

BIM运用的最大价值在于为原本呈碎片状态的工程项目管理提供集成、统一的协同工作平台，让众多项目参与者均能自由、便利、高效地使用建筑信息，但这绝对不是一个人的事，必须依靠团队作战。项目参与人员越多，使用价值越高，越能凸显BIM团队的重要性。

目前，BIM团队组建主要有四种模式：①企业内专业BIM实施团队模式；②企业BIM支持服务外包模式；③企业全员BIM应用模式；④混合模式。

这四种模式各有利弊：BIM是未来建筑行业的重要工具和发展方向，也是建筑企业发展的核心竞争力，为了更有效地利用BIM为企业服务，建设一支专业化的BIM团队必不可少。目前，BIM发展仍处于起步阶段，大多数企业内部不具备建立专业化、技术化的实施团队的条件，实行企业内专业BIM实施成本过高；完全依赖企业BIM支持服务外包则可能使企业丧失核心竞争力，受BIM服务企业专业程度影响，有可能造成BIM应用和现场实际脱节，企业对BIM服务方产生依赖性，受制于BIM服务企业，项目的一些核心技术和方案也可能造成泄密；企业全员应用模式更是处于摸索阶段，大多数企业运用BIM都仅限于局部实验性应用，设计阶段、施工阶段相互分离，没有充分利用BIM集成平台的优势，无法形成一套完整的应用流程和体系，要实施企业全员BIM有一定的难度；鉴于BIM现今在国内的发展状况，为了更顺利地开展BIM工作，快速提高企业BIM的应用水平，现阶段最好应用多种发展模式并存的混合模式开展BIM工作。

采用混合模式组建BIM团队，可遵循如下思路：

(1) 前期进行BIM企业专业团队的组建，为企业BIM应用打下基础。

(2) 一些大型项目，引进专业的BIM管理咨询团队，可以更专业地保证BIM工作的顺利完成，也使得企业自己的BIM团队得到学习和锻炼的机会。

(3) 在企业内开展针对全员的BIM培训，让项目逐渐从CAD过渡到BIM信息模型阶段，为今后企业全员运用BIM打下坚实的基础。

（二）BIM 团队梯队

BIM 所涉及的知识过于庞大、复杂，不管是采用何种 BIM 团队组建模式，均应细化职责，分梯队打造 BIM 团队，这样才能把 BIM 真正逐渐融入项目实际应用中。根据人员岗位及运用 BIM 技能需求的不同，BIM 团队由 BIM 总监、BIM 项目负责人、BIM 工程师等构成；同时，项目不同岗位的人员需要利用 BIM 模型中的数据、信息来处理工作和业务，如图 8-1 所示。

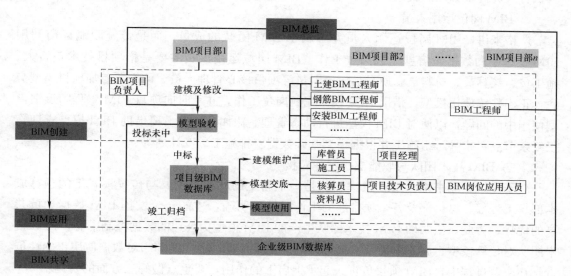

图 8-1 BIM 团队及 BIM 生产与应用流程

1. BIM 总监

BIM 总监全面负责公司级别的 BIM 技术的总体发展战略（包括组建团队、人员培训、确定技术路线等），研究 BIM 对企业的质量效益和经济效益的作用，制定企业 BIM 实施计划及操作流程等；监督、检查各项目模型质量、模型维护和应用情况，协助解决项目应用中的问题。

2. BIM 项目负责人

BIM 项目负责人全面负责单个项目 BIM 应用过程中的技术和人员管理、BIM 实施计划的编制和执行；负责按时、保质、保量交付模型，满足投标或施工需求；负责模型技术交底、模型维护及利用模型对项目的整体质量、效率、成本、安全等关键指标进行分析、模拟、优化，提升项目效益。BIM 项目负责人还有很大的一块工作在于项目各部门间的协调，利用一致同步的模型中的数据为各部门决策制定提供信息。项目实施中，BIM 对项目价值的实现，很大一块就是通过 BIM 项目负责人的协调工作来实现。

3. BIM 工程师

BIM 工程师是 BIM 技术团队的核心执行成员，专职负责公司所有工程项目的建模、报价、机电管线综合平衡、审计及模型动态维护等工作，合格的 BIM 项目工程师必须具备以下素质：①具备"一专多能"知识结构。工程项目包含分部工程繁多，BIM 项目工程师要在精通某一专业的基础上了解其他专业的基本知识及施工验收规范，方能生产出正确的 BIM 模型。②较强的学习能力。学习能力是指不断更新知识、学习新技术、新知识的能力。BIM 技术的运用点在不断地丰富变化，这就要求 BIM 项目工程师必须不断地提升自我，不断学习先进知识，才能满足岗位工作不断发展地需要，才能促使 BIM 发展进程的顺利进行。③高效的沟通能力。BIM 技术运用是一项复杂的、循序渐进的过程，是多种专业知识综合在一起、经缜密策划进而实践的过程，涉及项目参与各方、各专业、各级执行人员等多方面的关系，需要具备高效的沟通能力，发扬团队合作精神。

4. BIM 岗位运用人员

严格来讲，BIM 岗位运用人员并不属于 BIM 团队的成员，而是传统职能部门利用 BIM 模型中的数据、信息完成岗位工作。BIM 岗位运用人员主要是指项目技术负责人、施工员、核算员、材料员、质量员、资料员等项目核心管理人员。他们要参加项目模型交底，正确熟练使用模型，借助 BIM 模型完成岗位工作，并及时向项目 BIM 工程师反馈模型使用中的问题，以便对 BIM 模型进行动态管理。比如，施工员要借助 BIM 模型查询施工复杂节点，指导班组施工并根据模型基础数据安排施工进度计划等。

（三）BIM 技术团队与职能部门工作对接

对于建筑企业来说，BIM 技术团队是一个新生的职能部门，与传统模式下的预算成本部、工程部、材料部及各个项目部的工作对接要明确，才能充分发挥 BIM 数据全员共享的优势。为此，应明确 BIM 技术团队生产的 BIM 模型为公司的数据控制中心，BIM 技术团队对预算模型、施工模型及竣工模型的准确性负责，各职能部门对数据使用正确性负责。在协调过程中，BIM 项目负责人起承上启下的作用，要重点做好三方面的协调：

（1）技术协调。提高 BIM 模型的质量，减少因模型错误带来的协调问题。模型组合碰撞关系到各专业的协调，BIM 工程师自己创建的部分一般都较为严密和完整，但与其他人的工作就不一定能够一致。这就需要在模型组合碰撞时，找出问题并认真落实，从 BIM 模型上加以解决。

（2）管理协调。通过管理，以减少 BIM 模型使用过程中各专业的配合及数据流动问题，建立以 BIM 总监为主的统一领导，由 BIM 项目负责人统一指挥，解决 BIM 团队与各职能部门的协调工作。作为 BIM 项目负责人，首先要全面了解、掌握各职能部门的需求，这样才有可能服务好各职能部门，保证各职能部门正确使用 BIM 模型。

（3）组织协调。BIM 技术运用过程中，BIM 项目负责人应定期组织 BIM 团队、各职能部门举行协调会议，解决模型使用中的协调问题。但不论是投标阶段、建造阶段还是物业运维阶段，所有制定的制度绝不能是一个形式，所有的 BIM 管理及使用人员，对自己的工作、签名都应承担相应的责任。

二、BIM IT 环境确立

（一）BIM 软件环境

BIM 应用与 BIM 软件密切相关，但现在市面上 BIM 软件众多，不下几十种的应用软件，操作复杂且接口互不相同，让企业难以有效应用，只有找到适合本公司 BIM 发展需要的软件才能事半功倍，更好地为 BIM 工作服务。

1. BIM 软件

目前，市面上的 BIM 软件主要涉及建模、方案设计、与 BIM 接口的几何造型、可持续分析、机电分析、可视化、深化设计、模型综合碰撞检查、造价管理、运营管理、发布和审核等类型，如表 8-1 所示。

主要 BIM 软件产品　　　　　表 8-1

序号	BIM 软件类型	主要软件产品
1	BIM 核心建模软件	Revit、ArchiCAD、Bentley、ArchiCAD、Tekla、DigitalProject
2	BIM 方案设计软件	Onuma、Affinity
3	与 BIM 接口的几何造型软件	Rhino、SketchUP、FormZ
4	可持续分析软件	Ecotec、IES、GreenBuildingStudio、PKPM
5	机电分析软件	TraneTrace、DesignMaster、IESVirtualEnvironment、博超，鸿业
6	可视化软件	3DS MAX、Linghtsape、Lumion
7	深化设计软件	Tekla、Xsteel、探索者
8	模型综合碰撞检查软件	RIB、Sloibri、Navisworks
9	造价管理软件	Innovava、Solibri、广联达、鲁班
10	运营管理软件	Archibus、Naisworks
11	发布和审核软件	PDF、3DPDF、DesignReview

2. BIM 软件商

国内外 BIM 软件商开发的软件各具特点，总的来说，Autodesk 公司长期占 BIM 软件的主导位置，现今 Revit 系列软件也是在 BIM 上应用最多的主要建模软件。但国外的软件都有些不接地气，钢筋和算量是硬伤，其他的国外公司也基本上没有形成系列的产品。国内软件商像鲁班，广联达虽然本土化做得非常不错，也在更新 BIM 软件的开发速度，但是功能和体验都不是很成熟，需要一定的时间。目前，常用的 BIM 软件商及其开发的软件如表 8-2 所示。

BIM 常用软件商　　　　　表 8-2

常用软件商	软　件
Autodesk	Revit、3DS Max、Navisworks、Simulation……
Tekla	Xsteel、Tekla Structures……
Google	SketchUp
Bentley	AECOsim Building Designer、AECOsim Energy Simulator、Bentley Architecture V8i……
RIB	RIB iTWO……
广联达	GMM2012、GFY2012、Linkworks6、GEPS……
鲁班	LubanEDS、LubanBE、Luban Steel、Luban Estimator……

3. BIM 软件选择

BIM 软件的选择，应与企业总部平台相结合，利于数据的整合、处理，可遵循如下原则：

（1）应与企业发展方向相符。

（2）造价算量应优先考虑国内软件商（国外软件商现阶段对钢筋算量支持不好）。

（3）考虑软件首次购买和年费开支问题。

（4）尽量选择用户基数大、有良好扩展外联支持的软件。

（二）BIM 硬件和网络环境

硬件和软件是一个完整的计算机系统相互依存的两大部分。当确定了使用的 BIM 软件后，需要考虑的就是应该如何配置硬件。BIM 的开展涉及众多的数据储存、传输、三维处理，需要强大的计算机硬件和一个良好的协同工作网络环境支持。工作计算机可以按照图形工作的要求进行配置，BIM 的理念是基于大数据分析共享协同的基础上提出的，所以项目内的协同局域网也必须遵循安全、稳定的原则。

1. 图形工作站

BIM 模型是集成了建筑三维几何信息、建筑属性信息等多维信息模型。由于信息量大，所以 BIM 模型在用软件运行时占用的计算机资源远大于一般的工作电脑，只有用配置更高的图形工作站（一种专业从事图形、图像、动画与视频工作的高档次电脑），才能保证 BIM 工作的流畅开展。考虑到项目资金成本问题，在项目上可以配置略低等级的电脑满足基本的图形浏览和操作工作。表 8-3 给出了图形工作站和项目电脑的主要配置建议。

图形工作站和项目电脑的主要配置建议　　　　　　　表 8-3

配置	图形工作站	项目电脑
CPU	Intel i7 4770	Intel i5 3470
内存	16GB DDR3	8GB DDR3
硬盘	2TB 7000 转 64MB	500G 5400 转 16MB
显卡	K4000 192bit GDDR5	GT640 128bit GDDR3
显示器	双 21.5 英寸 LED	20 英寸 LED
系统	WINDOWS 7 64 位	WINDOWS 7 64 位

2. 协同网络环境

BIM 应用与传统 CAD 的主要区别是数据的唯一性和协同性，数据不再可以分割和分别存放，必须集中存放管理。每个部门的信息数据完全共享，协同分工合作。所以，一个安全、稳定的协同网络环境至关重要。

服务器只是用于项目数据的储存，配置不要求高，只要求稳定，可以按照文件服务器的要求进行配置。项目成员只安装 BIM 应用软件，不存放项目数据，通过交换机把项目成员间和文件服务器连接，保证了数据的唯一性和协调性。可以在防火墙中设置网络连接和访问权限，增强数据的安全性。

第二节　BIM 集成技术

一、面向建筑全生命期的集成 BIM 总体架构

（一）集成 BIM 基本结构

建筑信息模型包括建筑全生命期的各种产品和过程信息，在建设过程的不同阶段动态

地形成,因此面向全生命期的集成 BIM,需要在建设过程中动态集成和创建。集成 BIM 基本结构如图 8-2 所示,其基本思路是随着工程项目的进展和需要分阶段创建 BIM 子模型,即从项目规划到设计、施工、运营不同阶段,针对不同的应用建立相应的 BIM 子集。各子信息模型能够自动演化,可以通过对上一阶段模型进行数据提取、扩展和集成,形成本阶段信息模型,也可针对某一应用集成模型数据,生成应用子信息模型,随着工程进展,最终形成面向建筑生命期的完整的建筑信息模型。面向建筑全生命期的 BIM 信息管理和建模,需要考虑组织、过程、信息和系统四要素以及它们之间的关联。组织是指建设过程的各种参与角色、管理模式、合作方式以及权责分配等;建设过程中的组织具有多参与方、基于项目的一次性合作、空间和时间上的离散等特性。过程是指从规划、设计到施工、运营的整个流程,以及各个流程所包含的工作、资源投入等;建设过程具有"割裂"等特性。信息是指建造过程中产生的各种工程信息以及其表达方式、组织结构等;建筑工程信息具有异构、离散、海量、复杂、专业和文档化等特性。系统是指负责工程以及创建和使用信息的计算机软件和系统。

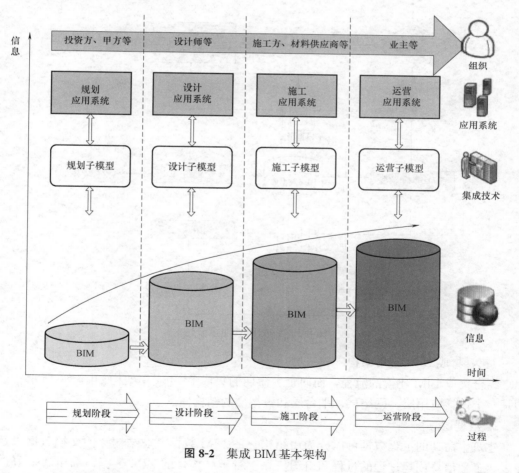

图 8-2 集成 BIM 基本架构

(二)集成 BIM 建模流程

针对某一业务的集成 BIM 建模流程,如图 8-3 所示。首先,根据业务流程,选择或确定子模型视图（子模型视图，model view，是指 BIM 数据标准的子集，如 IFC 大纲的子集，是某一个特定交换需求的所有子模型的抽象表达）；对于没有已建立的子模型视图的业务流程，需要根据 BIM 或其他子模型视图生成方法等，建立子模型视图。然后，应用子模型视图和子模型提取技术，从 BIM 数据库中提取所需的 BIM 子模型，导出为 IFC 文件，供相关应用系统使用。接着，应用系统导入该 IFC 文件，实现工程信息的共享，并在此基础上完成相关业务流程，添加新的工程信息，将新增的信息和原有信息导出为 IFC 文件。最后，应用子模型视图和子模型集成技术将新导出的 IFC 文件集成到 BIM 数据库，将该业务中新添加信息融合到 BIM 数据库中。

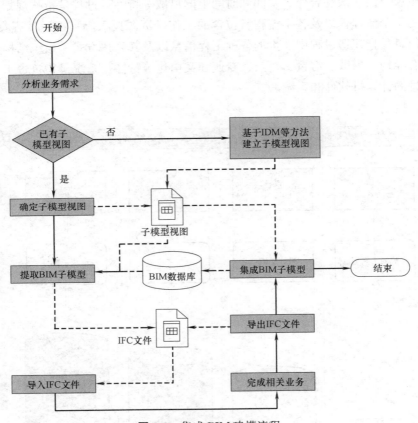

图 8-3 集成 BIM 建模流程

（三）集成 BIM 应用架构

结合集成 BIM 建模的流程，面向全生命期的集成 BIM 应用架构如图 8-4 所示。该架构是一个包括应用层、网络层、平台层和数据层的结构体系。

1. 数据层

建筑生命期的工程数据可以分为由结构化的 BIM 数据，非结构化的文档数据以及用于表达工程信息创建过程的过程和组织信息。对于结构化的 BIM 数据，利用基于 IFC 的数据库存储和管理；文档信息使用文档管理系统进行存储和管理；结构和组织信息，也采用相应的数据库进行存储。

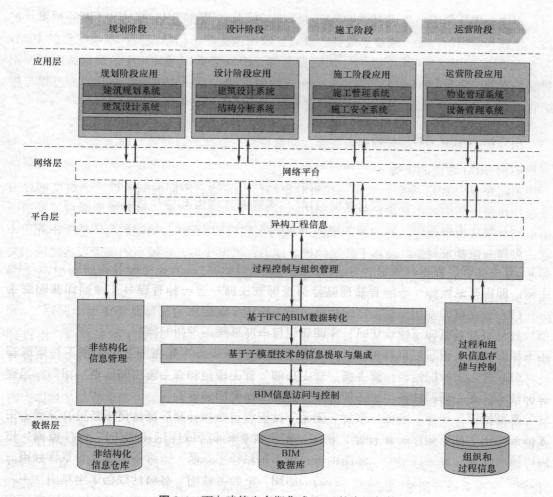

图 8-4　面向建筑生命期集成 BIM 的应用架构

2. 平台层

平台层即 BIMDISP 平台，用于实现 BIM 数据的读取、保存、提取、集成、验证，非结构化信息管理以及组织和过程信息管理和控制。BIMDISP 平台实现分散的 AEC/FM 应用系统和工程信息与集成 BIM 模型两者间的融合，一方面支持实现集成 BIM 的创建，同时让各专业的应用系统和用户不必关注实现 BIM 集成的具体细节，可尽量保持其原有的应用模式。

3. 网络层

网络层通过 Internet 网络将空间上离散的各种工程信息集成起来，同时也方便分布在各地的用户共享 BIM 模型。网络层是 BIM 模型共享和应用的基础。BIM 服务器如同云服务器一样，给用户提供服务，可以节省用户在 IT 上的投入。

4. 应用程序层

应用程序层由来自建设不同阶段的应用软件组成，这些软件包括规划设计软件、建筑设计软件、结构设计软件、施工管理软件、物业管理软件等。

在该应用架构中，集成 BIM 的建立过程实际上是对建筑生命期工程数据的积累、扩展、集成和应用的过程。通过集成各阶段或各应用创建的子信息模型，形成完整的 BIM，为 BIM 的实现提供了可行的途径。BIM 服务器、BIM 数据库及其相应的数据访问和控制机制，有效解决了 BIM 数据的存储和分布异构数据的一致、协调和共享问题。过程与组织管理则为 BIM 信息的创建、访问和数据维护等提供支持。

二、施工阶段 BIM 集成

（一）BIM 集成的优势

不同专业的 BIM 模型，对同一建筑对象的信息表达有不同的侧重点。建筑模型着重于表达建筑产品的各个基本对象的空间拓扑关系、空间分配关系、外观真实表现等；结构模型侧重于从力学角度，对建筑产品与建筑对象以及对象之间的连接关系进行分析和计算，以便确定基本对象以及整个建筑的承载能力；机电等单专业模型侧重于表达建筑相关专业系统的设计。但是，建筑却是各个专业的集合体，因此，真正充分利用 BIM 技术实施建筑建造过程，就必须将不同专业的 BIM 模型集成到一个 BIM 模型中。在建筑施工阶段，BIM 集成的优势主要有：

（1）BIM 模型集成后，在设计图纸审查方面有重要突破。在施工初始阶段，由设计院或者业主将施工图纸交付施工单位，需要对图纸进行审查并将审查中的疑问反馈给设计单位，请他们予以解决。这样可避免一些因为设计图纸错误而导致的施工中的返工情况，节省了大量的工期和成本；传统的审图过程是设计方、甲方、施工方等单位人员集体对图纸进行审查，这样就会因审图人员的专业素质不同而产生不同的审图结果。经验足、专业知识丰富的人员能够从图纸中看出很多问题，而经验少的人员就只能审查出很少的问题；部分遗漏的问题甚至会对后面的施工产生极大的负面影响。同时，二维的 CAD 蓝图也"掩盖"了很多设计问题，加大了审图的难度。而 BIM 技术集成能很好地解决这一问题。BIM 技术在三维可视化上具有先天的优势，取代人脑中的空间想象，完全无误地反映设计图纸的三维效果。通过 BIM 的多专业集成，将各专业模型集成到一起。通过集成软件的数据化分析，如空间碰撞等，能够在施工初始阶段便解决一大堆设计问题从而避免施工单位为设计错误买单，甚至也可以根据集成模型对设计中的错误提出修改意见。

（2）BIM 模型集成后，在施工项目管理的多个方面有重要应用。在工程算量方面，可以利用软件的统计功能，针对各种不同的施工材料，通过软件的过滤生成各种不同类型的材料统计报表。比如，根据当前施工楼层的 BIM 模型，可以统计该楼层所需的各强度等级混凝土，这样为现场混凝土的供应计划提供了可靠的数据支持。也可以生成阶段性的工程造价报表，为项目商务预结算做好服务。在施工平面布置方面，利用 BIM 技术三维可视化的优势，可以辅助项目管理人员绘制较二维 CAD 图纸更优的施工现场平面布置图，充分考虑到各种空间协调关系。可以极大地优化现场的交通组织，为工程的顺畅施工提供了保证。模型集成后，还可以将现场采集的信息数据录入进集成模型中；结合当前编制的施工进度计划，分析当前施工中各施工部位的实施情况。对于施工进度滞后的地方可以及时调整施工安排，加快其施工进度。同时，可以利用信息传输技术，将现场实际情况反映到模型中，传输给公司管理高层，以便高层领导及时掌握现场信息。

（二）BIM 集成的方法

不同专业 BIM 模型集成的方法有两大类：一种是接口集成，对于不同软件模块或者系统（可以是同一公司产品，也可是不同公司产品）进行接口集成达到某种建筑信息的传递，初级的做到单向的信息传递交流，高级的做到互相的信息传递交流；另外是一种系统集成，为实现某一个 BIM 信息系统将原为多个独立软件的集成，初级可以做到单一实现目的的集成，高级的做到可扩展性极强的平台集成，以不同的目的需求取舍相关功能系统。

接口集成可以看作一个初级的集成。由于单一 BIM 软件不能达到应用要求，所以现有的 BIM 软件均留出接口以便补完模型。接口可看作不同软件之间的纽带，利用接口建不同软件模块或系统的信息进行互相传递，达到信息交流的目的。接口集成具有处理简单、流程单一、传输信息量小的优点；但接口集成仅仅只能做到特定信息的互相传递，无法成系统地对模型进行整理，兼容性较差。

系统集成的模式在 BIM 发展模式中占据主流，以系统集成为指导方向的 BIM 集成软件包括 Autodesk Navisworks、Autodesk BIM 360、Bentley Navigator、RIB iTWO 等集成软件。这类软件均具有同一类性质：即可集成多种 BIM 建模软件的模型，通过适当的格式转化方式，能够很好地保存原建模软件建立模型时给模型添加的参数。这样，就不存在因模型转化而导致的模型数据缺失，从而降低模型集成的利用价值；一般而言，集成软件不具备建模能力而只有集成能力，这样可以节省大量的软件占用内存。软件能够对集成模型进行很好的深加工，提取其中重要的参数并进行归纳整理，从而得到想要的数据表格。

综合而言，系统集成较接口集成有明显的优势，目前进行 BIM 集成一般会优先选择系统集成的方法。

（三）BIM 集成平台

BIM 集成是将不同专业的 BIM 模型信息集合到一个模型中，实现信息和数据的收集、存储、更新、共享和应用。目前，主要的 BIM 软件开发商均开发了各自的 BIM 集成平台。

1. Autodesk NavisWorks manage

借助 Autodesk NavisWorks 解决方案，用户能够将多款软件（例如 AutoCAD 软件和 Autodesk Revit 系列应用程序）创建的设计数据与来自其他设计工具的多种文件格式的几何图形和信息互相集成。因此，该软件能够生成整体项目视图，从而帮助所有项目相关方制定更加明智的设计决策，提高施工文档的精确性、预测性并进行规划。

通过 API 开发，可将其他软件和 Naviswork 软件进行整合，如通过 Autodesk Vault 附加模块，可以对与 Autodesk NavisWorks 兼容的所有文件类型执行常见的 Vault 功能。Vault 是用于存储和管理文档和文件的存储库。Autodesk Vault 是一个数据管理系统，可以提供文件安全、版本控制以及多用户支持。Autodesk Navisworks manage 和 Autodesk Navisworks Simulate 都提供了 Autodesk Vault 附加模块，该附加模块支持与 Autodesk

Vault Basic、Autodesk Vault workgroup、Autodesk Vault Collaboration、Autodesk Vault Collaboration AEC 和 Autodesk Vault Professinal 的连接。

Autodesk NavisWorks 支持通过中间格式进行跨软件的协作。可将 Navisworks 模型输出为中间格式，然后整合到第三方软件中进行应用。如可将当前的模型导出为 FBX 格式，然后通过 3DMAX 进行渲染或在 Autodesk Infrastructure Modeler 进行大场景建模或规划。Navisworks 自身的文件格式为（nwd、nwf、nwc），Autodesk Navisworks 还支持读取大多数流行的 3D CAD 文件格式。

另外，Autodesk 还开发了一系列的基于云计算的应用，如可将 BIM 360 Glude 模块嵌入到 Navisworks 中，可将当前的工作的模型上传到 Glude 服务器，进行基于云端的碰撞检测、施工模拟、展示与漫游等多种应用。

2. Autodesk BIM 360

Autodesk BIM 360 是一个可以提供一系列广泛特性、云服务和产品的云计算平台，可随时随地帮助客户显著优化设计、可视化、仿真以及共享流程。欧特克公司推出了 Autodesk PLM 360 生命周期管理软件，该云服务能让制造商更好地获取和管理产品信息，帮助不断改善其设计和制造的产品。随后，欧特克又面向欧特克设计创作套件客户推出了一系列全新的 Autodesk 360 服务。Autodesk 360 是一个云端平台，可以充分利用云的巨大计算能力改变设计、可视化和模拟创意与共享工作的方式。

3. Bentley Navigator

Bentley Navigator V8i 是一款动态协同工作软件，基础设施团队可用它来交互查看、分析和补充项目信息。Bentley Navigator 可充分利用存储在 Bentley i-models 中的信息的交互特性，以实现高性能的视觉效果。这便可以更好地了解项目，以帮助避免代价高昂的现场错误。此外，团队可以采用虚拟方式模拟项目场景，以解决冲突情况和优化项目日程。可以通过在 i-models 中保存注释促进模型创建，还可以生成二维和三维 PDF 文件，供更广泛的人群使用。

Navigator 广泛兼容市场上主要的 3D 文件格式，为整个 BIM 模型内容的丰富性和完整性提供了保障，包括：MicoStation、AutoCAD、3DMAX、SketchUp、PDS、PDMS、NX、ParaSolid 以及 Inventer 等。可利用更丰富的资源为效果表现服务，直接使用前期碰撞检查创建的 BIM 模型成果，快速地赋予材质、灯光，撰写动画脚本、渲染，一气呵成；不需要为效果表现或者动画，使用别的软件产品去转换工程图纸格式，重新建模。

4. RIB iTWO

RIB iTWO 是将传统施工规划和先进 5D 规划理念融为一体的建筑管理解决方案。通过 RIB iTWO，设计团队、造价师、规划师、工程师以及执行组可通过该技术，对项目实施各阶段的状态信息了如指掌，可以大大降低项目实施的时间和成本。RIB 公司新推出的 CPI（建筑流程整合）技术集合了几何与数字。通过该技术，规划者即可获知机械设备规格信息，而施工者则可获知建筑材料和设备资料信息。同时，可根据时间进程和流程分布，将模型数据添加于系统中。通过二维数据与 5D 模型，用户可通过屏幕展示的几何图形随时掌握施工项目，资源数据以及流程规划数据。

RIB iTWO 兼容主要的 BIM 建模软件（如 Revit、Tekla 等），与整个 Windows 系列（Windows XP，Windows 2007 Windows 2003 server，Windows 2008 server 等）兼容，包括 32 位与 64 位系统。将整个数据模型集成到 iTWO 中从而抽取数据，提高估价操作和基准值审定的准确性；同时，也可在设计变更的情况下及时导入工程选项值，以备施工操作。

RIB iTWO 是模块化的软件，具有良好的扩展性，RIB iTWO 基于 RIBPlatform、RIBConnect、2C、2Q、2Col、2Clash 等模块进行应用开发。同时，RIB iTWO 提供标准 API 内部模块通信，易于升级。RIB 提供多种的 CAD 软件导出接口，例如 Revit、Tekla、ArchiCAD、MicroStation 等等。

三、机电各专业 BIM 模型整合

（一）多专业模型整合

多专业模型整合，主要是对所建立的机电各单专业模型进行管线综合协调，综合考虑建筑结构、机电安装净高要求、现场施工条件等多个因素，对各专业的管线进行综合排布。通过对管线进行调整及避让，以达到模型指导施工的目的。

管线的综合协调主要是指管线综合排布调整及避让。事实上，设备管线的建模与综合协调是同时进行的过程，无法截然分开。在各专业建模过程中，通常都是根据其他专业共享的模型，一边建模，一边调整、避让。

机电建模顺序按照从上到下、从大到小进行，以减小后期综合协调难度及工作量。

管线综合排布一般遵循如下原则：

（1）电气管线在上，水管在下。

（2）给水管在上，排（污）水管在下（主要针对市政给水排水及隐蔽性给水排水管的布置）。

（3）无交叉风管尽可能贴梁底排布，有交叉时则排中下位置。

（4）管线排布，需综合考虑支吊架位置、安装空间、运行操作空间和检修空间。

管线调整避让一般遵循如下原则：

（1）水管避让风管。

（2）有压管避让无压（自流）管。

（3）可弯管道避让不可弯管道。

（4）小管避让大管。

（5）冷水管避让热水管。

（二）模型应用

1. 碰撞检查

多专业模型整合完成后，通过碰撞检查的方式来检查模型管线的综合排布及碰撞情况。同时，在碰撞检查的过程中，进一步确认管线排布的合理性及可行性，起到项目内部对模型进行审核的目的。

机电 BIM 碰撞检查遵循先单专业后多专业的原则，一般原则如下：

（1）单专业碰撞检查：单专业碰撞检查主要检查单专业模型与土建结构模型的碰撞及穿插情况及本专业内交叉管线的碰撞情况，对与结构柱或钢梁产生的硬碰撞，需及时进行调整；与混凝土梁及剪力墙产生的碰撞，设计允许时，可在剪力墙或梁上预留孔洞；否则，需严格按要求进行修改排布；对与建筑墙体产生的碰撞情况，合理即可；本专业内管线交叉碰撞，可通过翻弯或错开标高等方法避让。

（2）多专业碰撞检查：多专业碰撞检查主要是检查不同机电专业管线的碰撞，对局部碰撞，可采取翻弯避让；而叠在一起的不同管线，需采取纵向错开标高或横向错开。避让原则遵循多专业模型整合中所述的避让原则。

2. BIM现场施工应用

BIM模型建立的最终目的，都是为了更合理地提交材料计划，减少材料浪费；更直观地进行技术交底；更有效地指导现场施工等等。机电BIM模型现场施工应用主要如下：

（1）材料员根据BIM模型来提交材料计划，准备所需施工材料；

（2）施工前技术交底：技术交底可根据条件采取不同的交底形式，一种是二维交底方式；另一种是三维交底方式。二维交底时，需将BIM模型导出二维图纸，二维图纸包括单专业平面图、综合管线平面图、局部剖面图、安装大样图、管线标高层次示意图、土建预留预埋图等，通过导出的二维图纸来与班主进行技术交底。三维交底方式是直接利用三维模型进行三维交底，三维交底物也可以采取多种形式，可以直接用三维BIM模型，也可以是三维效果图，亦可以是三维施工动画等等。由于三维交底具有很好的可视化效果，所以三维交底相对于二维交底更简单、明了。事实上，两种方式交底方式相辅相成，现场技术交底可同时采用两种交底方式。

（3）指导现场施工：在条件允许的情况下，可在项目上配备iPad。在iPad上导入模型后，可直接拿至现场指导施工。条件不允许时，可直接通过打印的CAD图纸或三维效果图进行指导施工。

（4）施工验收：局部施工完成后，即可根据三维BIM模型来进行施工验收。

3. 模型及图纸交付

工程竣工后，施工方需根据合同要求，将竣工BIM模型及竣工图纸一并交付给业主单位。

第三节　BIM模型的数据处理与共享

一、BIM数据库的创建与访问

（一）BIM数据库的构成

1. BIM数据交换协议及格式

在应用不同BIM软件的过程中，经常会遇到数据交换的问题。什么是数据交换？简单来说，就是把A软件中产生的数据导入到B软件中去。建筑项目的参与方通常包括建筑、结构、水、暖、电以及概预算等多个专业。各个专业所使用的软件和工具也是五花八门，不一而足。如何使得信息能够在不同的系统间平滑地流动，是创建和使用建筑信息模型必须解决的一个重要问题。

为此，国际协同工作联盟（International Alliance for Interoperability，IAI）在 1997年1月发布了 IFC 标准。IFC 标准是由国际协同工作联盟 IAI 为建筑行业发布的建筑产品数据表达标准。IFC 标准本质上是建筑物和建筑工程数据的定义，反映现实世界中的对象。它采用了一种面向对象、规范化的数据描述语言 EXPRESS 语言作为数据描述语言，定义所有用到的数据。IFC 经历了 6 个版本的更替。自从 2003 年（最初发布 IFC2X2 版本）以来第一个重要的改善，经历了 IFC 历史上最长周期的开发以及目标成为一个完整的 ISO 标准，推出的 IFC2X4 版本被认为是一个对于 Open BIM 协同设计跨时代的版本。目前所使用的 Autodesk Revit、MagiCAD、Tekla Structures，均支持 IFC 标准格式的导出与导入，数据可在软件之间相互流动而不丢失。

2. BIM 工程数据库的建立

BIM 工程数据库的建立，需要满足结构化的 IFC 模型数据和非结构化的数据文档（如 CAD 模型、技术文档、工程分析结果、招投标文件等）数据的存储要求。为此，可以借鉴应用于制造领域的电子仓库（Electronic Data Vault，EDV）的概念。电子仓库通常建立在通用的数据库系统的基础上，是 PDM 系统中实现某种特定数据存储机制的元数据库及其管理系统。它保存所有与产品相关的物理数据和物理文件的元数据，以及指向物理数据和物理文件的指针。将电子仓库的概念应用于 BIM 工程数据库，则与物理数据对应的便是 IFC 数据库，与物理文件对应的便是工程建设过程中出现的各种非结构化的文档。BIM 工程数据库的构成如图 8-5 所示。其中，IFC 数据库用于存储 IFC 对象模型数据，文件数据库用于组织和管理各种类型的非结构化文档。文件元数据库用于存储非结构化文档的元数据。IFC 数据库与文件元数据库通过 IFC 关系实体 IfcRelAssociatesDocument 建立关联。

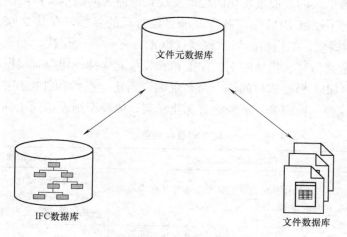

图 8-5　BIM 数据库的构成

（二）数据类型

由于 BIM 数据是 BIM 数据管理平台的基础，所以确定其内容和数据结构对系统具有极其重要的意义。根据系统模型，BIM数据平台是一个开放的建筑各专业应用软件的通用基础平台。因此，在确定BIM数据的内容和数据结构时，必须保证BIM数据的通用性，即对各建筑专业均适用。由于IFC标准已经为建筑信息定义了一个通用的面向对象数据模型框架，因此在平台中依据IFC标准的数据内容和结构，建立相应的BIM数据类型，是一种合理的解决方案。IFC标准所采用的数据类型的具体描述，参照STEP标准的第11部分，其与BIM数据类型的对应关系如表8-4所示。

BIM数据类型与IFC标准数据类型的对应关系表 表8-4

序号	BIM数据类型类别	BIM数据类型名称	IFC数据类型名称	IFC数据类型类别	
1	基础数据类型	double型	数值型		
			实数型		
		long型	整数型		
		CString型	串型		
		bool型	逻辑型		
			布尔型		
		list型	数表型	聚合数据类型	
		map型	数集型		
		（用各基础数据类型代替）	IfcLabel定义等	定义数据类型	命名数据类型
2	实体类	IfcBuilding类等	IfcBuilding实体等	实体数据类型	
3	枚举类	IfcRoleEnum类等	IfcRoleEnum枚举等	枚举数据类型	构造数据类型
4	选择类	IfcActorSelect类等	IfcActorSelect选择等	选择数据类型	

（三）BIM模型细度规则

模型的细致程度（Level of Details/Level of Development，LOD），描述了一个BIM模型构件单元从最低级的近似概念化的程度发展到最高级的演示级精度的步骤。美国建筑师协会（AIA）为了规范BIM参与各方及项目各阶段的界限，在其2008年的文档E202中定义了LOD的概念，把模型的细致程度（LOD）分为5个层次，如表8-5所示。为了能在模型中提取数据信息、指导施工、加工和安装单元构件，建模时根据相应的规则，从最初的项目文件，BIM模型构件的统一命名规则，到建立模型构件按规则完成构件名称、尺寸规格、类型注释、标记等，不断完善深化模型，使模型细度达到LOD400。

模型细致程度层次 表8-5

模型精度等级	美国建筑师协会定义	精细要求
LOD100	只有空间中的构件用建筑的体量为参考依据在模型中模拟其面积、高度、体积、位置和朝向	等同于概念设计，此阶段的模型通常为表现建筑整体类型分析的建筑体量，分析包括体积、建筑朝向、每平方米造价等
LOD200	型中的构件以一个整体系统或一个整体组合构件的形式来表示其最大尺寸、大概的形状、位置和朝向，并进行模拟。额外的信息和细节可能会添加进构件，但是构件仍然只是一个代表形式或一个组合构件	等同于方案设计或扩初设计，此阶段的模型包含普遍性系统大致的数量、大小、形状、位置及方向

模型精度等级	美国建筑师协会定义	精细要求
LOD300	模型中的构件是细分的系统或组合构件,并且构件的主要尺寸、主要形状、位置和朝向都会精确的表示。构件会包括额外的信息和细节。构件是实际建造形状和组合构件的准确表示	模型单元等同于传统施工图和深化施工图层次。此模型已经能很好地用于成本估算以及施工协调包括碰撞检查,施工进度计划以及可视化
LOD400	模型中的构件是细分的系统或组合构件,并且精确表示构件的尺寸、形状、位置、朝向,同时提供构件完整的生产、组装和其他细节信息	此阶段的模型被认为可以用于模型单元的加工和安装。此模型可以被专门的承包商和制造商用于加工和制造项目的构件包括水、电、暖等系统
LOD500	模型中的构件是细分的系统或组合构件,并且精确表示构件的尺寸、形状、位置、朝向,同时提供构件完整的生产、组装和其他细节信息	最终阶段的模型表现的是项目竣工的情形。模型将作为中心数据库整合到建筑运营和围护系统中去

二、BIM 数据的储存与管理

(一)BIM 信息分类

1. 基础信息

基础信息分为构件族和模型属性,BIM 模型由大量构件组成,其中结构部分有柱、墙、梁、板这些族,建模时需定义好这些族的属性,包括截面尺寸、混凝土强度等级,以及类型种类,例如梁分为矩形梁和弧形梁等。建筑构件部分有砌体墙、幕墙、门、窗等族,定义好相应的属性,尺寸大小,材料以及类型种类。

2. 工程量数据信息

一个完整的模型必须能从中提取工程量信息,其中包括模型整体的工程量信息和分层分部工程量信息。在投标阶段,通过 BIM 模型的工程量给商务部门进行计价,帮助编制商务标书。在施工阶段,提供每一层的工程量信息给物资部,使在施工前备好材料,保证供应充足。

现场实际施工中存在着一些设计变更,在模型中注释说明变更部位信息及可供提取变更的工程量信息,做到用模型来记录变更的信息,现场技术部人员提供变更信息给 BIM 工程师,由 BIM 工程师输入到模型完成变更信息在模型中的记录。

3. 商务信息

通过把建立好的模型与工程量清单相关联,计算得出与工程量清单相对应的工程量,然后根据定额进行计价,形成一个与模型相关联的内部预算清单。在施工过程中,通过现场施工进度所用成本与模型提及的预算清单相对比,从而对项目成本管理起帮忙指导作用。

(二)BIM 文件目录与命名规则

针对 BIM 工作站应建立"BIM 站资源文件夹",以保存 BIM 站共享数据。同时,对于每个具体项目,均应创建相关项目的资源文件夹,以保证项目本身的数据存放。本章节主要定义了在项目归档系统内有关 BIM 数据的存储,以及与 BIM 工作方面相关的命名规则。

1. 项目文件目录

项目文件夹按公司及项目名称予以命名，并针对项目承包范围以及 BIM 技术在项目中的应用目标合理设定子文件夹及相应名称，并在相应的子文件夹中分别保存对应的 BIM 文件及数据。

2. BIM 文件命名

创建模型前，所有项目人员应对模型文件的具体命名规则达成一致，并在实施过程中保持统一。

3. BIM 对象命名规则

所有建模人员在建模时应统一 BIM 对象的命名规则，如不统一，模型的所占内存变大，且对后期的统计工作造成不必要的麻烦，增大工作量。

（三）BIM 模型资源环境

1. BIM 应用模板

在 Revit Architecture 初次安装完成后，软件自带的以"rft"为后缀名的文件就是族的样板文件。这些文件都存储在"···ProgramData/Autodesk/RAC2012/Family Templates/Chinese"文件夹下。"族样板"中包含"注释""标题栏"和"概念体量"三个子文件夹，用于创建相应的构件族，根文件夹下其他样板包括用于创建门、窗、幕墙、栏杆、常规模型、场地、环境、家具、橱柜、详图项目等构件族。族样板主要可分为基于主体的样板、基于线的样板、基于面的样板和独立样板四种类型。

（1）基于主体的样板：基于墙、基于顶棚、基于楼板和基于屋顶的样板，均被称为基于主体的样板。用它们创建的族，一定要依附在某一个特定建筑图元的表面上。也就是说，只有当其对应的主体存在时，才能在项目中放置基于主体的族。

（2）基于线的样板：基于线的样板，用于使用 2 次拾取形式放置在项目中的族。"基于线"的形式有两种，一种是普通线性效果的基于线；另一种是结合了阵列功能的基于线。"基于线的公制常规模型.rft"用于创建三维构件族，"基于线的公制详图构件.rft"用于创建二维构件族。

（3）基于面的样板：基于面的样板用于创建基于平面的族，这类族必须依附于某一工作平面或实体表面（不考虑它自身的方向），不能独立地放置到项目的绘图区域。基于面的样板，也可以说是一种基于主体的样板，它的"主体"就是"面"。这个"面"既可以是屋顶、楼板、墙、顶棚等系统族的表面，也可以是桌子、台面等构件族的表面。相对来说，该样板会比基于主体的样板更灵活。如果是基于系统族的表面，则该族可以修改它们的主体，并可在主体中进行复杂的剪切。

（4）独立样板：独立样板用于创建不依赖于主体的族。用它创建的族可以放置在项目的任何位置，不用依附于任何一个工作平面或实体表面，从而使其具有更大的灵活性。独立样板可以分为创建三维构件族的样板和创建二维构件族的样板。

2. BIM 对象库

（1）文件夹结构：可以参考族类别对族进行分类、建立一级根目录，某些一级根目录下包含多个族类别，如"家具"文件夹下包含"家具""家具系统"等不同族类别文件。

对于族数量及种类较多者，如门、窗等，宜建立二级、三级子目录。子目录可按用途、形式、材质等进一步分类。为了便于使用，目录级数也不宜过多。

（2）族文件的命名：族以及嵌套族的命名应准确、简短、明晰，如"单扇平开玻璃门"。有多个同类族时应突出该族的特点，如"圆形把手""立式把手"；实在无法用明确的中文描述时也可在最后加数字编号予以区别，如"把手 1""把手 2"。尽量采用前者命名方式，若为同一构件创建了 3D 和 2D 多个族时，建议命名一致，在 2D 族名称末尾加注"2D""断面""侧面"等字样，如"坐便器 3D""坐便器 2D"。

（3）族类型的命名：族类型的命名主要基于各类型参数的不同突出各类型之间的区别，包括样式、尺寸、材料、个数等。以门族为例，可设定多个尺寸类型，如"1000mm×2000mm""1500mm×2200mm"；也可设定多个样式类型，如"有横档""无横档"。

（4）族参数的命名：若新添加的族参数为主要参数，即用户在使用过程中根据需要会进行实时并频繁修改的参数，如构件的尺寸、材料等。此类族参数的命名宜选用明确的中文名称，如"宽度""安装高度""把手材质"等。在为族添加参数时，若选定了"参数类型"，系统将为其选择相对应的"参数分组方式"。如"参数类型"为长度，对应的"参数分组方式"即为"尺寸标注"。一般情况下，建议选择系统默认的参数分组方式，使参数归类统一，方便后续查找修改。

但对于辅助参数，则不需要用户修改或很少修改，一般情况下作为运算的过程参数，通过公式随主要参数自行参变或不参变，其命名可选用中文名称或特定代号，"参数分组方式"宜选择"其他"。还有一类族参数用以控制图形显示方式，参数类型根据设计要求会有所不同，但参数分组方式宜选择"图形"。

对象库指派 BIM 站专人管理，建族人员建立好的族交给管理员，并且有详细的族用途说明和属性参数设置说明。进库需经管理员审批，审批通过之后才能进库。首先，需按照上述规则统一命名；其次，检查族是否正确，属性参数是否设置完整；最后，考虑族在建立建筑模型时，是否能被使用。

（四）BIM 数据容器管理

BIM 数据的存储与管理，在 BIM 数据管理内核中是通过 BIM 数据容器实现的。需要强调的是，STL 的 map 容器与 BIM 数据容器虽然字面意义相似，但是表达的不是一类概念。map 容器是一种通用的用以存储映射关系的数据类型，被用于表示 IFC 标准中的数集型数据；索引表数据结构中也采用了 map 容器类型的数据成员。BIM 数据容器是专门存放 BIM 实体对象关键字与内存中 BIM 实体对象指针的映射关系的类，它采用了 map 容器类型的对象 TotalMap 作为类的数据成员，并封装了对 TotalMap 的操作。

根据系统模型中对 BIM 数据容器的描述，BIM 数据容器的功能是对 BIM 数据进行有效的存储与管理。经分析，BIM 数据容器需要有效地存储所有 BIM 实体对象的指针，从而支持对 BIM 数据的管理与使用。为此，设计了 BIM 数据容器类 EntityMap 来实现上述功能。EntityMap 结构如图 8-6 所示。

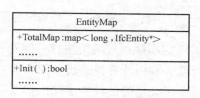

图 8-6　EntityMap 类示意图

第四节 基于 3D BIM 模型的施工技术体系

一、施工深化设计

深化设计是指承包单位在建设单位提供的施工图或合同图的基础上，对其进行细化、优化和完善，形成各专业的详图施工图纸，同时对各专业设计图纸及管理需要的过程。深化设计作为设计的重要环节，补充和完善了方案设计的不足，有力地解决了方案设计与现场施工的诸多冲突，充分保障了方案设计的效果还原。

（一）BIM 应用流程

利用 BIM 进行施工深化设计时，可按照如图 8-7 所示的流程，其中前三个步骤归为建模前的准备。

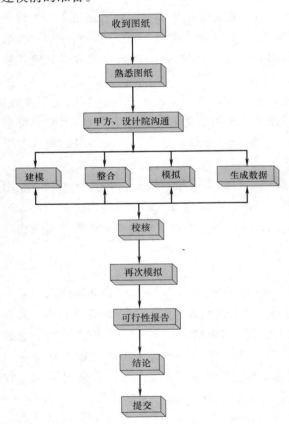

图 8-7　BIM 应用流程

（二）BIM 应用成果

深化模型是基于对施工图和施工现场状况的综合分析而进行的，从信息来源上看，要求深化设计必须在施工图设计的基础上进行，这就涉及设计阶段和施工阶段信息资源的一致性及协调的问题。BIM 技术由于其信息集成性，能很好地解决信息一致和协调问题，但是由于深化模型是由承包商组织实施的，BIM 的应用受到深化模型类型的影响，其侧重点有所不同。

尽管不同类型的深化模型所需的 BIM 模型有所不同，但是从实际应用来讲，建设单位结合深化设计的类型，采用 BIM 技术进行深化应实现以下基本功能：

1. 图纸优化

现阶段，BIM 建模中需要在原二维设计图纸的基础上进行。鉴于国内建筑行业发展尚不完善，业主方、施工方、设计方、劳务方等多方单位参与建设，协调难度大，设计出图时间短，图纸质量存在一定问题，需要在施工过程中不断修正。而 BIM 建模能很好地解决这一问题，BIM 在三维维度及可视化的前提下检验设计方案的可行性。利用计算机分析空间碰撞（包括硬碰撞和软碰撞），弥补设计图纸中的疏漏；从而减少了大量的设计变更和工程返工。根据设计图纸变更及建模过程中发现的图纸，将最终图纸变更加载到模型中，对设计变更加以论证，进一步完善模型。图 8-8 给出了利用 BIM

进行图纸变更的示例。

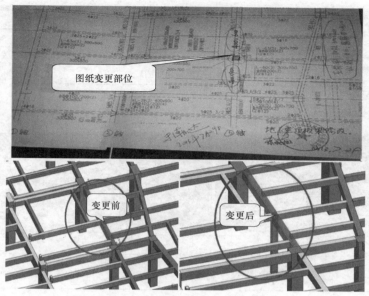

图 8-8 利用 BIM 进行图纸变更示例

2. 对建筑信息模型进行细部整合

如现场不符原设计方案施工，为防止多次返工导致浪费人工、材料，费用还达不到施工要求，要求利用 BIM 技术进行前期模拟施工（图 8-9）。

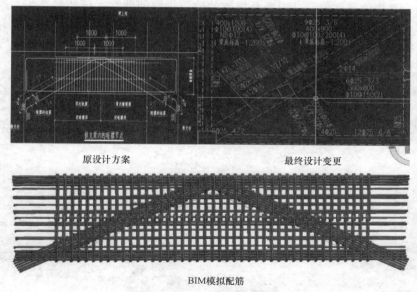

图 8-9 建筑信息模型细部整合

3. 反馈图纸问题

在建模过程中，发现了许多结构冲突或与实际不相符合的问题，及时与项目部技术人员沟通，通过讨论后并以"图纸问题报告"的形式反映到设计单位，得以合理地解决图纸问题。图纸问题报告样板如图 8-10 所示。

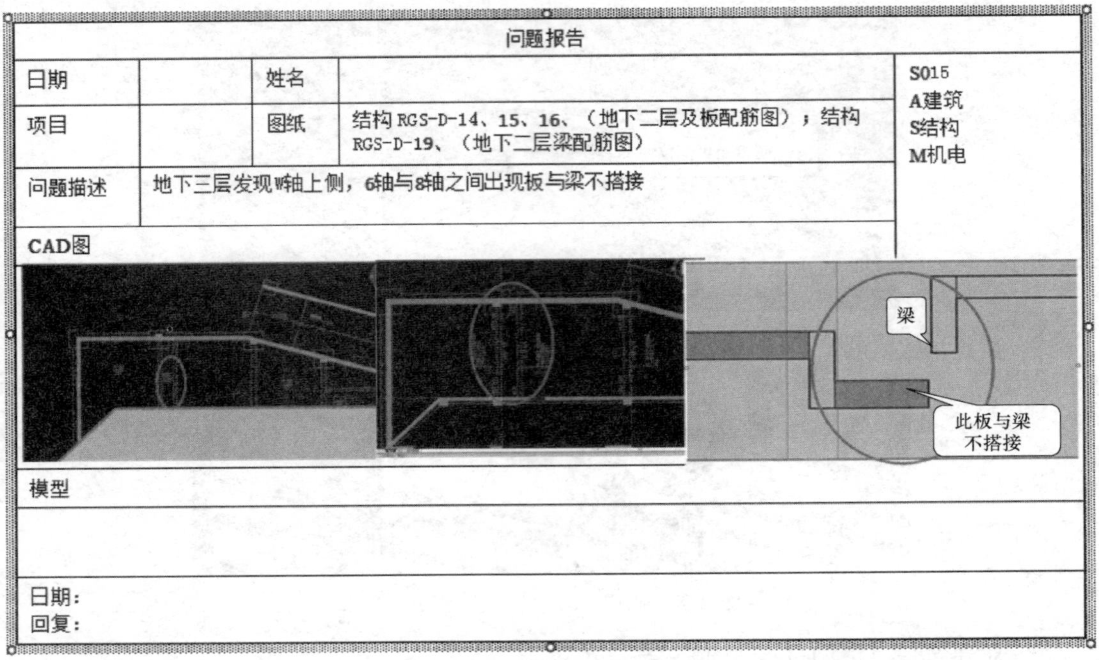

问题报告				
日期		姓名		S015
项目		图纸	结构 RGS-D-14、15、16、（地下二层及板配筋图），结构 RGS-D-19、（地下二层梁配筋图）	A建筑 S结构 M机电
问题描述			地下三层发现H轴上侧，6轴与8轴之间出现板与梁不搭接	
CAD图				
模型				
日期： 回复：				

图 8-10 图纸问题报告样板

4. 施工平面布置

BIM 结合地理信息系统，对现场及拟建的建筑物空间数据进行建模分析，结合场地使用条件和特点，做出最理想的现场规划、交通流线组织关系。对施工各阶段的塔吊、堆场等进行模拟布置，三维展示各布置方案，为施工平面布置提供决策依据，如图 8-11 所示。

图 8-11 BIM 施工平面布置示例

5. 洞口预留

在机电安装过程中，由于设计图纸不完，管道安装时经常会遇到"穿墙"问题，不仅会影响到管道安装的质量，也会对工期产生拖延；利用 BIM 技术可以预先绘制管道，检查与墙体的碰撞点，这样在结构施工期间，在碰撞冲突处预留结构孔洞，保证了机电管道安装的顺利进行；同时，也节省了大量材料，减少了工程垃圾，提升了整个项目施工的绿色度（图 8-12）。

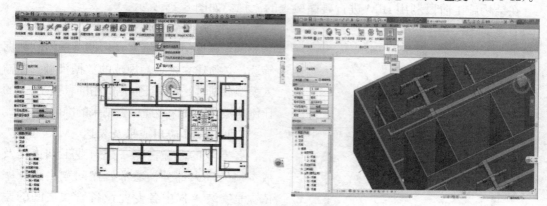

图 8-12 BIM 洞口预留设计

二、空间协调（碰撞检查）

（一）碰撞检查的意义与分类

2010 年《中国商业地产 BIM 应用研究报告》通过调查问卷发现，77％的设计企业遭遇因图纸不清或混乱而造成项目或投资损失，其中有 10％的企业认为该损失可达项目建造投资的 10％以上；43％的施工企业遭遇过招标图纸中存在重大错误，改正成本超过 100 万元。建造阶段大量项目实践统计分析的结果表明，使用 BIM 技术可以消除 40％的预算外变更，通过及早发现和解决冲突可降低 10％的合同价格。

随着科技的发展和以人为本设计理念在建筑设计中的实践，建筑物功能设计更加人性化、舒适化，为创造室内环境需要的设备管道、电气设备、电气布线更加复杂，在一些重点区域，如走廊、管道井、机房内管道纵横交错，由于受空间限制，加之不同专业分别设计，管道与管道、管道与设备、管道与结构等碰撞问题时有发生，很难通过几次图纸会审，将碰撞问题全部解决。必须利用现代科技提供的手段，综合各个专业的设计图纸自动检查，将问题解决在设计阶段。避免在施工阶段发生冲突，造成不必要的人力、物力的浪费。消除变更与返工的主要工具，就是 BIM 的碰撞检查。

什么是碰撞检查？碰撞检查是指在电脑中提前预警工程项目中各不同专业（结构、暖通、消防、给水排水、电气桥架等）空间上的碰撞冲突。碰撞分硬碰撞和软碰撞（间隙碰撞）两种，硬碰撞指实体与实体之间交叉碰撞；软碰撞指实体间实际并没有碰撞，但间距和空间无法满足相关施工要求。例如，空间中两根管道并排架设时，因为要考虑到安装、保温等要求，两者之间必须有一定的间距；如果这个间距不够，即使两者未直接碰撞，其设计也是不合理的。

目前，BIM 的碰撞检查应用主要集中在硬碰撞。通常，碰撞问题出现最多的是安装工程中各专业设备管线之间的碰撞、管线与建筑结构部分的碰撞以及建筑结构本身的碰撞。目前，设计院全部都是分专业设计，机电安装专业甚至还要区分水、电、暖等专业，且大部分设计都是二维平面。要把所有专业汇总在一起考虑，还要赋予高度变成三维形态，这个对检查人员的素质等要求都很高，遇到大型工程更是难上加难。利用 BIM 软件进行碰撞检查，是解决问题的重要、有效方式。

（二）BIM 应用流程

在结构施工阶段利用 BIM 进行碰撞检查的流程，如图 8-13 所示。

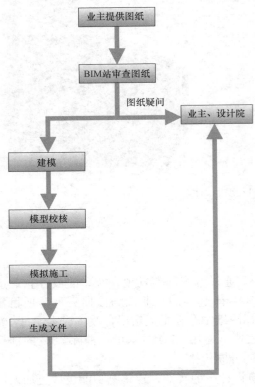

图 8-13　BIM 碰撞检查应用流程

（三）数据输入要求

为了模型信息的真实及后期碰撞检测数据筛选，必须建立统一、规范的数据模型。在输入模型数据时，应保证数据的精准且按 1∶1 的比例建模，以确保碰撞检查结果的准确性。

（四）BIM 应用成果及表达

各专业的碰撞占据了建筑业工期拖延及成本损失一大部分，通常碰撞问题出现频率依次是安装工程中各专业设备管线之间的碰撞、管线与建筑结构部分的碰撞以及建筑结构本身的碰撞。BIM 技术用建立好的结构模型、建筑模型、机电模型，在 Revit 软件中合并、运行自动检查碰撞。提前精确定位出碰撞冲突点，并自动生成检查报告，在施工前期将影响到施工进度及施工成本的隐患进行全面的排除，从而减少返工、节省工期等。

1. 三维可视化动漫表达

通过三维可视化动漫展示，可使观者对项目的碰撞状况一目了然。图 8-14 展示了结构与结构之间碰撞检查的 BIM 应用示例。

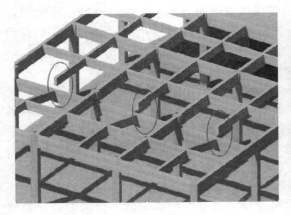

图 8-14　结构与结构之间碰撞检查 BIM 应用示例

2. 三维可视化图片表达

通过三维可视化图片表达碰撞检查，可以清晰、准确地展示碰撞部位的具体情况，利于讨论解决方案。图 8-15 展示了综合协调碰撞检查的 BIM 应用示例。

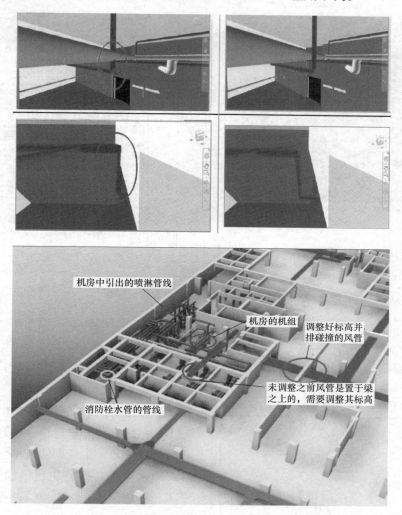

机房中引出的喷淋管线

机房的机组

调整好标高并排碰撞的风管

未调整之前风管是置于梁之上的，需要调整其标高

消防栓水管的管线

图 8-15 综合协调碰撞检查 BIM 应用示例

3. 报表表达

将碰撞检查结果做成报表形式，记录碰撞情况，提出优化整改方案，审查后移交业主和设计院。图 8-16 展示了碰撞检查结果报表表达的样板。

三、施工工艺工序模拟（虚拟施工）

虚拟施工技术，即在融合 BIM、虚拟现实技术、数字三维建模等计算机技术的基础上，对将要进行施工的建筑总体建造过程和关键工艺工序，预先在计算机上进行三维数字化模拟，真实展现建筑施工步骤，避免建筑设计中"错、漏、碰、缺"现象的发生，从而进一步优化施工方案。

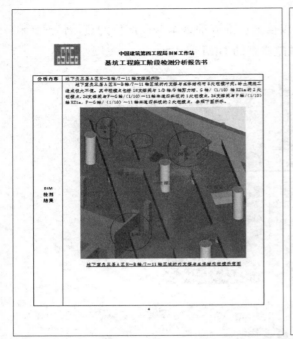

图 8-16　BIM 碰撞检查结果报表样板

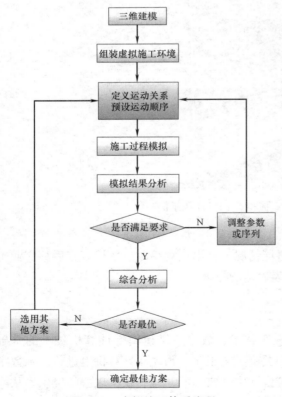

图 8-17　虚拟施工体系流程

（一）BIM 应用流程

利用 BIM 技术进行施工工艺工序模拟的流程，如图 8-17 所示。

（二）建模方法与实施

在工艺模拟施工的模型中，主要是模型的精细度与分块建模。根据表达效果进行分块，每一个流程的每一个构件应分为一个模型组，即分块建模。图 8-18 展示了预制塔吊基础施工模拟过程的示例。

建模时，首先需分专业进行（如分结构、建筑、机电等），然后应分层、分构件进行，如图 8-19 所示。这样，利于后期导入 Navisworks 中进行进度模拟及其他施工工艺模拟，也便于模型修改和模型管理。

将虚拟施工技术应用于建筑工程实践中，首先需要应用 BIM 软件 Revit 创建三维数字化建筑模型，然后从该模型中自动生成二维图形信息及大量相关的非图形

图 8-18　预制塔吊基础施工模拟过程示例

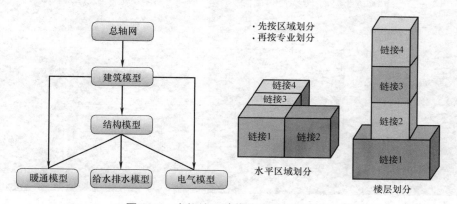

图 8-19　虚拟施工建模流程及模型组织

化的工程项目数据信息。借助 Revit 软件强大的参数化设计能力，可以协调整个建筑工程项目信息管理，增强与客户的沟通能力，及时获得项目设计、工作量、进度和运算方面的反馈，在很大程度上减少了协调文档和数据信息不一致所造成的资源浪费。同样，用 Revit 工具所创建的 BIM 模型可方便地转换为具有真实属性的建筑构件，促使视觉行体研究与真实的建筑构件相关联，从而实现了 BIM 中的虚拟施工技术。其具体实施过程如下：

在方案初期，使用针对施工图绘制和工程量计算的 Revit 工具进行推敲设计。特别是 Revit 中的 Architecture 软件，可帮助设计师将概念形状转换成全功能建筑设计，同时可以提取重要的建筑结构信息。利用该软件，可以将来自 AutoCAD 软件、Google Sketch-Up 等应用或其他基于 ACIS 或 NURBS 应用的概念性体量，转化为 Autodesk Revit 软件中的体量对象，然后进行方案推敲设计。在建筑设计阶段，是将前期推敲的建筑方案用 Revit 软件实现，通过专业分析工具对模型进行专业综合评估，然后建立相应施工模型。通过应用 Revit 中参数化的"族"构件，可以设计最基础的建筑构件及详细的装配，并且其自带丰富的详图库和详图设计工具。

通过将 Revit 与相应仿真优化专业的软件相结合，可以实现对建筑施工方案的仿真模拟；同时，也可以借助于 Revit 软件中 API 所提供的应用程序接口类，来实现对 Revit 功能的扩展开发，为建筑施工过程可视化模拟提供强大的技术支持，从而修改和优化施工方案，为后续的实际施工过程奠定了坚实的基础。

（三）成果表达

主要以动画、模型等仿真模拟，加文字说明的方式进行成果表达。图 8-20 展示了某超高层建筑结构施工中关键工序施工模拟示例。在 BIM 施工工艺模拟指导下，可以做到全真施工流程，解决了交底难、专业协调难、施工进度难、沟通难等问题。

图 8-20　某超高层建筑结构施工中关键工序施工模拟示例

四、数字化加工

对于一些安全围护设施、临时设施、危险源施工部位、施工用具等，可以利用已有的 BIM 模型进行进一步数字化设计，并实时指导施工，以提升施工质量与施工效率、减少材料浪费、保证施工安全。

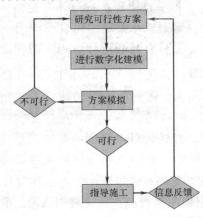

图 8-21　BIM 数字化加工应用流程

（一）BIM 应用流程

利用 BIM 技术进行数字化加工的流程，如图 8-21 所示。

（二）建模方法

建筑模拟建模方法是指以工程为对象、工艺为核心，运用系统工程的原理，把先进技术和科学管理结合起来，经过工程实践形成的综合配套的施工方法。它必须具有先进、适用和保证工程质量与安全、提高施工效率、降低工程成本等特点。

（三）成果表达

BIM 应用在施工中大可以到整个建筑模型，小可以到现场的每一个螺钉，都可以利用 BIM 模型，从中提取有用的信息辅助施工。将模型细到每一颗螺钉的材质、尺寸，都直接从模型中提取有用信息施工，做到无返工、无浪费、一次成型。这样，不仅节约了时间，也节约了材料，还解决了传统技术交底难的问题。例如，在制作塔吊通道专利模型时，可以利用 BIM 模型按照 1：1 的方式建立专利模型，进行全真模拟，如图 8-22 所示。

图 8-22　塔吊通道专利 BIM 数字化加工示例

五、可视化沟通与技术交底

对于业主来说，利用 BIM 的 3D、4D（三维模型＋时间）、5D（三维模型＋时间＋成本）模型和投资机构、政府主管部门以及设计、施工、预制、设备等项目方进行沟通和讨论，大大节省决策时间和减少由于理解不同带来的错误。

对设计单位来说，BIM 采用三维数字技术，实现了可视化设计。因为实现了图纸和构件的模块化（图元），并且有功能强大的族和库的支持，设计人员可以方便地进行模型搭建。该模型包含了项目的各种相关信息，如构件的坐标、尺寸、材质、构造、工期、造价等。搭建的三维模型能够自动生成平面、立面和剖面等各种视图和详图，将设计人员从抽象、烦琐的空间想象中解脱出来，提高了工作效率，减少了错误的发生。另外，BIM 与很多专业设计工具能够很好地对接，这使得各专业设计人员能够对 BIM 模型进行进一步的分析和设计；同时，BIM 模型是项目各专业相关信息的集成，方便地实现了各专业的协同，避免冲突，降低成本。

对施工单位来说，因为包含了工期和造价等信息，BIM 模型从三维拓展到五维，能够同步提供施工所需的信息，如进度成本、清单，施工方能够在此基础上对成本做出预测，并合理控制成本。同时，BIM 还便于施工方进行施工过程分析，构件的加工和安装。基于 BIM 技术的四维施工模拟，不仅可以直观地体现施工的界面、顺序，从而使总承包与各专业施工之间的施工协调变得清晰、明了；而且，将四维施工模拟与施工组织方案相结合，使设备材料进场、劳动力配置、机械排班等各项工作的安排，变得最为有效、经济的控制。

（一）BIM 应用流程

针对传统的串联沟通模式，即业主/PM（前期策划）→设计院（设计）→承包商（施工），应用 BIM 技术之后，可以采取并联的可视化沟通模式，即业主/PM/设计院/承包商

（前期策划/设计/施工）集成项目交付 IPD（Integrated Project Delivery）。具体的应用流程：建模→整合→模拟→生成数据→校核→再模拟→可行性验证→生成可视化→展示→交流。

（二）数据输入要求

BIM 数据库的数据真实、可靠，校核、审核、复合分三个等级，以达到最终用于与业主、分包、管理人员的交流。Revit 支持多种行业标准和文件格式（二维、三维），包括 DGN、DWG、DWF、DXF、IFC、SAT、SKP、AVI、ODBC、gbXML、BMP、JPG、TGA 等等。3DS Max 可以与 Revit 模型保持实时的数据链接。接口层利用自主研发的 BIM 数据接口与交换引擎，提供了 IFC 文件导入导出、IFC 格式模型解析、非 IFC 格式建筑信息转化、BIM 数据库存储及访问、BIM 访问权限控制以及多用户并发访问管理等功能，可将来自不同数据源和不同格式的模型及信息传输到系统，实现了 IFC 格式模型和非 IFC 格式信息的交换、集成和应用。

Navisworks 支持所有项目相关方可靠地整合、分享和审阅详细的三维设计模型，在BIM 工作流中处于重要地位。Navisworks 软件能够将 CAD 和 Revit 系列等应用创建的设计数据，与来自其他设计工具的几何图形和信息相结合，将其作为整体的三维项目，通过多种文件格式进行实时审阅，而无须考虑文件的大小。

（三）成果表达

按照 2D 设计图纸，利用 Revit 等系列软件创建项目的建筑、结构、机电 BIM 模型，可对设计结果进行动态的可视化展示，使业主和施工方能直观地理解设计方案，检验设计的可施工性，在施工前能预先发现存在的问题，与设计方共同解决。

1. 可视化视频表达

"所见即所得"，模型三维的立体实物图形可视，项目设计、建造、运营等整个建设过程的模拟，方便进行更好的沟通、讨论与决策，实现可视化模拟、可视化管理。图 8-23

图 8-23　可视化视频表达示例（截图）

展示了可视化视频表达的一个示例。

2. 可视化图片表达

用 BIM 模型模拟施工现场的实际情况，根据进度安排和各专业施工工作的交错关系，通过 BIM 软件平台，合理规划物料的进场时间、堆放空间，并规划取料路径，有针对性地布置临时用水、用电位置，在各个阶段确保现场施工整齐有序、提高施工效率。图8-24展示了利用可视化图片表达现场平面布置的示例。

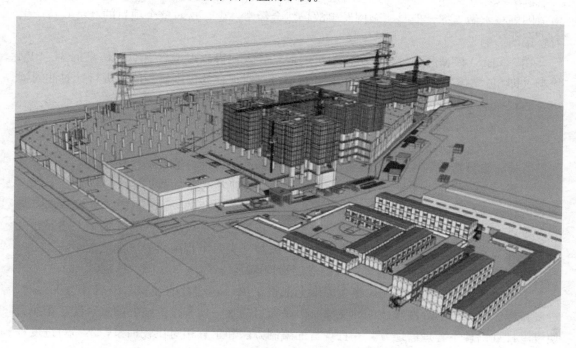

图 8-24 可视化图片表达现场平面布置示例

3. 表格表达

BIM 模型能将所有关联信息组织起来，对工程量进行分析并自动计算生成结果，如图 8-25 所示。

任务模式	任务名称	工期	开始时间	完成时间	比较基准1 开始时间	比较基准1 完成时间	木工	钢筋工	混凝土工	混凝土计算用量	混凝土实际用量
	5#楼1层	10 个工作日	2013年5月14日	2013年5月23日	2013年5月14日	2013年5月26日	22人	11人	12人	629.5m³	656m³
	5#楼2层	28 个工作日	2013年5月24日	2013年6月20日	2013年5月27日	2013年6月17日	22人	11人	12人	184.m³	226.4m³
	5#楼3层	6 个工作日	2013年6月21日	2013年6月26日	2013年6月18日	2013年6月25日	22人	11人	12人	184.m³	224m³
	5#楼4层	3 个工作日	2013年6月27日	2013年6月29日	2013年6月26日	2013年7月1日	22人	11人	12人	155.8m³	194.8m³
	5#楼5层	4 个工作日	2013年6月30日	2013年7月3日	2013年7月2日	2013年7月6日	22人	11人	12人	136.5m³	190.5m³
	5#楼6层	4 个工作日	2013年7月4日	2013年7月7日	2013年7月7日	2013年7月11日	22人	11人	12人	136.5m³	215.25m³
	5#楼7层	4 个工作日	2013年7月8日	2013年7月11日	2013年7月12日	2013年7月16日	22人	11人	12人	136.5m³	187.2m³
	5#楼8层	4 个工作日	2013年7月12日	2013年7月15日	2013年7月17日	2013年7月21日	22人	11人	12人	192.8m³	190.6m³
	5#楼9层	4 个工作日	2013年7月16日	2013年7月19日	2013年7月22日	2013年7月26日	22人	11人	12人	192.8m³	187m³
	5#楼10层	6 个工作日	2013年7月20日	2013年7月25日	2013年7月27日	2013年7月31日	22人	11人	12人	192.8m³	187.7m³
	5#楼11层	4 个工作日	2013年7月26日	2013年7月29日	2013年8月1日	2013年8月4日	22人	11人	12人	192.8m³	187m³
	5#楼12层	4 个工作日	2013年7月30日	2013年8月2日	2013年8月5日	2013年8月12日	22人	11人	12人	192.8m³	1877m³
	5#楼13层	4 个工作日	2013年8月3日	2013年8月6日	2013年8月13日	2013年8月19日	22人	11人	12人	192.8m³	186m³

图 8-25 可视化表格表达工程量分析与计算

第五节　基于 4D BIM 模型的进度管理体系

一、4D BIM 进度管理模型

现阶段，在实际工程项目进度管理过程中，虽然有各种详细的进度计划以及网络图、横道图等技术做支撑，但是"破网"事故仍然会经常发生，这对整个项目的经济效益产生着直接的影响。

在 3D BIM 模型的基础上，将工程进度信息导入，得以形成含有时间信息的 4D BIM 模型（即 3D 实体＋时间）。利用 4D BIM 模型可以对现存的进度管理问题进行针对性的解决，达到保证工程进度控制目标、提高工程进度管理效率的目的。

（一）传统工程项目进度管理中存在的问题

1. 设计缺陷造成的进度管理问题

首先，设计阶段的主要内容是完成施工所需图纸的设计，通常一个项目的整套图纸少则几十张，多则成百上千张，有时甚至数以万计。图纸所包含的数据庞大，但设计者和审图者的精力有限，存在错误不可避免；其次，项目各个专业的设计工作是独立完成的，势必导致各专业的二维图纸所表现的内容在空间上很容易出现碰撞和矛盾。如果上述问题没有被提前发现，而是到施工阶段才表现出来，就势必会对工程项目的进度产生影响。

2. 施工进度计划编制不合理造成的进度管理问题

工程项目进度计划的编制，很大程度上依赖于项目管理者的经验，虽然有施工合同、进度目标、施工方案等客观条件的支撑，但是项目的唯一性和个人经验的主观性，难免会使进度计划出现不合理的地方，并且现行的编制方法和工具相对比较抽象，不易对进度计划进行检查。一旦计划出了问题，那么按照计划所进行的施工过程必然也不会顺利。

3. 现场人员的素质造成的进度管理问题

随着施工技术的发展和新型施工机械的应用，工程项目施工过程越来越趋于机械化和自动化。但是，保证工程项目顺利实施的主要因素还是人，施工人员的素质是影响项目进度的一个主要方面，施工人员对施工图纸的理解，对施工工艺的熟悉程度等因素，都对项目能否按计划顺利完成产生影响。

4. 沟通和衔接不畅造成的进度管理问题

建设项目往往会消耗大量的财力和物力，如果缺失一套完整而详细的资金、材料计划报告，是很难顺利实施工作的。在实际工程项目施工过程中，由于施工方与业主、供货商信息沟通不充分、不彻底，势必导致业主的资金计划、供货商的材料供应计划与施工方的进度计划不匹配，因此造成工期的延误。

5. 施工环境的影响造成的进度管理问题

工程项目既受当地地质条件、气候特征等自然环境的影响，又受到交通设施、区域位置、供水供电等社会环境的影响。项目实施过程中，任何不利的环境因素都有可能对项目进度产生严重影响。因此，必须在项目的开始阶段就充分考虑到这些环境因素的影响结果,并提出相应的应对措施。

(二) BIM 进度管理框架

目前,相关技术在进度管理中的应用是孤立的,虽然单独应用某项技术给项目管理带来了很大好处,但远远低于技术间集成应用的效益。BIM 及其相关技术的出现,为工程项目管理带来极大的价值和便利。尤其是项目全生命周期内信息的创建、共享和传递,能够保证信息的有效沟通。只有将相关信息技术进行集成,并构建基于 BIM 的进度管理体系,才能消除传统信息创建、管理和共享的弊端,更好地实现工程项目进度管理信息化,从而提升项目管理的效率。

1. 应用框架体系形成

现有的工程项目进度管理系统应用中的大部分工作主要依靠人工完成,相关系统软件进度控制模块功能有限,而且由相应部门的进度管理人员进行数据更新和信息发布。项目参与各方单独进行项目信息的处理,而系统无法实现自组织和自运行,信息滞后现象严重,阻碍整体工程的信息共享,导致信息孤岛现象的出现。系统所提供进度信息的及时性、准确性和可获取性不高,无法满足项目参与各方各阶段的信息需求,效率低下。结合 BIM 技术特点,将其自身优势和衍生功能糅合到进度管理中,构建基于 BIM 技术平台的进度管理框架体系,尝试弥补传统管理方式的不足。基于 BIM 的进度管理应用框架体系,如图 8-26 所示。

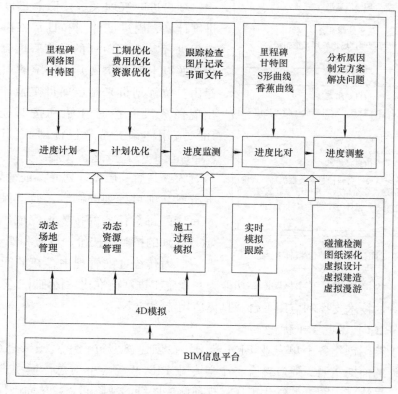

图 8-26 基于 BIM 的进度管理应用框架体系

基于 BIM 的进度管理应用框架体系，能够直观地显示引入 BIM 技术后进度管理方法工具的提升和完善。基于 BIM 的进度管理是在现有进度管理体系中引入 BIM 技术，意在综合发挥 BIM 技术和现有进度管理理论与方法的价值。由于 BIM 技术模型能够承载项目全寿命周期管理中所需的信息，因此 BIM 技术产生的 BIM 信息平台及功能有利于项目进度管理的全过程，其效益渗透到进度计划与控制的各环节。项目应在现有进度管理体系的基础上，以 BIM 信息平台为核心，建立 BIM、WBS、网络计划之间的关联，从而综合利用各种方法和工具，改善进度管理流程，增加项目效益。

2. BIM 信息平台构成

基于 BIM 的进度管理体系的核心是 BIM 信息平台。BIM 信息平台可分为信息采集系统、信息组织系统和信息处理系统三大子系统。三大子系统是递进关系，只有前序系统工作完成，后续系统的工作才能继续。工程项目信息主要来自于业主、设计方、施工方、材料和设备供应商等项目参与方，包括项目全生命周期中与进度管理相关的全部信息。信息采集系统在完成项目信息的采集之后，信息处理系统按照行业标准、特定规则和相关需求进行信息的编码、归类、存储和建模等工作。信息处理系统可利用系统结构化的信息支持工程项目进度管理，提供施工过程模拟、施工方案的分析、动态资源管理和场地管理等功能。BIM 信息平台的整体框架，如图 8-27 所示。

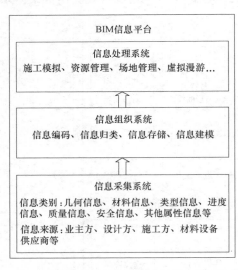

图 8-27 BIM 信息平台整体框架

(三) BIM 进度管理应用流程

项目进度管理大多按照总进度计划、二级进度计划、周进度计划和日常工作四个层面的流程进行。基于 BIM 的进度管理流程设计和分析按照以上四层次展开。传统的项目管理方法是由首位计划员来制定项目实施计划的，经常出现任务没有按时开始和按时完成的现象。BIM 应用体系支持末位计划员（Last Planner System，LPS）概念，让施工一线的基层团队负责人（最后一层做计划并保证计划实施的人）充分参与项目计划的制定，通过保障末位计划员负责的每个任务的按要求完成，来保障整个项目计划的按时、按价、按质和安全完成。

针对传统进度管理中存在的问题，BIM 技术的可视化、碰撞检查、虚拟建造等功能为实现施工进度标准化、精细化、动态化管理提供了一个良好的技术支撑和应用平台。具体应用流程如下：

1. 基于 BIM 技术的图纸优化

根据施工蓝图创建各个单专业 BIM 模型，在创建模型过程中对图纸进行实时审查，从而避免设计的前期错漏。通过整合各个单专业 BIM 模型，并对总体模型进行碰撞检查与专业协调，最终实现图纸的优化工作，提前解决图纸的缺陷问题，从而确保了项目的进度。基于 BIM 技术的图纸优化流程如图 8-28 所示。

2. 基于 BIM 技术的进度计划编制

根据基于 BIM 模型提出的工程量、企业定额以及初步估算的用工数量，计算出相应工序的持续时间，从而制定更为严谨的进度计划。若发现其与总工期、节点工期冲突之处，则在所有专业工程师共同协商后对进度计划进行修正；最后，将完善好的进度计划作为进度信息输入到 BIM 模型，得到更为精细的四维进度计划模型，通过施工模拟，使进度交底更明确、更详尽。基于 BIM 技术的进度计划编制流程，如图 8-29 所示。

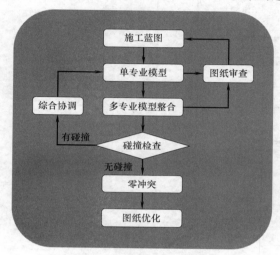
图 8-28　基于 BIM 的图纸优化流程

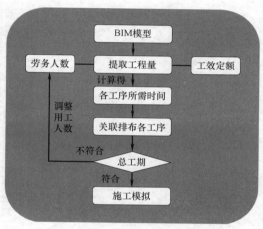
图 8-29　基于 BIM 的进度计划编制

3. 基于 BIM 技术的可视化流程

通过 BIM 模型的可视化模拟功能，对现场管理人员、具体施工人员进行实物模型可视化交底，避免传统、枯燥的文字技术交底流于形式，而且根据创建的可视化环境进行分析与协商，从而提高了参建各方的协调交流效果，以确保相关作业的顺利实施。基于 BIM 技术的可视化流程，如图 8-30 所示。

图 8-30　基于 BIM 技术下的可视化流程

4. 基于 BIM 技术的进度管理体系应用流程

基于 BIM 的 4D 系统，需建立在项目计划编制技术、三维建筑信息模型技术的基础之上，综合应用数据库技术和系统开发技术实现；再应用所建立的 4D BIM 系统形成进度管理体系，具体应用流程如图 8-31 所示。

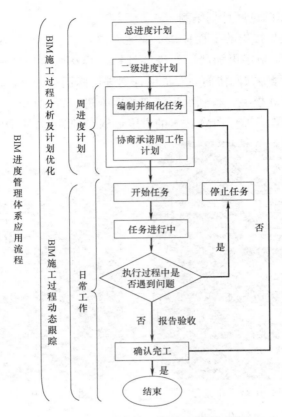

图 8-31 BIM进度管理体系具体应用流程

二、基于 4D BIM 模型的项目进度控制

无论计划制定的如何详细，都不可能预见到全部的可能性，项目计划实施中仍然会产生偏差。跟踪项目进展，控制项目变化是实施阶段的主要任务。基于 BIM 的进度计划结束后，进入项目实施阶段。实施阶段主要包括跟踪、分析和控制三项内容。跟踪作业进度，实际了解分配的资源何时完成任务；检查原始计划与项目实际进展之间的偏差，并预测潜在的问题；采取必要的纠偏行动，保证项目在完成期限和预算的约束下稳步向前发展。

进度计划编制阶段，在基于 BIM 的进度管理系统下，综合应用 WBS、横道图、网络计划、BIM 等多种技术，完成进度安排，分配资源并预算费用。在进度计划实施阶段，可以使用基于 BIM 的进度管理系统提供的进度曲线、甘特图、4D 模拟等功能进行项目进度的跟踪与控制。

（一）项目进度跟踪

1. 管理目标计划

经过分析并调整后的项目计划，实现了范围、进度和成本间的平衡，可以作为目标计划。项目作业均定义了最早开始时间、最晚开始时间等进度信息，所以系统可提供多个目标计划，以利于进度分析。项目目标计划并不能一成不变，伴随项目进展，需要发生变化。在跟踪项目进度一定时间后，目标进度与实际进度间偏差会逐渐加大，此时原始目标计划将失去价值，需要对目标计划做出重新计算和调整。在系统中输入相应进度信息后，项目计划会自动计算并调整，形成新的目标计划。

　　基于 BIM 的进度管理系统提供目标计划的创建与更新，可将目标计划分配到每项工作。更新目标计划时，可以选择更新所有作业，或利用过滤器来更新符合过滤条件的作业，还可以指定要更新的数据类型。更新目标计划后，系统会自动进行项目进度计算，并平衡资源分配，确保资源需求不超过资源可用量。平衡过程中，系统将所有已计算作业的资源需求作为平衡过程中的最大可用量。在作业工期内，如果可用资源太少，则该作业将延迟。选择要平衡的资源，并添加平衡优先级后，可以指定在发生冲突的情况下将优先平衡的项目或作业。另外，对资源信息进行更改后，需要根据 BIM 模型提供的工程量重新计算费用，以便得到正确的作业费用值。

　　2. 创建跟踪视图

　　在项目计划创建后，需要继续跟踪项目进展。基于 BIM 的进度管理系统提供项目表格、甘特图、网络图、进度曲线、四维模型、资源曲线与直方图等多种跟踪视图。项目表格以表格形式显示项目数据；项目横道图以水平"横道图"格式显示项目数据；项目横道图/直方图以栏位和"横道图"格式显示项目信息，以剖析表或直方图格式显示时间分摊项目数据；四维视图以三维模型的形式动态显示建筑物建造过程；资源分析视图以栏位和"横道图"格式显示资源/项目使用信息，以剖析表或直方图格式显示时间分摊资源分配数据。

　　所有跟踪视图都可用于检查项目，首先进行综合的检查，然后根据工作分解结构、阶段、特定 WBS 数据元素来进行更详细的检查。还可以使用过滤与分组等功能，以自定义要包含在跟踪视图中的信息的格式与层次。图 8-32 展示了利用基于 BIM 的进度管理系统

图 8-32　施工进度模拟跟踪截图

所创建的进度模拟跟踪截图。

3. 更新作业进度

在项目实施阶段，需要向系统中定期输入作业实际开始时间、形象进度完成百分比、实际完成时间、计算实际工期、实际消耗资源数量等进度信息，有时还需要调整工作分解结构，删除或添加作业，调整作业间逻辑关系。项目进展过程中，更新进度很重要，实际工期可能与原定估算工期不同，工作一开始作业顺序就可能更改。此外，还可能需要添加新作业和删除不必要的作业。定期更新进度并将其与目标计划进度进行比较，可以确保有效利用资源，参照预算监控项目费用，及时获得实际工期和费用，以便在必要时实施应变计划。

（二）进度分析与偏差

实施阶段，在维护目标计划，更新进度信息的同时，需要不断地跟踪项目进展，对比计划与实际进度，分析进度信息，发现偏差和问题，通过采取相应的控制措施，解决已发生问题并预防潜在问题。基于 BIM 的进度管理体系从不同层次提供多种分析方法，实现项目进展全方位分析。实施阶段需要审查进度情况，资源分配情况和成本费用情况，使项目发展与计划趋于一致。

1. 进度情况分析

进度情况分析主要包括里程碑控制点影响分析、关键路径分析以及计划与实际进度的对比分析。通过查看里程碑计划以及关键路径，并结合作业实际完成时间，可以查看并预测项目进度是否按照计划时间完成。关键路径分析，可以利用系统中横道视图或者网络视图进行。

关于计划进度与时间进度的对比，一般综合利用横道图对比、进度曲线对比、模型对比完成。系统可同时显示三种视图，实现计划进度与实际进度间对比。

另外，通过项目计划进度模型、实际进度模型、现场状况间的对比，可以清晰地看到建筑物的成长过程，发现建造过程中的进度情况和其他问题。

2. 资源情况分析

在项目进展中，资源情况的分析主要是在审查工时差异的基础上，查看资源是否存在分配过度或分配不足的情况。基于 BIM 的进度管理体系，可通过系统中提供资源剖析表、资源直方图或资源曲线进行资源分配情况分析。资源视图可结合甘特图跟踪视图，显示资源在选定时间段中的分配状况和使用状况，并及时发现资源分配问题。

3. 费用情况分析

大多数项目，特别是预算约束性项目，实施阶段中预算费用情况的分析必不可少。如果实际进展信息表明项目可能超出预算，需要对项目计划做出调整。基于 BIM 的进度管理系统，可利用费用剖析表、直方图、费用控制报表来监控支出。在系统中输入作业实际信息后，系统自动利用计划值、实际费用，计算挣值来评估当前成本和进度绩效。长期跟踪这些值，还可以查看项目的过去支出与进度趋势，以及未来费用预测。

（三）纠偏与进度调整

在系统中输入实际进展信息后，通过实际进展与项目计划间的对比分析，可发现较多偏差，并指出项目中存在的潜在问题。为避免偏差带来的问题，项目过程中需要不断地调整目标，并采取合适的措施解决出现的问题。项目时常发生完成时间、总成本或资源分配偏离原有计划轨道现象，需要采取相应措施，使项目发展与计划趋于一致。若项目发生较大变化或严重偏离项目进程，则需重新安排项目进度并确定目标计划，调整资源分配及预算费用，从而实现进度平衡。

项目进度的纠偏可以通过赶工等改变实施工作的持续时间来实现，但通常需要增加工时消耗等资源投入，要利用工期—资源或工期—费用优化来选择工期缩短、资源投入少、费用增加少的方案。另一种途径是改变项目实施工作间的逻辑关系或搭接关系实现，不改变工作的持续时间，只改变工作的开始时间和结束时间。如果这两种途径难以达到工期缩短的目的，而出现工期拖延太严重时，需要重新调整项目进度，更新目标计划。

在项目进展中，资源分配的主要纠偏措施为：①调整资源可用性；②调整分配，如增加资源、替换资源、延迟工作或分配等；③拆分工作以平衡工作量；④调整项目范围。成本纠偏的主要措施为：①重新检查预算费用设置，如资源的每次使用成本、作业的固定成本等；②缩短作业工期或调整作业依赖性降低成本；③适当添加、删除或替换资源降低成本；④缩小项目范围降低成本。

对进度偏差的调整以及目标计划的更新，均需考虑资源、费用等因素，采取合适的组织、管理、技术、经济等措施，这样才能达到多方平衡，实现进度管理的最终目的。

第六节　基于 5D BIM 模型的成本管理体系

一、5D BIM 成本管理模型

BIM 技术在处理成本管理和成本核算中有着巨大的优势。在 4D BIM 模型的基础上，对项目合同进行分解，就可以形成收支两条线的对应口径的测算。根据工程进度，按照项目管理要求进行项目分解，将项目分解结果、算量软件（工程量）及清单价格等信息与 4D BIM 模型关联，从而形成完整的含有造价信息的 5D BIM 模型（即 3D 实体＋时间＋WBS）。

在 5D BIM 模型中，可以建立与成本相关数据的时间、空间、工序维度关系，数据粒度处理能力达到了构件级，使实际成本数据高效处理分析有了可能，并且可以建立企业数据库，操作方法如下：

1. 创建基于 BIM 的实际成本数据库

通过 RIB 等公司提供的 5D BIM 平台建立成本的 5D（3D 实体、时间、工序）关系数据库，让实际成本数据及时进入 5D 关系数据库，成本汇总、统计、拆分对应瞬间可得。合同无法确定单价的项目，按预算价先进入，有实际成本数据后，及时按实际数据替换。

2. 实际成本数据及时进入数据库

初始时，BIM 模型中实际成本数据是以合同价和企业定额消耗量为依据。随着项目实施进展，实际消耗量与定额消耗量会有差异，要及时调整。通过每月对实际消耗进行盘点，调整实际成本数据。化整为零，动态维护实际成本 BIM，大幅减少一次性工作量，并有利于保证数据的准确性。

着眼于长远考虑，应将含有实际成本数据的 5D BIM 模型通过互联网集中在企业总部服务器。总部成本部门、财务部门就可实时共享每个工程项目的实际成本数据，数据粒度也可掌握到构件级。实行了总部与项目部的信息对称，可以加强总部的成本管控能力。

二、基于 5D BIM 模型的成本管理

利用含有 3D 实体数据、进度和造价信息的 5D BIM 模型，可以对项目的预算成本、合同收入和实际成本进行实时、快捷的核算和分析，以达到高效地进行成本管理的目的。利用 5D BIM 模型进行成本管理的总体思路，如图 8-33 所示。

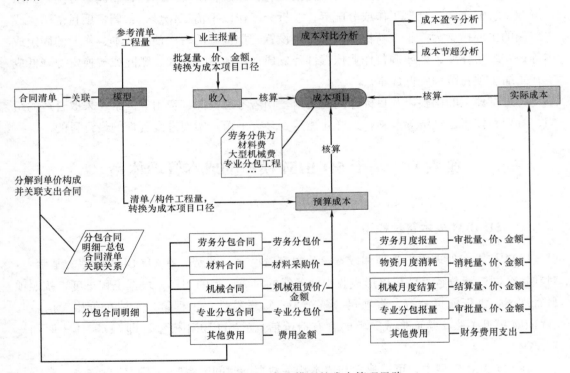

图 8-33　基于 5D BIM 模型的成本管理思路

（一）工程量计算

利用 5D BIM 模型能快速、精确地从 BIM 模型计算工程量，可以按照不同的维度、不同范围，统计不同项目部位、不同时间段或者根据其他预设属性进行实时工程量统计分析，并且能够通过对比计算结果和模型来核实结果，如图 8-34 所示。如果发生设计更改，也能够迅速地重新计算工程量以及自动更新工程量清单。另外，利用 BIM 系统还可以采用多种方法过滤（包括用户自定义）和搜索工程量清单，也可以创建或修改现有的工程量清单报告。

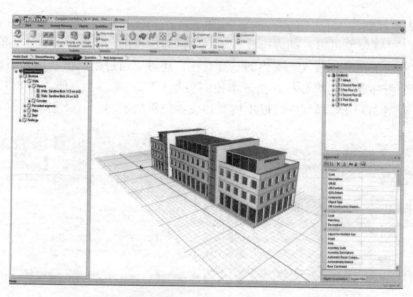

图 8-34　基于 5D BIM 模型的工程量计算示例

（二）合同管理

5D BIM 模型可以与总包合同、各劳务分包合同、专业分包合同以及其他分供合同信息、合同内容和合同单价关联，所有人可以根据需要随时查看，便于现场管理及成本控制。利用 5D BIM 模型，可以针对具体构件查看其工程量及对应的总包、分包合同单价和合价信息。在进行业主报量和分包报量时，可根据进度计划选择报量的模型范围，自动计算工程量及报量金额，便于业主报量的金额申请与分包报量的金额审批。总包结算与各分包结算同样可以在 BIM 系统中完成。另外，分包签证、临工登记审核、变更索偿等功能均可在 BIM 系统中实现。图 8-35 给出了利用 5D BIM 模型进行合同管理的示例。

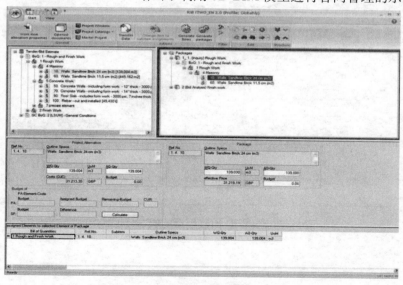

图 8-35　利用 5D BIM 模型的合同管理示例

(三) 成本控制

利用 5D BIM 模型可以自动进行成本核算，自动核算出某期的预算成本、合同收入和实际成本，实现了预算、收入、支出的三算对比；还可以通过生成折线图等图表方式，查看成本对比分析和成本趋势分析，使成本控制更加直观、准确、方便。图 8-36 和图 8-37 分别给出了利用 5D BIM 模型进行成本核算和成本分析的示例。

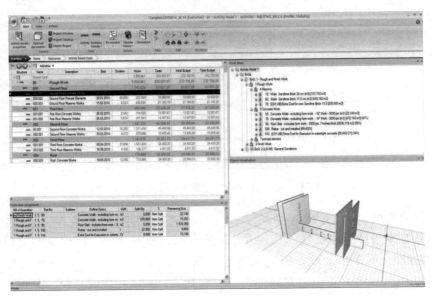

图 8-36 利用 5D BIM 模型的成本核算示例

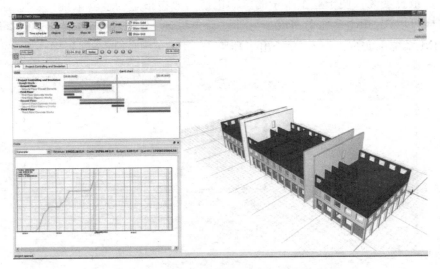

图 8-37 利用 5D BIM 模型的成本分析示例